"La chance n'existe pas. Ce que vous appelez la chance, c'est l'attention que l'on porte aux détails."

Winston Churchill

"it's better to burn out than to fade away"

Neil Young, Hey Hey, My My (1979)

Remerciements

Résumer trois années de thèse de doctorat en quelques lignes est extrêmement difficile tant l'expérience fût marquante. Pendant ces trois années, j'ai ainsi eu l'occasion de prendre le temps de comprendre et de m'imprégner d'un large spectre de connaissances. L'environnement de travail fut également propice au développement et à la mise en œuvre de concepts parfois novateurs. Financée à l'aide d'une bourse CIFRE (Convention Industrielle de Formation par la REcherche), cette thèse a été réalisée en collaboration entre le laboratoire PRISME à l'INSA Centre Val de Loire et l'entreprise DAHER. Son bon déroulement n'aurait pas été possible sans les moyens fournis par ces deux établissements.

Je tiens dans un premier temps à remercier Johan STEELANT ainsi que Olivier VAUQUELIN d'avoir accepté d'être rapporteurs de ce travail et d'avoir pris le temps de relire la version préliminaire de ce mémoire avec attention. Je remercie également Mourad BOUKHALFA qui a accepté de présider ce Jury ainsi que Lingai LUO, Marc BOUCHEZ et Fabien LELEU pour avoir accepté d'y participer.
Les nombreux échanges que j'ai pu avoir avec les membres du jury lors de ma soutenance démontrent une vraie marque d'intérêt pour le sujet de cette thèse. Ainsi, je les remercie pour l'enthousiasme qu'ils ont eu pour ce sujet et les échanges de grande qualité qu'ils ont su apporter.

Je remercie Khaled CHETEHOUNA et Nicolas GASCOIN, mes directeurs de thèse, pour m'avoir accordé leur confiance et ainsi me permettre de me lancer dans la grande aventure de la recherche scientifique, dès novembre 2014. J'exprime plus particulièrement mon immense gratitude à Khaled, grand orchestrateur de ce travail et de la collaboration INSA Centre Val de Loire/Daher, tout au long de ces trois années. Khaled, un grand merci pour ta disponibilité, ton implication, tes conseils, tes avis, nos discussions sur des sujets divers et variés et ta bienveillance quotidienne. J'adresse également mes sincères remerciements à Nicolas, qui malgré la distance, a toujours su me donner des conseils judicieux et faire des remarques pertinentes sur mon travail.

Je remercie également et spécialement Brady MANESCEAU et Ludovic LAMOOT pour leur bonne humeur, malgré les multiples péripéties rencontrées lors de nos longues journées passées à la mise en place, et au fonctionnement de la plateforme expérimentale Feux VESTA. Sans leur présence et leur travail sur la plateforme, il m'aurait été impossible de réaliser des essais feu à grande échelle et de présenter les résultats associés dans ce manuscrit de thèse.

Je n'oublie pas non plus « mes compagnons de galère », toute l'équipe de doctorants et de post-doctorant de l'INSA Centre Val de Loire, présents au cours de ces trois années et qui ont également participés à la réussite de cette thèse.
Lucio TADDEO et Hussain NAJMI, qui ont su m'accueillir dans le CER 10-11 dès mon arrivée au laboratoire. Kevin GAULT pour toutes ces sorties dominicales et toutes les autres activités dans lesquelles nous nous sommes mutuellement embrigadées pendant ces trois années. Clément TOUZEAU, mon compagnon de bureau, pour son incroyable capacité à générer des boucles infinies dans ses codes et son sens de l'organisation hors pair. David DROUET, notre savant fou de l'impression 3D. Le sudiste Yohan lacrosse MAILLOT, Maria DE STEFANO pour ces fantastiques tiramisus au citron. Pietro TADINI, et nos discussions autour de l'aéronautique russe. Axel CABLE pour sa sagesse et ses conseils toujours pertinents. Bien sûr, je n'oublie pas Xavier REGAL et Ludovic BLANC, les ancêtres qui partirent bien trop tôt. Et les derniers arrivés : notre parisien

Guillaume DUGAST (pour les restos du samedi soir) et Hamza El-YAMANI, l'héritier, à qui je souhaite une grande réussite.
Et tous les autres, Thu D., Safaa A., Aijuan W, Wei X., Bainan L., Julien T., Arnaud P., Axel M., Oussama M., Kasia S., Pavel S., Krzystof Z. Je remercie également les permanents du « couloir de méca », Éric pour sa bonne humeur, Benoît pour les barbeucs et les diffusions extérieures de matchs de foot, Jean-Luc, Quentin, Huabin et Patrice.

Enfin, je pense à mes collègues du BE chez Daher, qui ont su m'intégrer rapidement (Merci l'adagio) et rendre mes visites hebdomadaires sympathiques et agréables. Emmanuel B., Gilles F., François B., Jean-Christophe C., Tom L., Jérôme R., Fabien L., Samuel S.

Enfin je me dois de terminer ces remerciements en me tournant vers mes parents et mes frères, qui m'ont soutenu pendant la durée de mes études et plus particulièrement au cours de ces trois dernières années. J'adresse une mention spéciale à Marine, ma compagne depuis plus de 11 ans, qui a su surmonter et supporter mes humeurs changeantes et me soutenir jour après jour au cours de ces trois années.

Bourges, Juillet 2018

"I can feel the end
I can feel the end you know
I can feel the end
I can feel the end
Is there something more?
Is there something more?"

DMA's, The End (2018)

Sommaire

Table des figures

Table des tableaux

Nomenclature

Lettres latines

A	Coefficient pré-exponentiel (s^{-1})
a	Diffusivité thermique ($m^2.s^{-1}$)
C	Taux Gazéification (%)
C_p	Capacité calorifique massique ($J.kg^{-1}.K^{-1}$)
C_v	Capacité calorifique volumique ($J.m^{-3}.K^{-1}$)
D	Coefficient de diffusion
d	diamètre (m)
Dc	Coefficient de dilatation thermique
E	Énergie d'activation ($J.mol^{-1}$)
e	Énergie interne (J)
F	Variable de progrès de pyrolyse
H	Chaleur de pyrolyse ($J.g^{-1}$)
h	Coefficient d'échange thermique ($W.m^{-2}.K^{-1}$)
J	Flux d'énergie total (W)
K	Coefficient de partage
m	Masse (g)
M	Masse molaire ($g.mol^{-1}$)
$\dot{m}$	Débit massique ($kg.s^{-1}$)
n	Nombre de mole (mol)
P	Pression (Pa)
q	Flux de chaleur (W)
Q	Chaleur latente (W)
Q_R	Quantité relative (%)
S	Facteur de sensibilité
R	Constante des gaz parfait ($J.mol^{-1}K^{-1}$)
R^2	Coefficient de détermination
T	Température (K ou °C)
t	Temps (s)
V	Volume (m^3)
W	Fraction volumique
X	Fraction molaire
Y	Fraction massique

Lettre Grecques

α	Avancement de réaction
β	Vitesse de chauffe ($°C.min^{-1}$)
λ	Conductivité thermique ($W.m^{-1}K^{-1}$)
ρ	Masse volumique ($kg.m^{-3}$)
σ	Constante de stefan-boltzman ($W.m^{-2}.K^{-4}$)
φ	Richesse
κ	Adsorption
ε	Émissivité
μ	Viscosité dynamique
$\dot{\omega}$	Taux de production

Indices

c	char
carb	Carburant
conv	Convectif
d	Décomposition
ext	Extérieur
f	Fibre
fi	Finale
fu	Fusion
feu	Feu
g	Gaz
lim	Limite
m	Matrice
o	Comburant
r	Radiatif
∞	Infini
ig	Inflammation
p	Pyrolyse
pr	Produits
rad	Radiatif
s	Surface
t	total
th	Thermique
v	Vitreuse
0	Initiale

Abréviation

ATG	Analyse Thermo-gravimetrique
CS	Certification Specification
DNS	Direct Numerical Simulations
DSC	Calorimétrie différentiel à balayage
EASA	Agence Européenne de Sécurité Aérienne
FAA	Federal Aviation Administration
FAR	Fedaral Aviation Regulation
FPA	Fire Propagation Apparatus
GC	Chromatographe en phase gazeuse
HRR	Taux de dégagement de Chaleur
LES	Large Eddy Simulations
LII	Limite Inférieure d'Inflammabilité
LSI	Limite Supérieur d'Inflammabilité
MEB	Microscope Électronique à Balayage
MLR	Taux de perte de masse
MS	Spectromètre de masse
PAEK	Polyaryl-Ether-Ketone
PEEK	Polyether-Ether-Ketone
PEKK	Polyether-Ketone-Ketone
PMMA	poly(methyl methacrylate)
QSPR	Relation quantitative structure propriété
RANS	Reynolds Averaged Navier-Stokes
TCHR	ThermoChemical Heat Release
THR	Taux de dégagement de chaleur total
TFA	Température face arrière

Introduction générale

L'utilisation de matériaux composites s'est intensifiée dans l'industrie aéronautique au cours de ces 30 dernières années. C'est pourquoi, aujourd'hui, elle concurrence l'utilisation des matériaux employés traditionnellement depuis les débuts de l'aéronautique, tels que l'acier ou les alliages d'aluminium. L'emploi des matériaux composites en quantité importante (supérieure à 20 %) pour un aéronef a été entreprise lors du développement de l'Airbus A380 qui a nécessité l'utilisation d'un composite, à base de fibre de verre et d'aluminium, couplé à une résine époxy : le Glare[1] permettant un allégement des structures de 20 à 30 %. Ce matériau, mis au point par l'université de Delft, a ainsi permis de réduire grandement la masse du fuselage de l'Airbus A380, permettant à ce dernier d'entrer en service au début de l'année 2007. Pour les avions de dernière génération comme l'Airbus A350 ou le Boeing 787, l'intégration des matériaux composites représente désormais plus de 50 % (en masse) des matériaux utilisés dans leurs structures. Leur utilisation permet un gain significatif de la masse embarquée induisant notamment une diminution importante de la consommation de carburant (donc un impact économique et environnemental *in fine*). Les matériaux composites présentent également des performances supérieures sur le plan de la résistance (*e.g.* chocs, corrosion)

Ces avantages présentent en contrepartie un inconvénient majeur. Les matériaux composites à matrice organique sont particulièrement réactifs lorsqu'ils sont soumis à une agression thermique et se dégradent lorsqu'ils sont soumis à des forts flux de chaleurs, conduisant à la perte de leurs tenues mécaniques. Cette dégradation est la combinaison d'un nombre important de phénomènes à la fois thermiques (*e.g.* conduction, rayonnement), chimiques (modification de la structure, dégradation) ou encore mécaniques (*e.g.* délaminage, formation de pores). Ces phénomènes peuvent être dramatiques pour la sécurité des passagers en cas de combustion des structures composites d'un avion. Pour pallier ces risques importants, des normes et standards de fabrication sont mis en place afin de certifier la sécurité des avions. D'autant que la problématique du feu dans l'aéronautique n'est pas récente. En effet, les incendies en vol, ou suite aux crashs, tels que celui du vol 111 de SwissAir en septembre 1998, sont une des principales causes fatales d'accidents. C'est pourquoi, afin de s'assurer de la bonne tenue au feu, les matériaux composites doivent répondre aux exigences croissantes de sureté des avions civils imposée par la FAA et l'EASA. La certification au feu, qui est l'une des plus sévère (en particulier pour les pièces localisées dans l'environnement moteur), exige que les pièces soient soumises à la flamme d'un brûleur certifié (normes ISO 2685 et FAA A20-135). Ces essais servant de d'étapes avant l'industrialisation, il est donc impératif, pour les acteurs industriels, d'être en capacité de franchir avec succès ce jalon. L'enjeu majeur pour les industriels est alors de développer des matériaux et structures composites capables de maintenir la sécurité des passagers malgré la présence d'un incendie, tout en respectant les besoins liés au gain de masse et de tenue structurelle permettant de limiter les coûts de fonctionnement des aéronefs.

Malgré tout, les essais permettant d'évaluer le niveau de tenue au feu des structures peuvent se révéler très incertains en fonction de la configuration, de l'environnement ou du type de matériaux testé du fait de la forte hétérogénéité entre les différentes familles de composites. Ainsi, il est important de développer à la fois des bases de données de

---

[1] GLARE : Glass Laminate Aluminium Reinforced Epoxy

propriétés thermophysiques et de comportement macroscopique au feu des matériaux pour fournir une modélisation prédictive et fiable du comportement thermique des matériaux. Ces modélisations peuvent être utiles afin de comparer des matériaux ou bien des conceptions et prévoir ainsi la tenue au feu de la pièce composite.

L'étude du comportement au feu des matériaux composites s'est intensifiée depuis une dizaine d'années pour répondre au défi de la tenue au feu. Pour cela, une large gamme de matériaux a été analysée afin d'évaluer leur inflammabilité, leur tenue mécanique ou encore leur toxicité. Cela a ainsi permis de réduire les risques lors des incendies. Cependant, malgré les connaissances acquises ces dernières années, d'importantes lacunes subsistent dans la compréhension du comportement au feu de ce type de matériaux. Les expérimentations à grande échelle nécessitent de progresser par essais-erreurs, rendant long et coûteux le processus de développement lorsque la question de la tenue au feu y est posée. L'utilisation des simulations numériques pour l'étude et la modélisation du comportement thermique des composites offre alors une alternative avantageuse face aux expériences à moyenne et à grande échelle. Néanmoins, ces simulations restent fortement dépendantes des paramètres d'entrée et des modèles choisis par l'utilisateur. Ce ne peut donc être qu'une étape dans le processus de développement permettant de cibler les configurations ou les zones critiques afin de préparer en conséquence les essais et les mesures expérimentales d'un part ainsi que les pièces et configurations d'autre part.

De plus, les nombreux phénomènes (e.g. dégradation de la résine, oxydation des fibres de carbone, délaminage, formation de pores) engendrés par la dégradation des matériaux composites rendent difficiles de telles modélisations multi-physiques. La modélisation de ce type de configuration requiert de prendre en compte à la fois l'évolution de la source thermique (la flamme) mais également la réponse thermique et chimique du composite et tous les phénomènes associés. La compréhension des phénomènes multi-physiques couplés et transitoires est alors un préalable nécessaire à la mise en place de moyens numériques validés.

C'est dans ce contexte que se positionnent les travaux présentés dans ce manuscrit. L'objectif consiste donc à évaluer et modéliser le comportement au feu de matériaux composites destinés aux applications aéronautiques. Pour cela, deux matériaux composites à base de fibres de carbone sont comparés. Le premier est un phénolique thermodurcissable, issu de la réaction de polymérisation entre le phénol (acide carbolique) et un formaldéhyde. Cette résine trouve de multiples applications dans l'industrie, notamment pour la protection thermique dans l'aérospatial. Il est également utilisé pour des composants automobiles ou des pares-feux sur plateforme pétrolière offshore. Sous l'action du feu, les composites carbone-phénoliques se caractérisent par une production importante de char (jusqu'à 50% de la masse initiale) ainsi qu'une faible conductivité thermique impliquant un temps de dégradation lent et une facilité d'extinction. Le second matériau est un composite thermoplastique, le polyéther-cétone-cétone (PEKK) qui appartient à la famille des PolyArylEtherKetone (PAEK), connus pour leur haute performance mécanique et leur stabilité à haute température. En raison de sa faible inflammabilité et émission de volatils lorsqu'il est soumis au feu, ce polymère a été initialement développé pour des applications automobiles et aérospatiales, en particulier pour les structures extérieures et les intérieurs de cabine.

À partir d'une analyse du comportement au feu disponible dans la littérature, les différents points nécessaires à l'étude, la compréhension et la modélisation des phénomènes de dégradation thermique sont définis. Ainsi, expérimentalement, le comportement thermique des deux matériaux est étudié de la petite à la grande échelle. La prise en compte de ces différentes échelles est nécessaire afin d'assurer l'analyse en vue de la modélisation. En effet, plus la taille des échantillons augmente, moins il est possible, d'un point de vue numérique, de détailler les interactions physiques entre les phénomènes rencontrés. A contrario, les essais à petite échelle, sur des microstructures dans des conditions maîtrisées et répétables, permettent de dissocier les phénomènes et de donner une analyse détaillée de la dégradation du matériau.

Tout d'abord, des caractérisations à petite échelle (à l'échelle de la microstructure, inférieure au millimètre) permettent de fournir les premières informations concernant les processus de dégradation mais également les paramètres thermophysiques des différents composés du matériau (e.g. résine, char et fibre). Ces paramètres peuvent être utilisés comme données d'entrée dans les simulations numériques. Ensuite, à moyenne échelle (environ 10 cm), les échantillons sont soumis à un flux thermique radiatif représentatif des conditions d'essais de certification à l'aide d'un cône calorimètre. Les résultats obtenus permettent ainsi de valider, pour les deux composites étudiés, les simulations numériques réalisées à l'aide d'un modèle de pyrolyse monodimensionnel. Enfin, des essais à grande échelle dite « industrielle » (échantillons représentatifs de la taille réelle) sont réalisés à l'aide du brûleur NexGen disponible sur la plateforme expérimentale Feux VESTA de l'INSA Centre val de Loire et du laboratoire PRISME (Bourges, France). Ces essais permettent, d'une part, d'évaluer l'effet d'échelle en comparant les résultats à ceux obtenus à moyenne échelle et, d'autre part, à valider les simulations numériques conduites sur une configuration représentative de ces essais. Ce manuscrit présente donc, au travers de cinq chapitres, l'intégralité du travail conduit au cours de cette thèse.

Le chapitre 1 est consacré à l'environnement et au contexte qui ont conduit à la mise en place de cette étude. Dans un premier temps, une revue du contexte aéronautique est réalisée. Le processus de certification aéronautique, et plus particulièrement la certification des pièces et ensembles au feu, est présenté. L'utilisation des matériaux composites pour des applications aéronautiques est introduite, avant de présenter en détail les deux matériaux étudiés dans le cadre de ce travail de thèse. Ensuite, le comportement au feu des matériaux composites et les phénomènes de dégradation thermiques sont exposés. Ce chapitre permet ainsi de mettre en avant et de comprendre les phénomènes et conséquences de la dégradation thermique de matériaux composites ainsi que les méthodes de modélisation associées. Ce chapitre permet également de situer ce travail dans le contexte industriel et de justifier les différents axes du travail réalisé afin de répondre à la problématique soulevée.

Le chapitre 2 présente les caractérisations, réalisées à petite échelle, de la cinétique de dégradation et des propriétés thermophysiques des deux matériaux étudiés. Ces données sont nécessaires aux calculs numériques et utilisées en tant que paramètres d'entrée. La cinétique de dégradation a été étudiée à l'aide d'une analyse thermogravimétrique sous atmosphère inerte (argon) et oxydante (air), permettant de mettre en avant les réactions de dégradation de la résine, et d'oxydation de la fibre et de la résine. Les propriétés thermophysiques telles que la masse volumique, la conductivité thermique ainsi que la chaleur spécifique sont ensuite mesurées jusqu'à 1000°C et à pression ambiante. À partir de lois de mélange spécifiques, les propriétés thermophysiques de la résine et du char (résidus de dégradation de la résine) sont ensuite déterminées en fonction de la température.

Le chapitre 3 est dédié à l'étude expérimentale et numérique du comportement au feu à moyenne échelle des deux matériaux étudiés. Dans un premier temps, il présente les essais réalisés au cône calorimètre et dans un second temps les résultats expérimentaux sont confrontés à ceux obtenus numériquement. Les résultats de l'étude numérique de la pyrolyse conduite avec l'outil fireFOAM sont ensuite complétés avec une étude de sensibilité locale du modèle de pyrolyse aux paramètres cinétiques et thermophysiques. Cette étude de sensibilité locale permet de mettre en avant les différences dans le processus de dégradation des deux matériaux ainsi que les paramètres d'entrée ayant un impact sur le modèle de pyrolyse.

Le chapitre 4 est dévolu à l'étude expérimentale et numérique du comportement au feu des deux matériaux composites étudiés à grande échelle. L'étude expérimentale du comportement au feu est réalisée à l'aide du brûleur NexGen de la plateforme expérimentale Feux VESTA de l'INSA Centre Val de Loire (laboratoire PRISME). Les différents éléments constitutifs du banc d'essai ainsi que son principe de fonctionnement sont détaillés. Ensuite, des simulations numériques sont introduites. Les modèles utilisés dans les calculs réalisés à l'aide de fireFOAM, les conditions limites et le domaine de calcul sont décrits. Deux cas tests sont ensuite étudiés. Ces simulations visent à assurer la modélisation de deux configurations de référence : une flamme de panache, ainsi que l'agression thermique d'une plaque d'aluminium par une flamme de kérosène en vue de la modélisation des essais feu à grande échelle. Enfin le comportement au feu à grande échelle des deux matériaux est présenté et analysé à partir des mesures de perte de masse et de températures réalisées au cours d'un essai de 15 minutes dans les conditions requises par les normes aéronautiques. Des conclusions sont également apportées en tenant compte des observations faites lors des mesures réalisées à petite et moyenne échelle.

Le chapitre 5 présente l'évaluation des émissions de volatils des deux matériaux composites au cours de leurs dégradations thermiques. Ces émissions de volatils sont mesurées à l'aide d'un appareil de pyrolyse flash couplé à un analyseur GC-MS pour trois températures différentes sélectionnées au cours de la décomposition des matériaux à partir des mesures thermogravimétriques. Les limites inférieures d'inflammabilité ont été calculées en utilisant une méthode empirique basée sur des propriétés intrinsèques des matériaux pour les différentes espèces identifiées à chaque température. Ces données permettant alors d'établir une classification de la tenue au feu de ces derniers en fonction des différents paramètres clés.

Enfin, les différentes conclusions issues des travaux effectués au cours de cette thèse sont présentées. Les perspectives (à cours, moyen et long terme) ouvertes à partir des méthodes expérimentales et numériques employées dans ce travail, sont également décrites.

Chapitre I.
La tenue au feu des matériaux composites : un état de l'art

Table des matières

I.1. Introduction

Depuis les débuts de l'aéronautique, le feu fut l'un des premiers risques identifiés. Avec l'apparition des premiers ballons dirigeables au 18ème siècle, les premiers accidents causés par le feu furent recensés. Le gaz hautement inflammable présent à l'intérieur des ballons (majoritairement de l'hydrogène) fut notamment la cause de nombreux accidents. Par exemple, en 1785, Jean-François Pilâtre de Rosier devient la première victime d'un incendie en vol lors de sa tentative de traversée de la manche en ballon [1]. Malheureusement, le feu est encore aujourd'hui la source de nombreux accidents, souvent fatals, faute d'issue lorsqu'il intervient en vol. En effet, même si les occurrences sont rares, elles ne laissent souvent aucune chance aux pilotes et personnel naviguant. Et pour cause, entre le moment où le problème est détecté et le moment où l'avion n'est plus contrôlable, il ne se passe que quelques minutes dans le meilleur des cas. À titre d'exemple, entre 1985 et 2010, 18 accidents majeurs impliquant un feu au sol ou en vol ont été dénombrés ; ces accidents conduisant à 423 décès recensés. Quatre de ces accidents ont été significatifs pour la population et considérés comme tels par les autorités de sureté aérienne :

- En Août 1985, sur un Boeing 737 de la compagnie british Airtours (vol 28M), l'explosion d'un moteur avant le décollage de l'aéroport de Manchester provoque l'embrasement de 4000 litres de kérosène (figure I-1). Le feu piégeant les passagers à l'intérieur de l'appareil, on dénombre alors 55 victimes [2].

Figure I-1. Photographies de l'accident de Manchester (d'après [2]).

- En septembre 1998, un MD-11 de la compagnie SwissAir (figure II-2) rencontre un défaut dans le réseau électrique du système de divertissement à bord. Ce dernier provoque un arc électrique qui provoque l'inflammation de matériaux d'isolation thermique. Les 229 passagers du vol furent portés disparus [3].

Figure I-2. Photographie du MD-11 de la compagnie SwissAir (d'après [4]).

- En juillet 2000, le concorde immatriculé F-BTSC de la compagnie Air France (vol AF4590) en direction de New York percute un élément sur la piste de décollage. Ce contact provoque ensuite l'explosion d'un des pneumatiques (figure II-3), celui–ci venant ensuite endommager un réservoir de carburant et déclenchant l'incendie d'un des moteurs [5]. Quelques minutes plus tard, le concorde vient s'écraser sur un hôtel de Gonesse. Les 100 passagers et les 9 membres d'équipage ainsi que 4 personnes se trouvant dans l'hôtel sont alors portés disparus.

Figure I-3. Photographie du Concorde en feu au décollage (d'après [5]).

- En septembre 2010, peu après le décollage, un Boeing 747 cargo de l'entreprise UPS (figure II-4) s'écrase à Dubaï. Un incendie s'est déclenché dans un stock de piles lithium du fret provoquant une importante fumée dans le cockpit ainsi que la destruction de plusieurs câbles d'alimentation. La perte de contrôle de l'appareil provoque la disparation des deux pilotes [6].

Figure I-4. Photographie du Boeing 747 de la compagnie UPS en feu (d'après [7]).

Les feux ayant engendrés les accidents présentés dans ces différents exemples peuvent ainsi être répartis en trois catégories principales :

(i) Les feux de moteurs,

(ii) Les feux de cabines,

(iii) Les feux cachés.

En temps normal, **les feux de moteurs** sont détectés et contenus par l'appareil au moyen d'un système de détection et d'extinction. Cependant dans certaines circonstances (absorption de pale, explosion soudaine, etc.), il est possible que le système ne puisse pas contenir l'incendie et par conséquent ce dernier peut se propager aux éléments adjacents (ailes, fuselage). Il est également possible qu'un feu de moteur se rallume après avoir été éteint par le système d'extinction.

Un feu de cabine est lui, dans la majorité du temps, détecté rapidement et contenu par l'équipage en utilisant les différents moyens à leur disposition à bord de l'appareil. Cependant dans certains cas dus à la violence de ce type de feu, les dégâts peuvent s'avérer importants. Les feux de cabines peuvent être provoqués par des courts circuits, la maladresse des passagers ou bien l'inflammation de produits en soute. Ils se propagent ensuite rapidement à travers les gaines de ventilation, les habillages (moquettes, habillages latéraux) ou les plafonds.

Les feux cachés quant à eux sont probablement les feux les plus dangereux (exemple du vol SwissAir, cité dans le paragraphe précédent). Ils peuvent avoir lieu dans les isolations thermiques, les circuits électriques ou encore dans les différentes cloisons de l'appareil. Ces derniers peuvent être repérés par le système de détection présent dans la cabine, par l'équipage, les passagers (à partir de l'apparition de fumée ou par la présence d'un point chaud sur une paroi, sur le sol) ou encore par un disfonctionnement électrique. Ces feux cachés sont les plus dangereux pour deux raisons. La première : ils sont difficiles à localiser et à atteindre, ce qui peut provoquer des dégâts considérables et irréversibles à l'appareil. La deuxième est qu'il est difficile de confirmer ou non la présence de tels feux pour l'équipage. Les procédures de sécurité ou l'atterrissage d'urgence de l'appareil peuvent alors être retardés provoquant de graves conséquences.

Ces trois types de feu sont dangereux car ils peuvent intervenir de manière aléatoire. Comme l'indique la FAA [8], il n'est pas possible d'atteindre le risque zéro, : « Nous avons conclu qu'il est peu probable que nous identifions et éradiquions toute source d'inflammation ». C'est pourquoi, au fil des années, sont apparues de nombreuses recommandations et exigences pour la sécurité concernant les procédures d'évacuation, la position des extincteurs ou encore la tenue au feu des éléments de structure, des sièges ou des isolations thermiques. Cependant, l'accroissement de l'activité aéronautique et du transport de passagers implique le développement de nouveaux designs et matériaux afin de pouvoir augmenter la quantité de passager transportés et la qualité de leur expérience de vol, en diminuant les coûts de production ainsi que le coût d'utilisation des appareils (diminution de la consommation en carburant, amélioration des processus de maintenance, etc.). Cela se retrouve en particulier ces dernières années avec l'augmentation de l'utilisation des matériaux composites. Néanmoins, les matériaux composites présentent une vulnérabilité importante à haute température. Ils brûlent facilement en émettant dans la majorité des cas des fumées le plus souvent toxiques et inflammables, augmentant encore le risque d'incendie [9].

Ainsi, il est important pour les compagnies aériennes et pour les avionneurs de garantir une sécurité maximum lors de l'utilisation des différents aéronefs. Tandis que pour les fournisseurs, il est important de comprendre les différents phénomènes impliqués dans la dégradation de ce type matériaux afin de pouvoir prévenir les risques lors de la phase de conception et de fabrication des éléments constituants. De leur côté, les autorités de certification s'activent afin de garantir un niveau maximum de sécurité en demandant aux industriels des niveaux de sécurité toujours plus stricts.

I.1. La réglementation aéronautique en termes de tenue au feu

I.1.1. La certification aéronautique et son organisation

Depuis les débuts de l'aéronautique et du transport aérien, l'assurance d'une bonne navigabilité des aéronefs (i.e. aptitude à effectuer des transports de passagers et/ou de fret dans des conditions acceptables de sécurité) est un enjeu majeur du secteur. La certification est une procédure par laquelle une tierce partie indépendante donne l'assurance écrite (un certificat) qu'un produit, service, processus ou organisme est conforme aux exigences spécifiées dans un document de référence (les normes). Dans l'aviation, la certification correspond à la démonstration et la reconnaissance par l'autorité de l'aviation compétente de la conformité des personnes, des organisations, des aéronefs, des produits et pièces d'aéronefs aux réglementations sur la sécurité.

C'est pourquoi, l'Organisation de l'Aviation Civile Internationale (OACI) adopte, ou amende selon les nécessités, les normes, pratiques et procédures (en anglais SARPs : Standards And Recommended Practices) afin d'appuyer et favoriser un réseau mondial de transport aérien performant sans compromettre sa sécurité ni son efficacité. En accord avec ces SARPs, les organisations nationales ou transnationales (pour l'Europe notamment) publient des exigences de sécurité pour chaque catégorie d'aéronefs. Ainsi, les états membres de l'Europe se sont réunis au sein de l'EASA (Europeans Aircraft Safety Agency) pour publier ces spécifications de certification (CS pour « certification specification ») applicables aux différentes catégories d'aéronefs. De même, aux États-Unis, la FAA (Federal Aviation Administration) produit des « Federal Aviation

Regulations » (FAR) afin de donner un cadre pour le développement et la maintenance d'aéronefs. La liste des principaux chapitres de ces spécifications sont présentés dans le tableau I-1. La globalisation du transport aérien lors de ces dernières années a poussé en 2014 les responsables des organismes majeurs de certification tel que la FAA (pour les Etats-Unis), l'EASA (pour l'Europe), l'ANAC (pour le brésil) ainsi que la TCCA (pour le Canada) à signer des accords bilatéraux afin d'harmoniser les différentes exigences de certification et ainsi diminuer les ressources nécessaires aux programmes de validations. Ainsi, la certification européenne est reconnue dans les autres états signataires et inversement.

Tableau I-1. Liste des références de certification pour différents aéronefs.

EASA CS	Titre	FAR	Titre
CS-22	Planeurs et motoplaneurs.	23	Normes de Navigabilité : normale, utilitaire, acrobatique et commuter
CS-23	Avions normaux, utilitaires, acrobatiques et navettes	25	Avions pour le transport
CS-25	Gros aéronefs	27	Giravions
CS-27	Petit Giravions	29	Giravions de transport
CS-29	Grand Giravions	31	Ballons libres
CS-31	Ballons à gaz ou air chaud	33	Normes de Navigabilité : Moteurs
CS-E	Moteurs	35	Normes de Navigabilité : Hélices
CS-P	Hélices		

Afin d'assurer la bonne navigabilité des appareils auprès des autorités locales, les avionneurs doivent donc démontrer que chaque élément constitutif de l'appareil en développement répond aux exigences de sécurité spécifiées par les autorités de certification afin de se voir délivrer un certificat de type. Ce certificat étant nécessaire à l'exploitation commerciale d'un aéronef.

L'obtention du certificat de type garantie la bonne navigabilité d'un appareil ainsi que son respect des niveaux de sécurité. Une fois ce certificat obtenu aucune modification de conception ne peut être alors effectuée. Ainsi, toute modification du domaine de vol, des moteurs ou encore du fuselage nécessitera une nouvelle certification. Une fois que l'avionneur décide de ne plus entretenir le type d'avion, le certificat est rendu aux autorités de sureté et les avions encore en utilisation ne sont alors plus autorisés à voler. Lorsqu'un modèle d'aéronef détient un certificat de type, chaque exemplaire de cet aéronef produit doit également détenir un certificat de navigabilité (fourni par la direction générale de l'aviation civile, la DGAC, en France) autorisant un appareil à survoler le territoire. Ce certificat est également produit par la FAA pour les États-Unis par exemple.

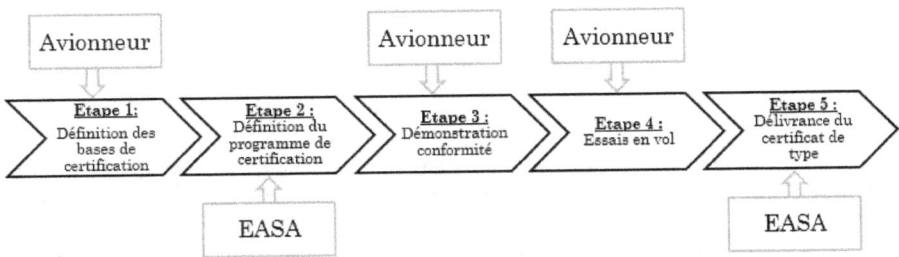

Figure I-5. Schéma du processus de certification visant à obtenir un certificat de type.

Pour les avions de transport civil par exemple, les différents règlements de sécurité sont définis dans le CS-25 pour l'EASA et le FAR-25. Ces deux standards regroupent les différentes normes de certification relatives aux avions civils de transport de passagers. Ces normes englobent les différents éléments : la structure, l'avionique, les systèmes auxiliaires, la propulsion. Le processus de certification (voir figure I-5) visant à l'obtention du certificat de type est piloté successivement par l'avionneur ou l'organisme de certification (par exemple l'EASA) suivant l'étape. Il débute par une première étape consistant en l'envoi par l'avionneur souhaitant obtenir un certificat de type d'une lettre d'application à l'organe de certification. Ce document fixe les bases de certification auxquels l'avion devra répondre pour les cinq ans[1] à venir. La deuxième étape correspond à la définition du programme de certification par l'autorité de certification. Le programme est ensuite transmis à l'avionneur permettant le début de la troisième étape, pilotée par l'avionneur. Cette dernière correspond à la phase de démonstration de conformité ou « compliance finding » (vérification de la conformité du projet par l'autorité de certification). Cette phase se poursuit durant tout le développement de l'appareil via des échanges permanent entre les équipes de développement et des experts affectés par l'EASA ou la FAA par exemple. La quatrième étape du processus de certification est celle des essais en vol, pilotée par l'avionneur. Cette phase nécessite de 300 à 2500 heures de vol suivant le niveau de certification souhaité. En moyenne, la certification représente 20 % du coût d'un programme. Par exemple pour un gros porteur, l'EASA facture environ 800 k€ par an pendant cinq ans [10]. Enfin la cinquième et dernière étape correspond à la délivrance du certificat de type par l'organe de certification (par exemple l'EASA) C'est notamment lors de la phase de démonstration de conformité que sont démontrées les capacités de tenue au feu et de protection contre le risque d'incendie des différents éléments constitutifs de l'aéronef. Ainsi, pour diminuer au maximum le risque d'incendie, les autorités de sureté aérienne, ont mis en place des niveaux de régulation important afin de pouvoir certifier la tenue au feu des différents éléments constituant.

---

[1] En cas de retards, de nouvelles lettres d'applications doivent être envoyés impliquant possiblement de nouvelles règles.

I.1.2. La certification feu

Pour les avions de transport (passagers ou fret) de plus de 5,6 tonnes, les exigences en termes de tenue au feu pour les différents éléments constituant un aéronef (compartiments cargos, sièges, moteurs, structures extérieurs, matériaux d'isolation, etc) sont spécifiées dans la règlementation FAR/CS 25.

Suivant le composant considéré, différents niveaux de tenue au feu sont exigés, soit en termes de propagation, d'auto-extinction ou de percement ainsi qu'un moyen d'essai permettant d'évaluer les différents critères définis. Il existe donc environ une vingtaine de tests allant du test des câbles et connecteurs électriques au test de pénétration sur les matelas d'isolation thermique en passant par le test des coussins de siège. Pour chacun de ces tests, il existe différents moyens expérimentaux afin de démontrer que les pièces répondent aux exigences fixées par les organismes de certification (voir tableau I-2). Dans la majorité des cas, les tests de tenue au feu ont pour objectif d'évaluer la capacité des matériaux à garder leurs fonctions pendant un temps donné ; cela, en limitant la propagation de l'incendie vers de nouvelles zones. Ils sont de type « vrai/faux », seule la réussite à un critère donné est donc évaluée. Par exemple, pour les tests au feu des isolations thermiques (FAR 25.877), le temps de percement ainsi que le flux thermique en face arrière sont évalués au cours de l'essai. Le critère de satisfaction étant l'absence de percement après 5 min d'essai avec une température mesurée en face arrière ne devant pas dépasser 204 °C. Autre exemple : les tests au feu des structures et matelas de sièges (FAR25.867) où les critères de réussite de l'essai correspondent à une perte de masse inférieure à 10 % de la masse initiale ainsi qu'une flamme sur le matelas ne mesurant pas plus de 43.2 cm sur 2/3 des échantillons testés.

Tableau I-2. Listes des différents niveaux de certification ainsi que les exigences associées.

Type de pièces	Banc d'essais	Exigences
Compartiment intérieur Compartiments cargo ou bagages	Bec bunsen vertical, horizontal, 45°	25.853 25.855
Câbles électriques	Bec Bunsen 60°	25.869
Connecteurs électriques	Torche propane	25.863 25.865 25.867 25.1201 25.1203
Matériaux de la cabine	Dégagement de chaleur	25.853
Matériaux de la cabine	Opacité des fumées	25.853
Coussin de siège	Brûleur kérosène	25.853
Revêtement des compartiments cargo	Brûleur kérosène	25.855
Isolations thermiques et acoustiques	Brûleur kérosène 45°	25.856
Rampes et canaux d'évacuation	Panneau radiant	25.853 Technical Standard Order C69A
Compartiments pour déchets	Confinement du feu	25.853 25.855
Pièces moteur Nacelle	Pénétration du feu	25.867 25.865 25.1191 25.1193

Dans ce travail de thèse, les matériaux étudiés ont pour objectif d'être utilisés pour la fabrication de pièces se trouvant dans un environnement moteur. Par conséquent, ces derniers doivent répondre au test de la tenue au feu pour les composants situés dans cet environnement (FAR/CS 25.867, FAR/CS 25.1191). Les conditions d'essai permettant d'évaluer la tenue au feu sont précisées dans la circulaire AC 20-135 et dans la norme ISO 2685. L'objectif de ces essais est de s'assurer que les éléments puissent soutenir un atterrissage d'urgence ou une coupure du moteur en sécurité lors d'un incendie et d'éviter la propagation de ce dernier vers de nouvelles zones de l'avion. Les pièces ou échantillons matériaux sont donc soumis à une flamme de kérosène-air possédant un flux et une température fixés.

Selon le type de pièce, il existe deux niveaux de certification. Néanmoins, dans les deux cas, les matériaux doivent être testés dans les mêmes conditions de feu avec le même brûleur reconnu par les autorités. Actuellement, les brûleurs kérosène recensés usuellement ne sont plus produits. Cependant, depuis quelques années un nouveau type de brûleur est développé par la FAA pour répondre aux conditions de températures et de flux de la manière la plus répétable et précise possible. Ce brûleur est communément appelé le brûleur NexGen (voir figure I-6). La flamme de diffusion kérosène-air est créée à l'aide d'un injecteur équipé d'une buse pour carburant liquide à un débit fixé (le débit pouvant varier légèrement en fonction de la pression du carburant). Un stator ainsi qu'un Turbulateur sont utilisés afin de créer un swirl permettant d'assurer un mélange optimum entre le carburant et l'air. Le mélange est allumé à l'aide d'une bougie située dans le cône du brûleur. Ce cône, quant à lui, est utilisé afin de contenir la flamme. Les réglages de richesse permettant d'avoir une flamme respectant les recommandations sont réalisés à l'aide de régulateurs de pression pour le carburant et l'air. Un col sonique est utilisé afin de garantir un débit d'air stable.

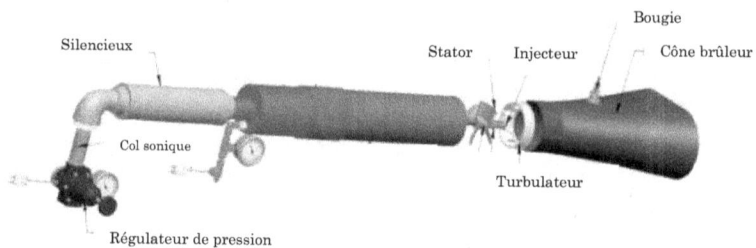

Figure I-6. Schéma du brûleur NexGen.

Les conditions d'essais sont décrites en termes de température et de densité de flux thermique. La température de flamme, mesurée à 100 mm ± 3 mm du plan de sortie du cône du brûleur et à 25,4 mm de son centre (voir figure I-7) par sept thermocouples doit être de 1096 °C ± 80 °C. Tandis que la densité de flux thermique doit être de 116 kW.m⁻². Cette dernière est mesurée à l'aide d'un calorimètre à eau consistant en un tube de cuivre d'un diamètre extérieur de 12 mm (positionné comme les thermocouples) dans lequel circule à un débit constant de l'eau (voir figure I-8).

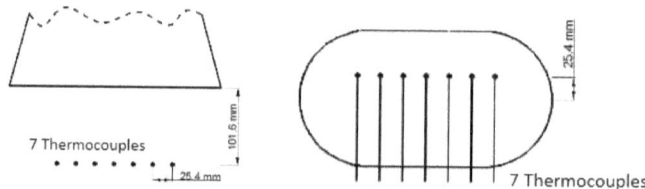

Figure I-7. Schéma du positionnement des thermocouples pour la calibration en température.

À partir de la différence de température de l'eau entre l'entrée la sortie et connaissant la surface d'échange entre la flamme et le tube, il est alors possible de calculer la densité de flux thermique en kW.m⁻² de la manière suivante.

$$q = \frac{q_v \rho c (T_2 - T_1)}{d.L} \tag{I.1}$$

avec d le diamètre du tube, L la longueur du tube exposée à la flamme, q_v le débit volumique d'eau (en m³.s⁻¹), ρ la masse volumique de l'eau et c la chaleur spécifique de l'eau (donnée en kJ.kg⁻¹.K⁻¹). Enfin, T_2 et T_1 correspondent respectivement aux températures en aval et en amont du tube exposé à la flamme.

Le premier niveau de certification, associé à ce type de pièces, est celui dit « *fire resistant* ». Il requiert que le matériau résiste au feu, suivant les critères définis, pendant 5 minutes. Cela correspond à la capacité du matériau à tenir sa fonction dans des conditions de chaleur importante. Le deuxième niveau de certification est celui dit « *fireproof* ». Il correspond à un temps d'exposition à la flamme de 15 minutes suivant les mêmes critères. Cela traduit la capacité du matériau à résister à la chaleur dégagée par un feu sévère d'une durée plus importante. Ces deux niveaux de certification visent à assurer à l'équipage ainsi qu'aux pilotes un temps suffisant pour réaliser les manœuvres d'urgence nécessaires, suivant les conditions de feu ainsi que la zone touchée.

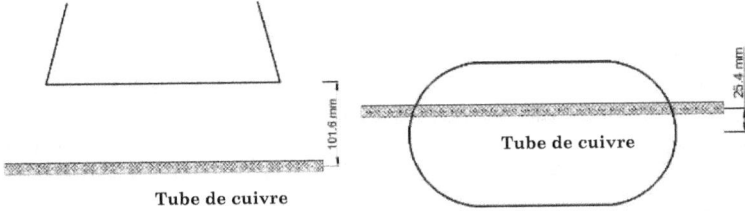

Figure I-8. Schéma vue de dessus (gauche) et vue de face (droite) du positionnement du tube de cuivre pour la calibration du flux thermique.

Ce type de test visant à reproduire l'environnement d'un feu de moteur est particulièrement sévère en particulier pour les matériaux composites du fait de leur niveau d'inflammabilité important ainsi que l'émission de volatils lors de leur dégradation thermique.

I.2. Les matériaux composites dans le domaine aéronautique, leur utilisation

I.2.1. Généralités

Le besoin de réduire la masse des aéronefs actuels, tout en augmentant les performances structurelles des matériaux afin d'accroitre leur capacité d'emport (et ainsi réduire de manière significative les coûts d'utilisation, tout en continuant d'augmenter la durée de vie des appareils), a rendu l'utilisation des matériaux composites pour l'industrie aéronautique indispensables ces dernières années. Ainsi, sur le Boeing 787 Dreamliner, près de 50 % de la masse de l'appareil est constituée de matériaux composites à base de fibres de carbone (voir figure I-9). De la même manière, l'Airbus A350-XWB (pour eXtra Wide Body) atteint une proportion de 52 % de sa masse en composite [11], tandis que Bombardier a un niveau de 47 % sur ces Cseries [12].

Figure I-9. Répartition (en masse) des matériaux dans un Boeing 787 (d'après Biasi [13]).

Il n'existe pas de définition unique pour les matériaux composites. Cependant, deux critères peuvent les définir. Premièrement, les matériaux composites correspondent à un assemblage d'au moins deux phases différentes non miscibles. Deuxièmement, l'assemblage géométrique de ces deux constituants possédant alors des propriétés physiques que les matériaux constitutifs n'ont pas seuls. Ils sont donc caractérisés par la fraction massique ou volumique de ces deux constituants [14]. Ainsi, si l'on définit les masses volumiques de la phase 1 et de la phase 2 comme ρ_1 et ρ_2, la masse volumique totale du composite en fonction des fractions volumiques W_1 et W_2 est défini de la manière suivante :

$$\rho_t = \rho_1 W_1 + \rho_2 W_2 \tag{I.2}$$

De la même manière en utilisant les fractions massiques Y_1 et Y_2 on obtient :

$$\frac{1}{\rho_t} = \frac{Y_1}{\rho_1} + \frac{Y_2}{\rho_2} \tag{I.3}$$

Il est ensuite possible d'exprimer les fractions volumiques en fonction des fractions massiques de la manière suivante

$$W_1 = \frac{\dfrac{Y_1}{\rho_1}}{\dfrac{Y_1}{\rho_1} + \dfrac{Y_2}{\rho_2}} \quad \text{et} \quad W_2 = \frac{\dfrac{Y_2}{\rho_2}}{\dfrac{Y_1}{\rho_1} + \dfrac{Y_2}{\rho_2}} \tag{I.4}$$

Et de la même façon pour les fractions massiques :

$$Y_1 = \frac{\rho_1 W_1}{\rho_1 V_1 + \rho_2 V_2} \quad \text{et} \quad Y_2 = \frac{\rho_2 W_2}{\rho_1 W_1 + \rho_2 W_2} \tag{I.5}$$

Usuellement, les matériaux composites possèdent deux types de constituants : les renforts et les matrices, assurant respectivement la tenue mécanique (rigidité et résistance) et la cohésion de la structure (maintien des renforts et transmission des efforts). De ce fait, lorsque la matrice et le renfort sont parfaitement liés, il ne peut plus y avoir de glissement ni de séparation entre les différentes phases avant l'endommagement du matériau.

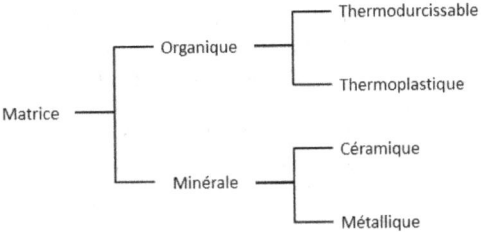

Figure I-10. Principales matrices utilisées couramment.

L'industrie aéronautique utilise principalement des structures de matrices dites organiques (voir figure I-10). Ces dernières possèdent une faible densité ainsi qu'une faible résistance mécanique et une capacité de déformation relativement importante. Les matrices organiques permettent notamment un gain significatif de masse lors de leur utilisation. Les renforts principalement utilisés sont, quant à eux, des fibres de carbone [15] (voir figure I-11).

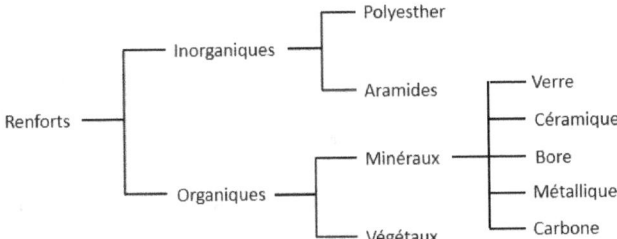

Figure I-11. Principaux renforts utilisés couramment.

Les plis de fibres de carbone utilisés sont généralement unidirectionnels (une seule dimension) ou tissés (deux ou trois dimensions) comme le présente la figure I-12.

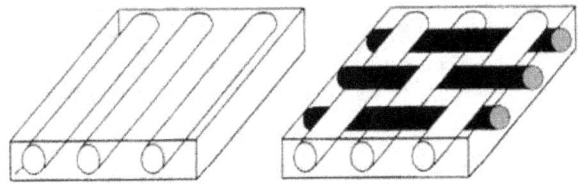

Figure I-12. Schéma de la structure d'un pli de fibres de carbone (a) unidirectionnelle (b) tissé.

Les fibres de carbone possèdent de très fortes propriétés mécaniques. Elles sont élaborées à partir d'un précurseur, généralement des fibres acryliques. Les premières fibres de carbone ont été obtenues en 1880 par Thomas Alva Edison et utilisées comme filament dans une lampe à incandescence [15]. Ce n'est qu'entre les années 1960 et 1970 que la production de fibres de carbone fut industrialisée, pour des applications hautes températures, en particulier pour des applications dans le domaine de la défense [14]. Les fibres de carbone sont dans ce cas obtenues à partir d'une décomposition thermique des fibres acryliques (sans fusion de ces dernières). Le brai, résidu de raffinerie issue du pétrole ou de la houille, peut également être utilisé pour la production de fibres de carbone [16]. Les fibres de carbone présentent un certain nombre d'avantages par rapport aux autres types de fibres présentés sur la figure I-11. Elles possèdent notamment une faible densité, un module d'Young et une résistance élevée ainsi qu'une stabilité thermique (jusqu'à 3000 °C sans oxygène pour certains types de fibres [17]). Néanmoins les fibres de carbone sont anisotropes et leur résistance à la compression est faible. De plus elles ont tendance à s'oxyder à l'air à partir de 450 °C [9].

Dans le cas des composites à matrices organiques, les fibres sont généralement associées à deux grandes catégories de polymères :

- Les résines thermodurcissables (TD)
- Les résines thermoplastiques (TP)

Figure I-13. Schéma des liaisons entre les molécules composant une résine thermodurcissable (gauche) thermoplastique (droite).

La majorité des composites à matrice organique sont fabriqués à partir de résines thermodurcissables. Ces résines possèdent des propriétés mécaniques élevées. Cependant, elles ne peuvent être mise en œuvre qu'une seule fois, le processus de polymérisation n'étant pas réversible.

Les matrices thermodurcissables présentent, quant à elles, une structure linéaire (ou légèrement ramifiée) et ne sont polymérisées qu'après leur mise en forme définitive avec des liaisons chimiques fortes (figure I-13 gauche). Les résines thermoplastiques ont des propriétés mécaniques plus faibles mais une résilience (résistance à l'impact) beaucoup plus importante. Elles se présentent sous la forme solide et se transforment de manière réversible à haute température, grâce à leurs liaisons électriques faibles (figure I-13 droite).

Ces dernières années, un grand nombre d'études a été réalisé afin d'évaluer les relations entre le développement des incendies et la dégradation des composites [18-22]. Cependant, il reste encore beaucoup travail en raison du caractère non déterministe du procédé de fabrication des matériaux composites. En effet, comme cela est suggéré par le Conseil européen des matériaux et de la modélisation (créer sur une initiative de la Commission européenne, ce conseil regroupe toutes les parties prenantes des communautés apparentées), même les matériaux métalliques présentent des inclusions et ruptures locales pouvant rendre leurs comportements difficiles à prédire [23]. Or, les matériaux composites sont encore plus hétérogènes. En effet, en fonction du type de fibre, du type de résine ou bien des fractions volumiques de chaque composés le comportement d'un matériau au feu peut changer de manière importante [24-26].

I.2.2. Matériaux étudiés

Dans ce travail de thèse, deux matériaux appartenant à deux familles de matrice distinctes sont étudiés : les composites thermodurcissables et les composites thermoplastiques. La résine thermodurcissable est une résine phénolique tandis que la résine thermoplastique est une résine Poly-ether-ketone-ketone (PEKK). Ces deux matériaux possèdent un renfort en fibres de carbone d'un diamètre d'environ 7 µm.

I.2.2.1. Composite thermodurcissable : Le carbone-phénolique

Le composite carbone-phénolique appartient à la famille des composites dit thermodurcissables. Comme annoncé précédemment, ces derniers sont des composites qui ne peuvent être mis en forme qu'une seule fois, lors de leur synthèse. À l'échelle de la microstructure, ils se présentent sous la forme de réseaux continus d'atomes reliés chimiquement entre eux par des liaisons fortes (covalentes). Le carbone-phénolique est un composite typiquement utilisé comme protection thermique dans les applications spatiales pour les tuyères de fusée [27] ou bien comme bouclier thermique pour les appareils de rentrée atmosphérique [28]. Il est également possible de lui trouver des applications dans le domaine de l'automobile [29] ou encore comme barrière thermique pour des applications navales [30]. La résine phénolique est obtenue par une réaction de polymérisation entre le phénol C_6H_6OH (ou acide carbolique) et un formaldéhyde (voir figure I-14).

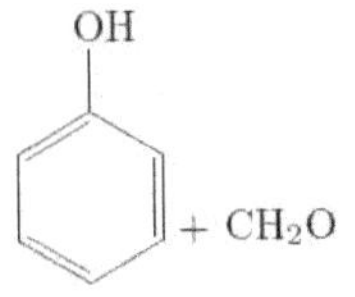

Figure I-14. Schéma du groupe phénol et du formaldéhyde utilisés pour la polymérisation de la résine phénolique.

Le phénol est un composé aromatique constitué d'un groupe phényle ainsi que d'un groupe hydroxyle (-OH) tandis que le formaldéhyde est un composé organique (le CH_2O). Le monomère issu de la polymérisation est présenté sur la figure I-15.

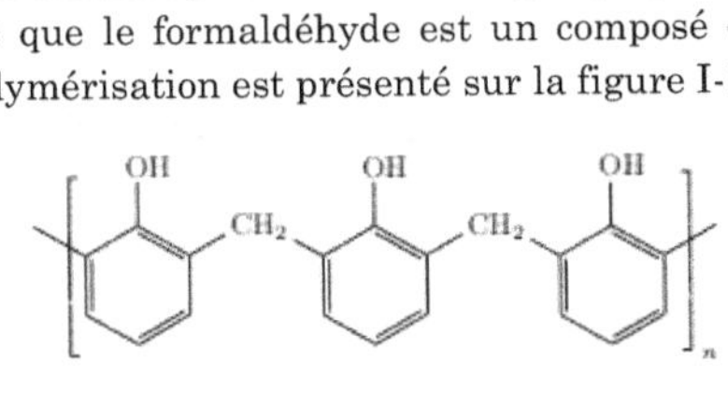

Figure I-15. Schéma d'un monomère de résine phénolique.

Une description détaillée du processus de polymérisation du matériau est disponible dans la littérature [31]. Les résines phénoliques appartiennent au groupe des résines à faible inflammation. En effet, lorsque celles-ci sont exposées à une source de chaleur ou un feu, leur décomposition entraine une production importante de résidus charbonneux (jusqu'à 50 % de la masse initiale) et une faible quantité de volatils inflammables [9]. De plus, une fois que le composite est enflammé, il est possible de l'éteindre facilement. Ces propriétés indiquent donc que l'utilisation de ce composite est facilement envisageable pour des protections thermiques dans des environnements où la température est élevée.

I.2.2.2. Composite thermoplastique : le carbone-PEKK

La résine Poly-ether-ketone-ketone (PEKK) est un thermoplastique semi-cristallin (les polymères semi-cristallins ne se cristallisent que partiellement dû aux irrégularités ou ramifications présentes dans le monomère) appartenant à la famille des polyaryl-ether-ketone (PAEK). Les composites thermoplastiques appartenant à la famille des PAEK suscitent actuellement un grand intérêt de la communauté scientifique et des industriels, en particulier ceux de l'industrie aéronautique. Ces polymères sont connus pour leurs bonnes performances mécaniques, leurs propriétés intéressantes à l'impact, ainsi que leur résistance élevée aux attaques chimiques et à l'oxydation. Ils possèdent également une très bonne stabilité à haute température. De plus, Ils sont généralement recyclables et soudables entre eux. Les thermoplastiques appartenant à la famille des PAEK ont également l'avantage d'être consolidables hors autoclave. La consolidation hors autoclave permet notamment de diminuer le temps de mise en œuvre et par conséquent d'augmenter les cadences de production de ce type de matériaux.

Les composites appartenant à la famille des PAEK sont constitués de cycles aromatiques très stables liés par un atome d'oxygène (liaison éther) et/ou d'un groupe carbonyle (cétone) comme le montre la figure I-16 pour le PEKK, qui possède une majorité de fonctions cétones. Les propriétés des PAEK dépendent principalement du rapport éther/cétone [32]. Par exemple, plus la quantité de cétone est grande, plus la température des différentes transitions thermiques augmente. Ce phénomène est dû à l'accroissement de la rigidité des chaînes polymère provoqué par l'augmentation de fonctions cétones.

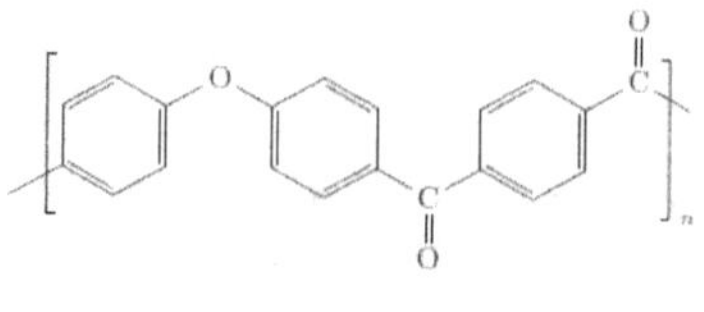

Figure I-16. Schéma d'un monomère de PEKK.

Ainsi, l'augmentation de la rigidité des chaînes polymères augmente les températures de transition vitreuse[1] (T_g) et de fusion[2] (T_f). Dans le tableau I-3, les différentes températures sont présentées pour la famille des PAEK.

Tableau I-3. Évolution des températures caractéristiques pour les polymères PAEK.

Polymère	N= éther/cétone	T_g (°C)	T_f (°C)
PEKK	0,5	165	386
PEKEKK	2/3	161	377
PEEKK	1	158	363
PEK	1	154	367
PEEK	2	143	334

Les résines PEKK ont été introduites pour la première fois en 1988 par DuPont à destination de l'industrie aéronautique [33]. Les chaines polymère de la résine PEKK possèdent une majorité de fonction cétone. Cela a pour conséquence d'augmenter la polarité de la chaîne ainsi que sa rigidité rendant le matériau plus cassant et donc fragile. Les résines sont obtenues par une réaction de polymérisation du diphényléther ou phénoxybenzène ($C_{12}H_{10}O$) avec du chlorure de terephtaloyle ($C_8H_4Cl_2O_2$). D'avantage de détails sur cette réaction de polymérisation ainsi que sur la structure de la résine sont disponibles dans la littérature [33]. Les composites à base de résine PEKK sont majoritairement utilisés dans le domaine aéronautique [34] et plus particulièrement pour les structures extérieures ainsi que les intérieures cabines (portes, parois ou encore les galley). En effet, la faible inflammabilité de la résine combinée à ses faibles émissions de fumée lorsqu'il est soumis au feu en fait un atout non négligeable.

Comme pour la résine phénolique présentée précédemment, la dégradation de la résine PEKK produit une quantité importante de résidus charbonneux (environ 60% de la masse initiale) due à la concentration importante de groupes aromatiques [35]. Cependant, la résine PEKK présente une plus haute tenue thermique (les températures de transition vitreuse et de fusion sont de T_g =156 °C et de T_f=338 °C [36]).

I.3. Comportement au feu des composites : état de l'art

I.3.1. Les flammes impactantes, une interaction flamme paroi.

La problématique des « flammes impactantes » ou Impinging flame en anglais peut être définie comme un cas particulier des phénomènes généraux de l'interaction flamme-paroi. En effet, les problématiques liées aux flammes impactantes vont se concentrer

---

[1] Changement d'état du polymère ou du matériau composite polymérisé, sous l'action de la température, et entraînant des variations importantes de ses propriétés mécaniques. En dessous de cette température, le polymère est dit vitreux (état solide) et présente le comportement d'un corps solide élastique. Au-dessus il présente un comportement de solide plastique (état viscoélastique), suite à l'affaiblissement de liaisons intermoléculaires (force de Van der Waals, ...).

[2] La température de fusion d'un polymère est la température à laquelle a lieu son passage de l'état solide à l'état visqueux.

majoritairement sur l'étude des flammes en contact direct avec la paroi et se focaliser sur l'évaluation des transferts thermiques entre l'écoulement et le matériau. Les flammes impactantes présentent donc des interactions réciproques entre la flamme, la paroi et l'écoulement [37]. Malgré une influence simultanée des différents éléments, la figure I-17 présente ces différentes interactions de manière dissociée.

Tout d'abord la paroi tend à modifier la géométrie de la flamme, et ainsi à provoquer l'extinction des flammelettes. Ces extinctions locales sont provoquées par une perte d'enthalpie à proximité de la paroi. De plus, les extinctions locales engendrent la formation d'imbrulés à proximité de la paroi. Ces derniers étant également une source majeure de production de polluants [38]. Cependant, avant l'extinction, les éléments de la flamme sont également une source importante de chaleur, contribuant ainsi à l'échauffement de la plaque.

La présence de la paroi génère dans le même temps une réduction des échelles de turbulence ainsi qu'une production d'énergie cinétique turbulente dans l'écoulement. La turbulence pouvant alors être responsable de l'extinction localisée de la flamme via l'étirement du front de flamme [39]. Réciproquement le caractère turbulent de l'écoulement va avoir tendance à changer la friction contre la paroi et ainsi modifier les transferts thermiques. Enfin, comme dans un cas sans paroi, la diminution de la densité des gaz dans la flamme provoque une accélération de l'écoulement ainsi qu'une augmentation de la viscosité dans le fluide.

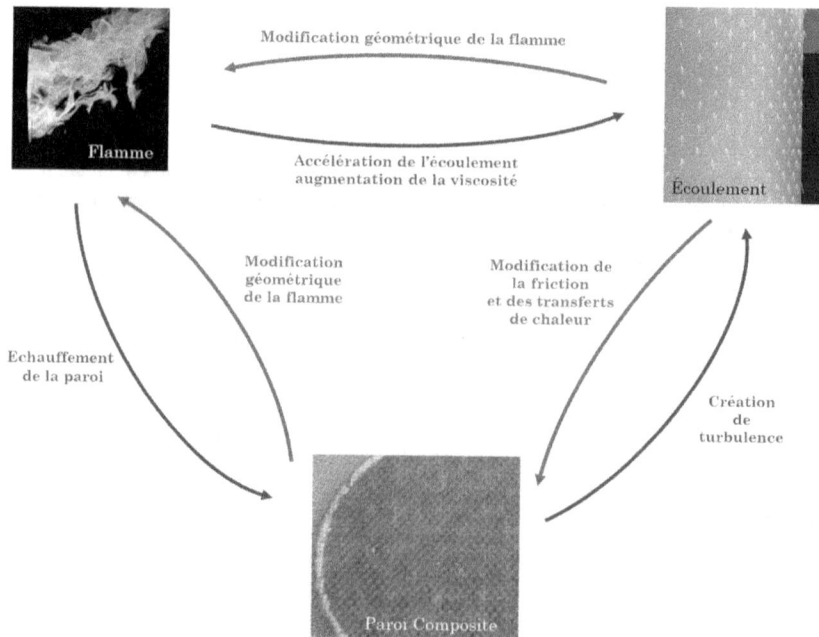

Figure I-17. Schéma des interactions flamme-Paroi (d'après Poinsot et Veynante [38]).

Les flammes impactantes sont utilisées depuis de nombreuses années dans différents processus industriels notamment afin de chauffer divers types de matériaux. L'utilisation de cette méthode, de contact direct avec la flamme, permet en particulier d'augmenter significativement les transferts convectifs [40] tout en diminuant la formation de polluants ainsi que la consommation de carburant. Cependant, cela implique des disparités de flux de chaleur, notamment autour du point de stagnation. Comme pour l'impact des jets non réactifs, les flammes impactantes sont caractérisées par trois zones distinctes [40] : la zone de jet libre (Free-Jet Region), la zone de stagnation (Impingement Region) et la zone de jet pariétal (Wall-Jet Region). Ces différentes zones sont représentées sur la figure I-18.

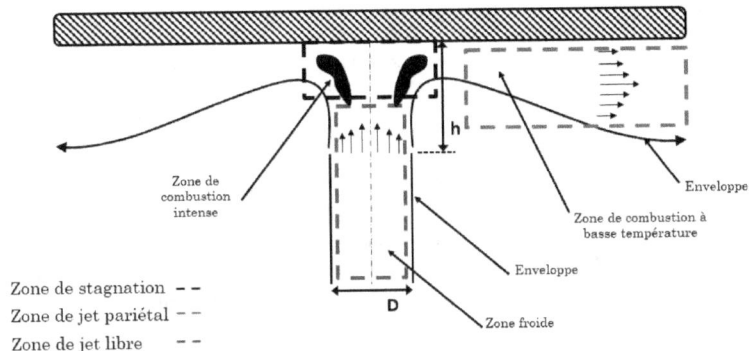

Figure I-18. Schéma d'une flamme impactante (d'après [41]).

La zone de jet libre correspondant à la zone ou le fluide débouchant de l'injecteur n'est pas soumis à la présence de la paroi. La zone de stagnation est, elle, caractérisée par un fort gradient de pression imposé par la présence de la paroi. Celle-ci stoppe l'écoulement dans l'axe du brûleur pour l'orienter vers l'extérieur de manière radiale. Dans cette région, la pression statique est également plus importante que la pression ambiante. La limite de la région de stagnation (se trouvant parallèlement à la paroi soumise à la flamme) marque le début de la zone de jet pariétale où le fluide s'éloigne radialement du point d'arrêt. Cette région est marquée par l'absence de gradient de pression ; l'écoulement ralentit et ensuite se diffuse. Dans cette région, l'écoulement peut être laminaire ou turbulent suivant le type de brûleur et le type de fluide et par conséquent le nombre de Reynolds du jet. Cette configuration a conduit à l'identification de six modes de transfert thermique, dont majorité à partir d'études expérimentale. Baukal *et al.* [42] ont décrit ces mécanismes de transfert thermique comme étant la conduction, la convection (libre et forcée), le dégagement de chaleur thermochimique (TCHR[1]), le rayonnement, la condensation et le bouillonnement[2] [43]. L'importance de ces mécanismes dépendant fortement de la configuration et des conditions expérimentales. En effet, selon les configurations, les flammes impactantes peuvent être séparées en quatre catégories distinctes, correspondant

---

[1] TCHR : ThermoChemical Heat Release. Transfert de chaleur résultant des réactions de recombinaison des produits de combustion de la flamme dans la couche limite thermique
[2] Noté Boiling en anglais

chacune à des configurations différentes et par conséquent des applications différentes. Les différentes configurations étudiées dans la littérature ainsi que leurs différentes applications sont présentées suivant la classification proposée sur le tableau I-4.

Tableau I-4. Classification des différentes configurations de flamme impactante ainsi que des applications associées.

	Environnement confiné	**Environnement ouvert**
Petite échelle	• Forage par flamme • Processus de chauffages industriels	• Fourneaux industriels • Découpes et soudures industriels • Traitements thermiques de métaux
Grande échelle	• Incendie dans les tunnels • Propagation du feu sur les plafonds	• Résistance au feu de grande structure • Certification feu pour l'aéronautique

Depuis de nombreuses années, les flammes impactantes dans un environnement ouvert et à petite échelle sont analysées. Les premières études sont ainsi apparues à la fin des années 1940 avec Kilham [44]. Ce dernier étudia l'influence d'une flamme impactant différents types de matériaux et de revêtements, avec pour objectif d'optimiser le chauffage des solides. Au cours de la même période, différentes études ont également permis d'évaluer l'impact des jets de carburant afin d'optimiser les systèmes de propulsion aéronautique [45, 46]. Les objectifs de ces études à petite échelle ont toujours été orientés vers la compréhension des phénomènes de transfert thermique ainsi que leur optimisation. De manière générale, les travaux de la littérature vont donc avoir tendance à caractériser les transferts thermiques en fonction d'un certain nombre de paramètres et ainsi évaluer l'impact de la géométrie du brûleur, de la distance brûleur/plaque ou encore de la richesse du mélange.

Depuis les premiers travaux de recherches sur les flammes impactantes, une importante variété de configurations a donc été étudiée et comme exemple on peut citer les flammes impactant des cylindres, des surfaces hémisphériques ou encore des surfaces planes avec divers angles d'incidence. Cependant, la configuration la plus étudiée reste celle où la flamme vient impacter une surface plane de manière normale. Comme les conditions opératoires ont également une influence importante sur les transferts thermiques ainsi que la stabilité de la flamme, plusieurs études ont naturellement traité ces conditions. Habituellement, le type de carburant, de comburant ainsi que le type de flamme sont reconnus comme les paramètres les plus influant affectant les transferts thermiques, dans le cas des flammes impactantes [41]. Naturellement, il est donc possible de trouver dans la littérature un large panel de travaux expérimentaux utilisant différents types de carburants dans le but de caractériser les transferts thermiques des flammes impactantes. Les flammes sont généralement des flammes de pré-mélange avec des carburant comme le méthane [47], le butane [48], l'acétylène [49] ou encore le biogaz [50]. Certaines études ont également utilisé des flammes de diffusion avec comme combustible le méthane [51], l'hydrogène [52], le gaz naturel [53] ou encore le gaz de pétrole liquéfié [54].

De nombreuses expériences ont également étudié l'impact de la richesse sur les transferts thermiques. La richesse étant un paramètre affectant directement la combustion. En effet, la richesse de la flamme influence le niveau de dissociation des produits de combustion ainsi que la tendance d'une flamme à produire des suies [41]. De plus, les flammes, dans des conditions proches de la stœchiométrie, vont avoir tendance à générer une température de flamme plus importante, puisque la combustion y est complète. Dong *et al.* [48] ont ainsi réalisé des mesures de transferts thermiques locaux à l'aide d'un capteur de flux céramique ayant une zone de mesure de 4mm x 4mm. Ce dernier étant fixé au centre d'une plaque de cuivre, elle-même impactée par une flamme de pré-mélange butane/air, avec une richesse allant de 0,7 à 1,1. Ils ont ainsi démontré que la valeur du flux thermique était maximale pour une richesse de 0,85 et que cette dernière diminue avec l'augmentation de la richesse (voir figure I-19).

Baukal *et al.* [42] ont également étudié l'influence de l'enrichissement en oxygène sur les transferts thermiques vis à vis d'une plaque impactée par une flamme. L'enrichissement en oxygène est défini comme le ratio du débit volumique d'oxygène par rapport au débit volumique total. Pour des enrichissements allant de 0,3 à 1,0, ils ont alors démontré que les transferts thermiques augmentaient de 54 à 230 %. Cette augmentation de l'efficacité thermique est provoquée par l'augmentation de la température adiabatique de flamme. L'augmentation de la température provoquant une dissociation des produits de combustion et la formation de radicaux. Ces radicaux se déplaçant ensuite vers la plaque (plus froide), des réactions exothermiques de recombinaison prennent place ; ces dernières provoquant un transfert de chaleur de type TCHR [41]. Cependant, il est difficile de mesurer l'apport thermique de telles réactions. En effet, dans la littérature, aucune étude n'a mesuré précisément la contribution du TCHR sur les transferts thermiques [41].

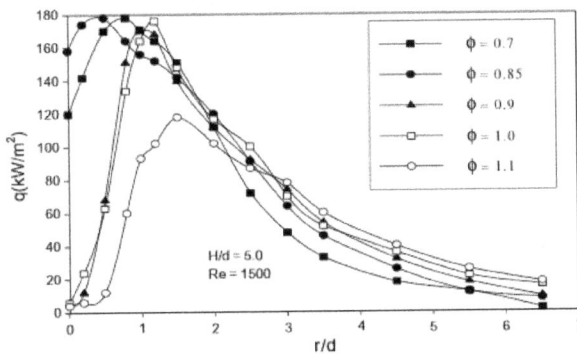

Figure I-19. Évolution radiale du flux de chaleur en fonction de la richesse (d'après Dong *et al* [48])

Ils ont également démontré que les transferts thermiques vis à vis du point de stagnation étaient très bas pour des flammes riches (richesse supérieure à 1). Hargrave *et al.* [55] ont montré que le maximum du flux de chaleur était obtenu pour une richesse légèrement supérieure à la stœchiométrie (entre 1 et 1,1) pour une flamme de pré-mélange méthane/air impactant un solide de révolution. Cette différence dans la valeur de la richesse est liée à la différence dans la valeur du nombre de Reynolds (2500 pour Dong *et al.* [48] contre 4000 pour Hargrave *et al.* [55]) impliquant un écoulement de régime différent. En effet, les travaux de Dong *et al.* [48] ont également montré que l'augmentation du nombre de Reynolds des gaz frais avait un impact significatif sur le flux de chaleur présent à la paroi. Le flux de chaleur augmentant d'environ 30 % entre un écoulement avec Re=2000 et un écoulement avec Re=2500, comme cela est présenté sur la figure I-20. Milson et Chigier [47] ont montré que pour une flamme de diffusion méthane-air, avec un Reynolds allant de 7700 à 35300, l'augmentation de ce dernier augmente le diamètre de la zone « froide » autour du point de stagnation. Cela peut causer une diminution de la température de la flamme au point de stagnation et provoquer également un décalage du point pour lequel la température est maximale par rapport à la zone de stagnation.

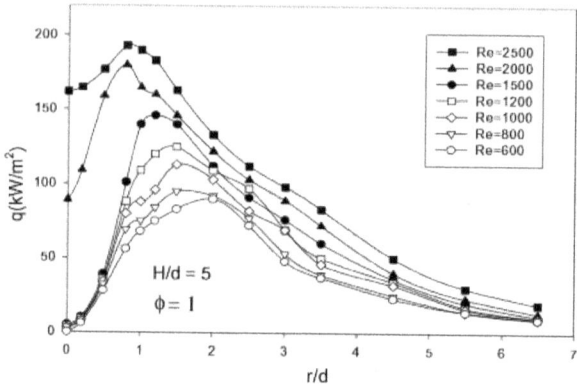

Figure I-20. Évolution de la distribution radiale du flux de chaleur en fonction du Reynolds (d'après Dong *et al.* [44])

Les modifications de la structure des flammes impactantes avec l'augmentation du Reynolds du carburant ou des gaz frais rendent l'étude de l'effet de la turbulence nécessaire. Comme cela est visible sur la figure I-20, dans les interactions flamme paroi, la turbulence provoque des modifications de l'écoulement à proximité de la paroi impliquant une modification des caractéristiques de transferts thermiques ainsi que de la structure de la flamme. Ainsi, Hargrave *et al.* [55] ont été parmi les premiers à étudier les transferts thermiques d'une flamme impactante turbulente. Pour ce faire, ces derniers ont fait varier le niveau de turbulence en utilisant une grille à la sortie du brûleur.

Quelques études se sont également intéressées à la part radiative des transferts thermiques ayant lieu dans le cas des flammes impactantes. L'effet du rayonnement a été longtemps considéré comme négligeable. Comme la plupart des flammes étudiées n'étaient pas lumineuses, la part du rayonnement était alors négligeable en comparaison avec la part convective des transferts thermiques. En effet, Mohr *et al.* [56] ont montré que la part du rayonnement dans les flammes impactantes était de l'ordre de 4%, en supposant un modèle de corps noir. Néanmoins, les travaux de Malikov *et al.* [57] ont par la suite établi que la part radiative des transferts thermiques dans le cas des flammes impactantes pouvait se trouver non-négligeables. Ils ont estimé que cette dernière pouvait atteindre jusqu'à 1/3 du flux total sur la surface. Les 2/3 restants étant dus aux transferts thermiques convectifs issus du jet d'air chaud des produits de combustion.

À petite échelle, quelques études existent également en milieu confinée. Elles ont également pour but d'étudier les phénomènes de transfert thermique lorsqu'une plaque est soumise directement à l'impact d'une flamme. En milieu confiné, la concentration en oxygène joue un rôle primordial car elle va influencer le comportement et le développement du feu. Ainsi, Hindasageri et al. [58] ont proposé en 2014 une nouvelle méthode permettant d'estimer les transferts thermiques d'une flamme impactante dans un milieu confiné. Pour une configuration avec une seule flamme ainsi qu'un assemblage de plusieurs flammes, ils ont établi que, pour des distances importantes entre la plaque et le brûleur (rapport diamètre du brûleur/distance à la plaque de l'ordre de 5,1), l'effet d'une enceinte est négligeable (environ 2%) sur la distribution du flux de chaleur ainsi que sur la valeur maximum du flux. Pour des distances entre la plaque et le brûleur plus faibles (rapport diamètre du brûleur/distance à la plaque inférieure à 3,7), la présence d'une enceinte diminue le pic de flux de chaleur de 4% à 10%. Dernièrement, Höser et al. [59] ont examiné expérimentalement les transferts thermiques d'une flamme turbulente impactant la surface plane d'un calorimètre en milieu confiné. Ces derniers ont ainsi pu mettre en évidence un bon accord de leurs résultats avec les études de transferts thermiques pour des cas non-confinés. Ils ont également mis en avant les faibles variations du coefficient de transfert thermique avec l'augmentation de la température de la surface impactée par la flamme.

À plus grande échelle, les travaux de la littérature sur les phénomènes de flamme impactante en milieu confiné visent rarement à caractériser les phénomènes de transfert thermique. À cette échelle, les flammes impactantes se rapprochent de cas réels d'incendie qu'il est possible de rencontrer dans un tunnel ou sous une toiture. Les différentes études vont alors majoritairement se concentrer sur la détermination de la distribution des températures dans le panache et sur le plafond, de la longueur de la flamme sur le plafond. Ainsi, Gao et al. [60] ont étudié expérimentalement la longueur de la flamme sur la paroi ainsi que la distribution de la température dans le cas d'une flamme impactant une paroi dans un tunnel. Gao et al. [61] ont également étudié la distribution de la température sur le plafond d'un tunnel dans le cas où la flamme de panache serait en contact avec la paroi latérale du tunnel. À partir de leurs résultats expérimentaux, ils ont proposé des modèles empiriques afin de prendre en compte ce double phénomène d'interaction flamme-paroi.

Quelques travaux ont toutefois étudié les transferts thermiques dans le cas de flammes impactantes à grande échelle en milieu confiné. Ainsi, You et Faeth [62] ont ainsi comparé les flux de chaleur présent sur le plafond, pour des cas confinés et non-confinés. Ainsi, dans le cas d'une flamme en milieu confiné les transferts thermiques ont tendance à augmenter les flux de chaleur au niveau du plafond. Ces auteurs ont également montré que la part du rayonnement dans les transferts thermiques était inférieure à 20% du flux de chaleur total. De plus, ils ont mis en évidence que dans le cas confiné, les flux de chaleur au plafond augmentent, tout comme la surface recouverte par la flamme. La valeur de flux de chaleur obtenue est supérieure de 40 %, en comparaison avec le cas non-confiné. Sur une configuration similaire, Kokkala [63] a étudié expérimentalement les transferts thermiques sur un plafond exposé à une flamme de gaz naturel, d'une puissance allant de 2,9 à 10,5 kW. L'objectif étant de déterminer les conditions dans lesquelles les gaz brûlés pourraient s'enflammer au niveau du plafond. Les mesures de transferts thermiques ont été réalisées à l'aide de capteurs de flux total positionnés directement dans le plafond près de la zone de stagnation ainsi que de la zone de jet libre (voir figure I-18). Contrairement à You et Faeth [62], Kokkala a obtenu des valeurs de flux thermique plus importantes proche du point de stagnation mais du même ordre dans la région de jet libre.

Des études similaires ont également été réalisées dans un environnement non-confiné. Ainsi, Zhang *et al.* [64] ont étudié la longueur d'une flamme issue d'un brûleur rectangulaire impactant un plafond. À l'aide d'une camera CCD, ils ont pu mesurer précisément la longueur du panache de la flamme impactant le plafond en fonction de la puissance du feu ainsi que de la hauteur du plafond. Ils ont ainsi comparé leurs résultats avec différents modèles empiriques et proposé une nouvelle corrélation permettant de calculer la distance d'extension (distance sur laquelle s'étend la flamme sur une surface) d'une flamme impactant un plafond en fonction de la puissance du feu ainsi que de la forme de la source.

Dans le cas du brûleur NexGen, présenté précédemment, compte-tenu de la taille des échantillons ainsi que du brûleur et de la flamme, la configuration est celle d'une flamme impactante à grande échelle en milieu ouvert. Ce type de configuration a notamment été testé par Timme *et al.* [65]. Cependant, l'objectif de leurs travaux n'est pas d'évaluer les transferts thermiques mais la tenue mécanique de composites à base de fibres de carbone et de verre, protégés par une plaque en titane. Se focalisant sur les phénomènes de combustion, la turbulence issue de la réaction du kérosène avec l'air tend à diminuer les transferts thermiques dans la région de stagnation tout en augmentant l'uniformité des transferts thermiques sur le reste de la plaque comme cela a été démontré par Hargrave *et al.* [55]. Fairweather at al. [66] ont également indiqué qu'un certain nombre d'études à grande échelle présentaient une augmentation du taux de transferts thermiques lorsque la turbulence était présente dans la zone de jet libre. Sachant que les transferts thermiques dans cette configuration influencent directement la dégradation du composite, provoquant ou non le percement de la plaque et impliquant dans tous les cas une production de volatils et de résidus charbonneux à la surface du matériau, il est important d'estimer ces transferts de chaleur. D'autant que ces phénomènes peuvent contribuer à des modifications de transferts thermiques habituellement rencontrés dans ce type de configuration.

Les différentes études, présentées dans cette partie, ont mis en avant plusieurs moyens expérimentaux permettant d'étudier les phénomènes de transferts thermiques rencontrés lors de l'impact d'une flamme sur une paroi. À partir de ce type de mesures, il est ainsi possible de relier les transferts thermiques issues d'une flamme aux mécanismes de décomposition des composites présentés dans le paragraphe suivant et ainsi définir les risques potentiels d'une agression thermique en fonction de la zone d'impact de la flamme. Sur une configuration d'essai au feu normée, ce type d'analyse prend tout son sens car elle permettrait d'apporter des informations supplémentaires au vrai/faux usuel et ainsi permettre la compréhension des raisons d'un échec.

I.3.2. Mécanisme de décomposition thermique des composites

La réaction face à une agression thermique des matériaux composites est un processus complexe (voir figure I-21). Ce processus est largement dirigé par des mécanismes chimiques, thermiques ou encore mécaniques (voir figure I-22). Ainsi, les processus du transfert de chaleur impliquent par exemple la conduction thermique vers l'intérieur du matériau. Les phénomènes chimiques impliquent la décomposition et la volatilisation de la résine, la formation de résidus charbonneux ainsi que les processus d'oxydation. Les phénomènes mécaniques sont provoqués par les changements de structure du matériau provoqué par sa dégradation ainsi que le chargement appliqué à l'échantillon.

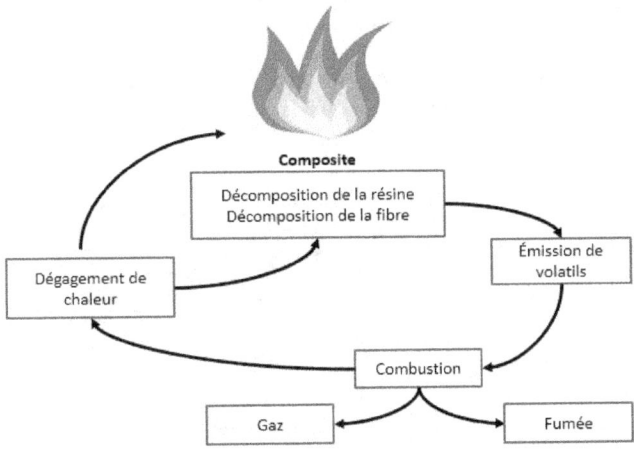

Figure I-21. Schéma de la réaction au feu d'un composite (d'après Mouritz et Gibson [9]).

I.3.2.1. Phénomènes thermiques & chimiques

Selon Mouritz et Gibson [15], l'évolution des phénomènes thermiques impliqués dans le comportement du matériau lorsqu'il est soumis à une agression thermiques suit quatre étapes distinctes qui sont : (*i*) échauffement du matériau, (*ii*) décomposition du matériau, (*iii*) inflammation des volatils et (*iv*) propagation du feu.

Étape 1 : *Échauffement du matériau.*

Lorsque le matériau composite est soumis à une source de chaleur comme par exemple un flux radiatif ou une flamme, L'échauffement du matériau peut alors provoquer le ramollissement ou la fonte des matériaux possédant une matrice thermoplastique (comme par exemple le carbone-PEKK). Durant cette étape, des flux thermiques à la fois radiatifs et convectifs sont échangés près de la paroi en contact avec la source de chaleur. Le flux de chaleur se propage ensuite à l'intérieur du matériau et l'augmentation de température est alors plus ou moins lente en fonction des propriétés thermophysiques. Sur les faces opposées, des échanges radiatifs et convectifs peuvent avoir lieu suivant les conditions, ralentissant l'échauffement du matériau.

Étape 2 : *Décomposition du matériau*

Une fois qu'une certaine température limite est franchie, le processus de dégradation thermique débute par une série de réactions chimiques induites par l'action de la chaleur. La réaction dominante dans ce cas consiste à ce que les liaisons les plus fragiles thermiquement se rompent aléatoirement dans le matériau. Ces ruptures provoquent alors la création de radicaux réagissant entre eux afin de former des molécules organiques correspondant généralement à des vapeurs ou gaz inflammables (par exemple monoxyde de carbone, méthane, etc.) ou non-inflammable (dioxyde de carbone, eau). Ces molécules diffusant à travers le matériau en décomposition jusqu'à la zone de la flamme où les volatils réagissent avec l'oxygène conduisant à la formation des produits de combustion finaux (habituellement du dioxyde de carbone, eau, fumée ainsi qu'une petite quantité de monoxyde de carbone) ainsi qu'une libération de chaleur. La décomposition peut également procéder par un processus d'oxydation. L'oxygène accélérant la dégradation du matériau. Cependant uniquement la surface du matériau est affectée par ces phénomènes.

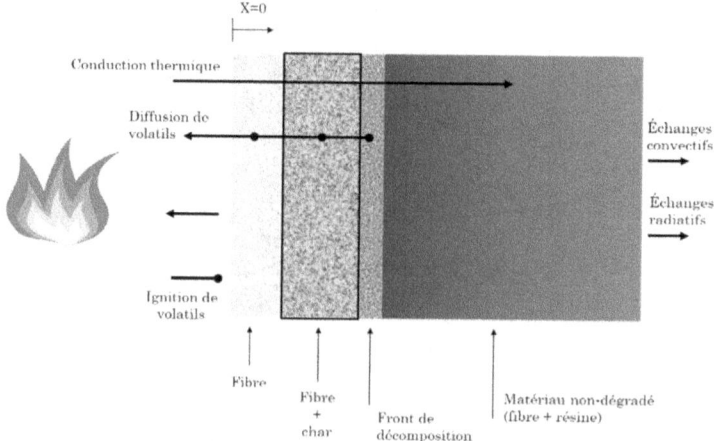

Figure I-22. Schéma des différentes réactions ayant lieu dans un composite en cours de dégradation thermique (d'après Mouritz *et al.*[67]).

La dégradation de la résine implique également la création d'un résidu charbonneux solide (appelé « char » dans la suite de ce manuscrit). Le char est principalement issu de la réaction de condensation des fragments de chaine contenant des anneaux aromatiques. La composition ainsi que la structure du char ont été notamment décrite par Levchik et Wilkie [64]. Le char est riche en carbone comparé au polymère d'origine car il est composé d'environ 85-95 % de carbone avec des traces de composés aromatiques. Le char est également extrêmement poreux. La quantité de char formée par un matériau composite lors de sa dégradation est dépendante de la nature chimique de la matrice polymère. Levchik et Wilikie [68] proposent de classifier les polymères en trois catégories qui sont :

(i)   Les polymères caractérisés par des scissions aléatoires dans toute la structure moléculaire (Polystyrène, PMMA) ;

(ii)   Les polymères caractérisés par des scissions impliquant la perte d'un atome d'hydrogène (polyesters, PVC) ;

(iii)   Les polymères caractérisés par une quantité importante d'anneaux aromatiques comme ceux étudiés dans ce travail (carbone-phénolique et carbone-PEKK).

Ces derniers se décomposent en formant des fragments aromatiques qui fusionnent ensuite via des réactions de condensation conduisant à la production d'une quantité modérée à importante de char. Les anneaux aromatiques sont la base des blocs formant le char. Ainsi, plus la matrice contient des anneaux aromatiques plus la quantité de char produite est importante. Parker et Kourtides [64] ont d'ailleurs révélé que la quantité de char produite augmente linéairement avec la concentration d'anneaux aromatiques. Par exemple, la résine phénolique est caractérisée par une conversion de 40 à 60 % de la masse de sa résine en char.

Il est possible d'évaluer la décomposition d'un matériau lorsqu'il est soumis à un stress thermique en déterminant expérimentalement sa perte de masse [9, 24]. En effet, la quantité ainsi que le taux de décomposition d'un constituant du matériau peuvent être obtenus à partir de l'évolution de la masse de l'échantillon soumis au feu. Ainsi, Patel *et al.* [35] ont utilisé cette méthode, à partir de mesures thermogravimétriques (ATG), ainsi que l'analyse des volatils afin d'évaluer les mécanismes de décomposition thermique du PEEK. De la même manière, Bourbigot *et al.* [69] ont utilisé un cône calorimètre afin d'évaluer la dégradation thermique du polypropylène. Comme cela est visible sur un nombre important d'études présentées dans la littérature [24, 35, 69], la perte de masse d'un échantillon de composite lors de sa décomposition thermique présente fréquemment différentes inflexions.

En effet, elle est contrôlée par divers processus thermiques transitoires associés aux différentes étapes de la dégradation du matériau. Cependant ces variations visibles sur la courbe de perte de masse peuvent alors être associées à chacun des processus identifiés au cours de la dégradation. Ainsi, après un délai où aucune variation de la masse n'est visible (correspondant à l'échauffement avant le début de la décomposition), une rapide perte de masse est généralement rencontrée [24]. Cette dernière correspond à la réaction endothermique associée à la décomposition de la résine.

Ensuite le taux de perte de masse diminue, étant donné que la quantité de matériau non dégradé diminue et que le matériau tend vers un état thermiquement fin contribuant à la poursuite de la perte de masse. Finalement, la courbe de masse tend à converger vers une valeur constante, correspondant à la masse du résidu de matériau. Durant cette période, les fibres vont commencer à s'oxyder tout comme le char [24] mais à un taux beaucoup moins élevé que la résine. La perte de masse totale d'un composite est largement pilotée par la quantité de char produite au cours de la décomposition de la matrice. Ainsi, un composite produisant une faible quantité de char va présenter une perte de masse totale plus importante qu'un composite produisant une quantité importante de char.

Étape 3 : *Inflammation des volatils*

Le temps d'ignition est un élément clé du processus de dégradation d'un composite car il caractérise le début de la combustion des volatils. Le temps d'inflammation d'un matériau polymère dépend de nombreuses variables telles que la concentration en oxygène de l'air, la température ou encore les propriétés physiques et chimiques du polymère. Lorsque la vitesse de dégagement des volatils atteint une valeur suffisante pour que le mélange produit gazeux/air soit inflammable, une flamme peut apparaître. Le temps d'ignition est généralement assez court et il correspond à peu près au temps nécessaire pour que le composite atteigne la température de décomposition endothermique de la résine. La combustion sera maintenue tant qu'il y aura suffisamment d'énergie transférée à la surface et dans la masse du polymère pour entretenir sa dégradation. Celle-ci, qui génère la production de gaz combustibles devient alors autoalimenté et la flamme peut donc se propager. Il est donc indispensable de prendre en compte cette variable lors du choix d'un matériau pour des applications aéronautiques. La figure I-23 présente par exemple une classification de différents matériaux composites, sur laquelle il est notamment possible de voir que le temps d'ignition peut augmenter de près de 50 % entre un carbone-époxy et un carbone-PEKK lorsqu'il sont soumis à un flux radiatif de 75 kW.m^{-2}.

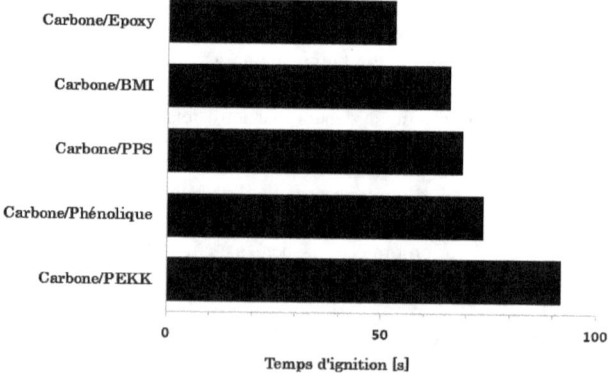

Figure I-23. Comparaison du temps d'ignition pour différents matériaux composites (d'après Sorathia *et al.*[30])

Le temps d'inflammation des composites est généralement déterminé expérimentalement par un test d'inflammabilité au cône calorimètre [70] ou bien lors de tests d'ignition ISO (ISO 25762:2009). Il peut être mesuré dans deux conditions, soit en ignition spontanée soit ignition pilotée. Dans le cas d'une ignition spontanée, l'inflammation a lieu spontanément dans le mélange gazeux volatils/air sur la surface du composite. Pour une ignition pilotée, la combustion est générée par une source extérieure qui est soit une étincelle électrique, soit une flamme [70].

Avec l'inflammation du composite, ainsi que le début de son processus de dégradation, une fumée tend à se former, elle-même plus ou moins dense suivant le type de matériau. Ces fumées sont généralement composées de petits fragments de fibres ainsi que de particules de carbone (suies) issus de la décomposition du matériau et de la combustion des volatils en surface. Ces fumées ne présentent pas de grand risque pour la santé lors de faible et/ou courte exposition cependant dans certains cas, ces dernières, peuvent être denses et opaque, rendant la lutte contre l'incendie difficile voire impossible, en particulier dans le cas d'incendie en vol ou la cabine de l'aéronef confine les fumées diminuant alors la visibilité. C'est pourquoi, de nombreux travaux ont étudié les fumées produites par les matériaux composites. Ainsi, il a été montré que les fumées issues de polymères hautement inflammables tel que l'époxy sont beaucoup plus denses que celles émises par les composites phénoliques ou PEKK [71] justifiant en partie leur utilisation dans des applications où le risque de feu est avéré (figure I-24).

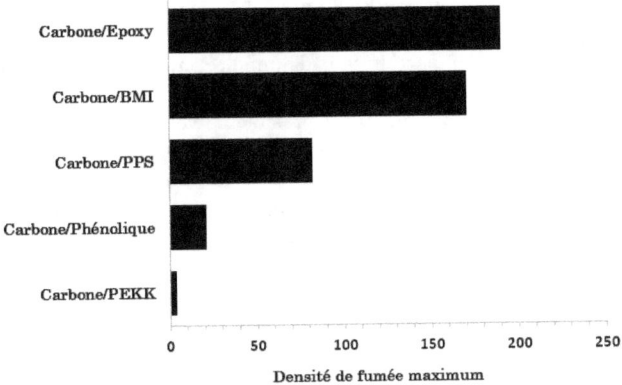

Figure I-24. Comparaison de la valeur maximum de densité de fumées pour différents composites (d'après Sorathia [71]).

La production de char lors de la dégradation des composites est également un facteur réduisant la production de fumée lors de la dégradation thermique. La structure continue formée par le char gêne la libération des fragments issue des fibres [9]. Il est important de noter que la densité des fumées est également pilotée par l'intensité du feu auquel est soumis le composite. Gibson et Hume [72] ainsi que Brown et Mathis [73] ont notamment montré que la densité de fumée augmente légèrement avec le flux de chaleur à cause de l'augmentation de la quantité de suies libérée. Cependant, Mouritz *et al.* [20] ont eux montré que, pour certains composites ayant un contenu en composés aromatiques important, la quantité de fumée peut diminuer avec l'augmentation du flux de chaleur. Ce comportement est attribué à la production importante de char, inhibant le transport de volatils et de suies vers la surface du composite, ralentissant ainsi la production de fumée.

Étape 4 : *Propagation du feu*

Le taux de dégagement de chaleur (HRR, Heat Release Rate) est l'un des paramètres les plus importants dans l'étude de la propagation des incendies où les matériaux composites sont impliqués. Cette propriété caractérise la croissance et le développement du feu. D'après Mouritz [9] ainsi que Babrauskas *et al.* [74], aucune propriété n'a autant d'influence que le taux de dégagement de chaleur sur la décomposition des composites sachant que d'autres réactions influent directement ce HRR. Le taux de dégagement de chaleur correspond à l'énergie produite par unité de surface lorsque les produits de pyrolyse s'enflamment et brûlent. Le plus souvent, le pic de HRR a lieu sur une très courte période, après l'ignition. Il donne alors une bonne information sur l'inflammabilité d'un matériau. Le taux de dégagement de chaleur est généralement déterminé expérimentalement, dans la majorité des cas à l'aide d'un cône calorimètre ou d'un calorimètre OSU (Ohio State University Heat Release Calorimeter [75]). Malheureusement, ces instruments sont limités aux échantillons de petite et moyenne échelle. Dans la littérature, le taux de dégagement de chaleur a été estimé pour bon nombre de matériaux, certains notamment utilisés dans l'aéronautique. Ainsi, Oztekin *et al.* [76] ont par exemple étudié le taux de dégagement de chaleur d'un bloc de résine PEEK, appartenant à la même famille que le PEKK étudié dans le cadre de cette thèse. Dans leur travail, le taux de dégagement de chaleur est mesuré pour différents conditionnement d'échantillons afin d'évaluer l'impact du taux d'humidité sur ces performances au feu. La figure I-25 présente des valeurs de taux de dégagement de chaleur moyenne et maximale pour différents matériaux composites. Il est possible de voir que la très bonne stabilité thermique de matériaux thermoplastiques tel que le carbone-PEKK ainsi que la production importante de résidus charbonneux conduisent à une diminution du taux de dégagement de chaleur à la fois moyen et au moment du pic. De la même manière que précédemment, le composite carbone-époxy, hautement inflammable, présente *a contrario* un taux de dégagement de chaleur beaucoup plus élevé dans les mêmes conditions.

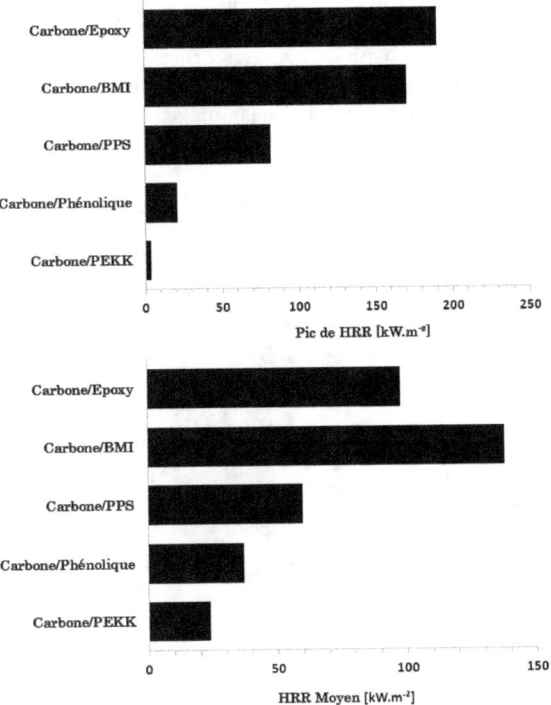

Figure I-25. Comparaison des valeurs de HRR au pic (a) et en moyenne (b) pour différents matériaux composites (d'après Sorathia [30, 71])

I.3.2.2.   Phénomènes mécaniques

Les aspects thermiques et chimiques évoqués dans la section précédente sont les principaux phénomènes mis en jeux lors de la décomposition thermique. Néanmoins, ils ne sont pas la cause directe de l'endommagement ainsi que de la rupture des structures composites lors de leur exposition à un incendie. En effet, La décomposition thermique peut conduire à la perte de tenue mécanique et ainsi engendrer des problèmes critiques en termes de sécurité. Contrairement aux phénomènes thermiques, ces phénomènes d'endommagement tels que la résistance mécanique au percement ou l'intégrité structurelle sont beaucoup moins connus dans le cas où les composites sont soumis au feu. D'autant qu'il est extrêmement difficile de les prévoir à partir des informations obtenues lors de l'étude thermique des matériaux uniquement [20]. Un matériau possédant une très bonne stabilité thermique ainsi qu'une faible dégradation lorsqu'il est soumis à un feu ou à une sollicitation thermique ne possèdera pas nécessairement de meilleures propriétés mécaniques qu'un matériau se décomposant plus rapidement ou facilement. Par exemple, un composite à base de résine phénolique présente de plus faibles propriétés mécaniques comparé à un composite polyester insaturé tandis que ce dernier se dégrade plus rapidement [9].

Lors d'un échauffement, avant d'atteindre la température minimale de début de pyrolyse, les composites thermiquement stables (i.e. ne se dégradant pas) présentent des propriétés mécaniques réversibles [9] impliquant des propriétés thermiques stables. Au-delà de cette température minimale, des modifications importantes qui peuvent se présenter sous différentes formes telles que des pores, du délaminage ou encore une dilatation ou un gonflement (visibles sur les figures I-26 et I-27).

Région avec fibre et char

Région poreuse

Zone de décomposition

Zone de délamination

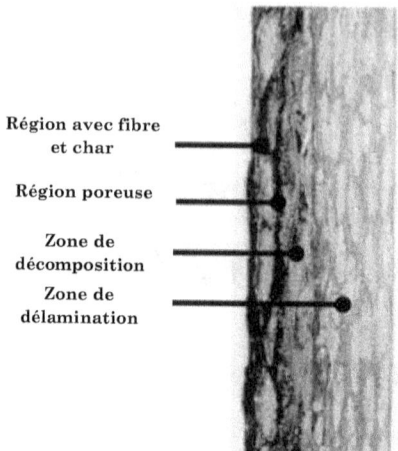

Figure I-26. Vue en coupe d'un composite dégradé (d'après Mouritz *et al.* [67])

La dilatation du composite est causée par l'échauffement de la matière ainsi que par la dégradation du matériau. De la même manière, le matériau peu également subir une contraction. Ces phénomènes peuvent se présenter de manière distincte pour les différents constituants du composite provoquant généralement des contraintes importantes au sein du matériau. L'augmentation de la porosité correspond, à la formation de pores dans le matériau. Cette dernière est provoquée par la perte de masse due à la décomposition de la matrice. En effet, au cours du processus de dégradation, des pores apparaissent et leur taille augmente peu à peu au fur et à mesure que le matériau se décompose, provoquant une dégradation de la tenue mécanique du matériau.

Le délaminage correspond à un phénomène de rupture entre les plis du composite, soit dans la partie dégradée, soit dans la partie non-dégradée. Ce phénomène peut être provoqué par l'augmentation de la porosité dans le matériau, l'augmentation des contraintes à l'intérieur du matériau (due à la pression des gaz de pyrolyse) ou bien à la dilatation thermique du matériau en lui-même. Le délaminage du composite provoque généralement une chute brutale des transferts thermiques localement, ralentissant la décomposition du matériau.

Enfin l'ablation de la surface du matériau est causée par diverses réactions chimiques ou bien par érosion mécanique induite par un écoulement proche de la paroi (une flamme par exemple). L'ablation modifiant la surface du matériau et par conséquent l'écoulement dans la zone proche paroi, il est possible que ce phénomène provoque des modifications de l'interaction flamme-paroi.

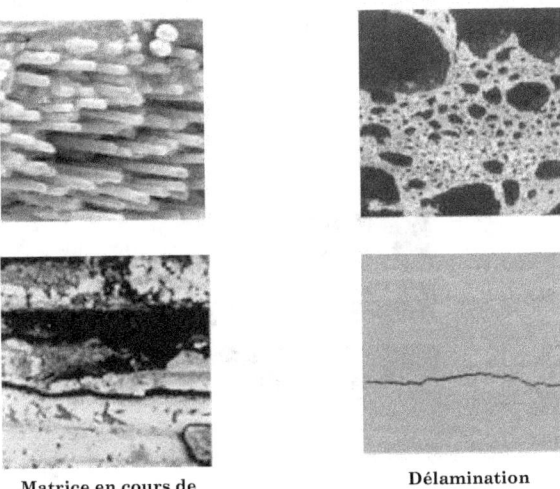

| Matrice en cours de décomposition | Délamination |

Figure I-27. Vue en coupe de matériaux composites dégradés (d'après Mouritz *et al.*[67]).

Les phénomènes mécaniques évoqués précédemment sont généralement étudiés dans deux conditions :

(i) Pendant l'agression thermique (« In-fire »);

(ii) Après l'agression thermique (« Post-fire »).

Les phénomènes mécaniques ayant lieu après l'agression thermiques (« Post-fire ») sont étudiés depuis le début des années 1980 et par conséquent bien documentés dans la littérature. Ces recherches sont motivées par la volonté de connaître les comportements en traction ou compression afin d'évaluer l'intégrité structurelle ainsi que les risques de rupture en fonction de la durée d'exposition ou l'intensité d'un feu ou d'une sollicitation thermique.

Veille *et al.* [77] ont ainsi étudié l'influence de la nature de la matrice sur la tenue mécanique de composites à base de fibres de carbone. Ils ont comparé la contrainte maximale avant la rupture pour des échantillons de carbone-époxy (composite thermodurcissable) et carbone-PPS (composite thermoplastique). Les échantillons ont été soumis à un flux de 20 kW.m^{-2} pendant 2 ou 5 minutes. En accord avec les résultats de la littérature, ils ont ainsi montré que les composites thermoplastiques possèdent de meilleures propriétés mécaniques après une exposition au feu. Ce comportement est dû au fait que le thermoplastique se décompose plus tardivement possédant une quantité plus importante de résine à la fin de l'essai. De plus, la fusion de la résine (ayant lieu lors de l'échauffement de cette dernière) est suivie par une reconsolidation une fois que l'exposition thermique est terminée. Cette reconsolidation vient modifier la microstructure et augmenter la résistance résiduelle. Tandis que pour le carbone-époxy, l'exposition thermique vient complètement pyrolyser la résine provoquant une perte majeure voire totale des propriétés mécaniques. Les données récoltées par Sorathia [30] pour différents composites présentés sur la figure I-28 viennent confirmer ces résultats.

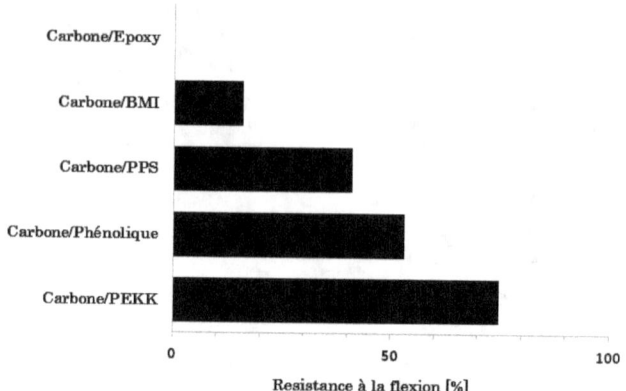

Figure I-28. Comparaison de la résistance à la flexion pour différents composites (d'après [30]).

De la même manière, Maaroufi *et al.* [78] ont étudié le comportement en compression de composites après une exposition au feu. Ils ont ainsi évalué la contrainte maximale admissible en compression pour des échantillons soumis à différents flux de chaleur (allant de 20 à 50 kW). Ils ont ainsi démontré que pour une agression thermique de 50 kW, le composite présente une perte de raideur[1] de l'ordre de 55 % environ ainsi qu'une baisse de sa contrainte maximale de 75 %.

Les phénomènes et les propriétés mécaniques pendant l'agression thermique, quant à eux, sont plus rarement étudiés dans la littérature. Ceci est lié à la difficulté de mettre en place une métrologie spécifique capable d'assurer le couplage entre la mécanique et la thermique en temps réel (sensibilité de l'instrumentation à la température). Cependant, Timme *et al.* [65] ont récemment présenté des mesures de compression d'un échantillon de taille intermédiaire en composites à base de fibres de verre et fibres de carbone. Ces matériaux étant représentatifs de ceux typiquement utilisé dans les cabines d'avions, l'objectif de ces essais était de représenter le comportement des matériaux en cas de feux post-crash. Ces auteurs ont ainsi montré que rajouter une plaque de titane à la surface des composites permettait d'éviter à la flamme de pénétrer dans le matériau et d'augmenter significativement le temps avant la rupture.

---

[1] La raideur est la caractéristique qui indique la résistance à la déformation élastique d'un corps.

I.3.3. Modélisation de la pyrolyse des matériaux composites

I.3.3.1. Modélisation de la décomposition thermique

La modélisation de la décomposition thermique des matériaux composites a fait l'objet de nombreuses études depuis les années 1940 et jusqu'à aujourd'hui. Ces modèles à l'origine étaient basés sur des études théoriques du comportement au feu du bois [79, 80], les processus de dégradation étant assez proches de ceux des matériaux composites étudiés actuellement. En effet, à cette époque la combustion du bois consistait généralement en un modèle bi-composant prenant en compte un état vierge non dégradé ainsi qu'un état dégradé (char).

(i). Modélisation de la conduction thermique

Dans l'étude des transferts thermiques au sein de solides, trois modes de transfert sont considérés : conductifs, convectifs et radiatifs. Cependant, afin de simplifier l'étude, la majorité des modèles mathématiques ne considère que l'effet de la conduction [9] issue d'une face du solide. Le modèle le plus simple est alors un modèle de conduction 1D dans l'épaisseur du matériau. En considérant un matériau avec une répartition uniforme de la température et une face arrière adiabatique, il s'exprime alors de la manière suivante :

$$\rho C_p \frac{\partial T}{\partial t} = \frac{\partial}{\partial x}\left[\lambda_x \frac{\partial T}{\partial x}\right] \tag{I.6}$$

Avec T la température, t le temps et x la distance en dessous la surface exposée à la source thermique. ρ et C_p sont respectivement la masse volumique et la chaleur spécifique massique tandis que λ correspond à la conductivité thermique.

Ces modèles ne considèrent pas les différents processus thermiques déclenchés lors de la décomposition du matériau. Ils sont donc valables uniquement pour de faibles flux de chaleur (de 10 à 20 kW.m⁻²), n'impliquant pas la dégradation de la résine ou de la fibre [9]. Néanmoins, Asaro *et al.* [81] ont montré que les modèles de conduction thermique pouvaient être assez précis pour ces faibles flux de chaleur. Ils ont ainsi établi un bon accord entre les températures mesurées expérimentalement et celles calculées numériquement sur la face avant, au centre et sur la face arrière du matériau pour des températures en dessous de 200°C.

(ii). Modélisation de la dégradation thermique

Au début des années 1980, sont apparus des modèles de dégradation. Le premier permettant de prédire la réponse thermique d'un composite impliquant sa décomposition thermique, fut présenté par Pering *et al.* [82]

$$\rho C_p \frac{\partial T}{\partial t} = \frac{\partial}{\partial x}\left[\lambda_x \frac{\partial T}{\partial x}\right] + \frac{\partial m}{\partial t} Q_p \tag{I.7}$$

Avec $\dfrac{\partial m}{\partial t}$ le taux de vapeur (en masse) générée par unité de volume et Q_p la chaleur latente de pyrolyse, déterminée expérimentalement.

Dans ce modèle, les transferts thermiques par convection sont considérés comme négligeables et les composés volatils produits par la pyrolyse sont directement évacués du composite sans affecter la température. Ainsi, ce modèle permet par exemple d'obtenir une bonne estimation de la perte de masse pour un composite carbone-époxy soumis à une température de 540 °C [9]. En effet, ce modèle permet de représenter la consommation de la résine avec un bon accord lorsque l'on compare avec l'expérience.

Ensuite, Henderson et al. [83] ont présenté un modèle plus sophistiqué, bi-composant, considérant la conduction thermique, la pyrolyse ainsi que la diffusion des gaz de pyrolyse dans le matériaux. Encore une fois, la conduction est modélisée en 1D. La diffusion des gaz de pyrolyse de la zone en dégradation en passant par la zone décomposée du composite, est quant à elle modélisée en utilisant la théorie de transfert de masse convectif (gouverné par la conservation de la masse totale et le théorème des quantités de mouvement). Enfin, la réaction de décomposition est modélisée en utilisant une cinétique d'ordre simple ou multiple. Ce modèle a été développé à partir des travaux réalisés sur la décomposition du bois par Kung [80]. Le modèle proposé par Henderson et al. [83] s'écrit sous la forme suivante :

$$\rho C_p \frac{\partial T}{\partial t} = \lambda \frac{\partial^2 T}{\partial^2 x} + \frac{\partial k}{\partial x}\frac{\partial T}{\partial x} - \dot{m}_g C_{pg}\frac{\partial T}{\partial x} - \frac{\partial \rho}{\partial t}\left(Q_i + h - h_g\right) \qquad (I.8)$$

Avec i égal à 1 ou 2 suivant le composant. λ est la conductivité thermique dans l'épaisseur du matériau étudié.

Le terme $\dfrac{\partial^2 T}{\partial^2 x}$ représente les effets de la conduction alors que le terme $\dfrac{\partial k}{\partial x}\dfrac{\partial T}{\partial x}$ prend en compte l'effet de la variation spatiale de la conductivité sur la conduction totale, ce terme devant être mesuré expérimentalement. Le troisième terme, $\dot{m}_g C_{pg}\dfrac{\partial T}{\partial x}$ tient compte de l'effet de la convection thermique dans l'épaisseur du matériau due au déplacement des gaz chauds. Le signe négatif tient compte de l'effet de refroidissement de ce processus thermique sur le matériau.

Le dernier terme $\dfrac{\partial \rho}{\partial t}\left(Q_i + h - h_g\right)$ correspond au taux de création ou de consommation de chaleur due à la réaction de décomposition. Ainsi Q_i, h et h_g correspondent respectivement à la chaleur latente de décomposition, à l'enthalpie de la phase solide et à l'enthalpie des gaz de pyrolyse. Le terme est négatif pour les réactions endothermiques absorbant de la chaleur et positif pour les réactions exothermiques.

Il est nécessaire de résoudre ces équations en parallèle. Le taux de décomposition dans le dernier terme de l'équation (I.8) est déterminé à partir de la perte de masse suivant une cinétique d'Arrhenius :

$$\frac{\partial m}{\partial t} = -A_i m_0 \left[\frac{(m - m_f)}{m_0} \right]^{ni} e\left(\frac{-E}{RT} \right) \tag{I.9}$$

avec A_i, E et n le facteur pré-exponentiel, l'énergie d'activation et l'ordre de réaction. Ce triplet est déterminé généralement grâce à des mesures thermogravimétriques. R est la constante universelle des gaz parfaits. m_0, m_f et m sont les masses initiales, finales et instantanées du matériau.

La précision de ce modèle a été évaluée en comparant ses résultats à des mesures de température pour un composite verre/phénolique exposé à un flux de chaleur. Florio et al. [84] ont ensuite proposé un modèle au début des années 1990 basé sur le modèle d'Henderson et al. [83] prenant en compte les effets de l'augmentation de la pression ainsi que les effets d'expansion et de dilatation thermique. À partir de ce modèle, il est possible de prédire la température, la perte de masse, la porosité ainsi que l'expansion volumétrique du composite ainsi que la température, la pression, le débit massique des gaz de pyrolyse. Ce modèle a été validé en utilisant un échantillon de verre-phénolique de 3 cm pour un flux de chaleur de 280 kW.m^{-2} (même matériau et flux que ceux utilisés par Henderson et al.[83]). Un bon accord a été trouvé entre les résultats expérimentaux et numériques. Cependant ils ne sont pas significativement meilleurs que ceux obtenus pas Henderson et al., démontrant ainsi les faibles effets de l'expansion thermique et de la pression des gaz sur l'énergie interne quant à la prédiction de la température du composite en cours de décomposition.

Plus récemment, Lautenberger et Fernandez-Pello [85] ont proposé un modèle (Gpyro) permettant de simuler la gazéification de nombreux solides rencontrés dans les incendies tel que les polymères, les solides charbonneux ou bien les matériaux poreux. Dans ce modèle, les profils de température, de pression ainsi que la répartition des espèces sont déterminés en résolvant des équations de conservation de la masse pour les phases gazeuses et condensées. Ce modèle présente également l'avantage d'être couplé à un algorithme génétique permettant d'estimer les paramètres d'entrée du modèle à partir d'essais feu à petite échelle. Ce type de modèle est particulièrement adapté pour la modélisation de cas complexes d'incendies. En effet, un couplage avec Gpyro est disponible dans le code de calcul FDS (« Fire Dynamic Simulator »). Ce modèle a également inspiré le modèle de pyrolyse intégré dans fireFOAM, le solveur du code de calcul CFD OpenFOAM dédié à la modélisation d'incendies complexes.

(iii). Représentation des matériaux composites

Pour ces modèles de dégradation thermique, différentes représentations des composites peuvent être utilisées. Dès les années 1985, Henderson et al. [83] ont considéré une approche multi-constituants pour la modélisation de la dégradation thermique des composites. Dans ce travail une approche bi-constituants a notamment été utilisée :

➤ Modèle bi-constituants

Ce modèle considère que la matière est formée de deux constituants : le matériau vierge et le matériau dégradé (voir figure I-29). Ce modèle est particulièrement adapté pour des matériaux comme le bois où la dégradation fournie un élément charbonneux lors de la dégradation du matériau vierge. Il a également largement inspiré de nombreux travaux dans la littérature car il permet d'obtenir des résultats satisfaisants en termes de température, avec de faibles écarts lorsque les résultats numériques sont comparés aux résultats expérimentaux. Néanmoins, dans ce type de modèle, aucune information n'est fournie concernant le niveau différencié de dégradation des constituants.

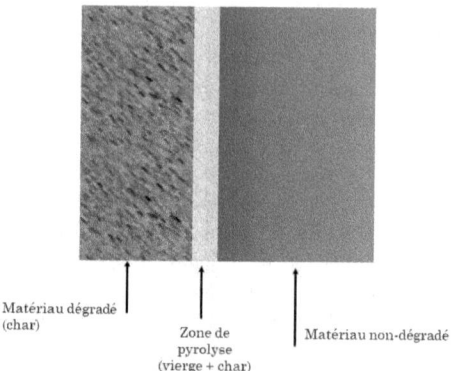

Matériau dégradé
(char)
Zone de
pyrolyse
(vierge + char)
Matériau non-dégradé

Figure I-29. Schéma d'un modèle bi-constituants.

➤ Modèle multi-constituants

Plusieurs approches sont envisageables dans ce type de modélisation. Henderson *et al.* [83] ont ainsi présenté une évolution de leur modèle bi-constituants prenant en compte l'accumulation des gaz de pyrolyse issus de la dégradation du matériau vierge. Cependant ce type de modèle ne permet pas non plus de suivre l'évolution des différents constituants solides en cours de dégradation. Plusieurs modèles ont alors pris en compte l'ensemble des constituants des matériaux (fibres, résines, char et gaz de pyrolyse) comme ceux de Dimitrienko [86, 87] ou Luo et Desjardin [88]. Ces modèles considèrent un bilan de masse pour chaque constituant gazeux du composite ou un seul pour toute la phase gazeuse. Néanmoins, l'augmentation du nombre de constituants utilisés dans les modèles de pyrolyse implique une augmentation du nombre de propriétés à déterminer afin d'alimenter les paramètres d'entrée du modèle de pyrolyse.

Malgré le progrès et l'amélioration continue des modèles afin de reproduire de manière prédictive le plus de phénomènes possibles, ces derniers nécessitent divers paramètres d'entrées. Les propriétés thermophysiques et cinétiques sont notamment nécessaires afin d'estimer la dégradation thermique des solides. L'intervention directe de ces paramètres dans les simulations numériques rend nécessaire l'utilisation de données précises et représentatives des matériaux étudiés. En effet, des paramètres comme la masse volumique, la conductivité thermique ou bien la chaleur spécifique massique pour les différents constituants sont au minimum nécessaires (de préférence en fonction de la température). Dans la majorité des cas, pour les matériaux communs, la littérature présente une grande base de données pour ces propriétés à basse température (entre 20°C et 200°C) mais à plus haute température, les propriétés thermiques et cinétiques des matériaux sont plus rares dans la littérature. Pour les matériaux composites, le problème est d'autant plus compliqué qu'il est difficile de trouver un composite possédant les mêmes caractéristiques tant la microstructure de ces matériaux est hétérogène et dépendante de leurs processus de polymérisation. Des paramètres tels que la fraction volumique de fibre ou de résine, le processus de fabrication ou encore la disposition des fibres pouvant changer le comportement thermique du matériau et ses propriétés. De plus, la dégradation thermique du matériau peut rendre la mesure de ce type de propriété incertaine.

Deux type d'approche sont alors envisageables afin d'obtenir les paramètres d'entrée du modèle. Une première approche consiste à déterminer les propriétés d'un matériau à partir d'essais réalisés à moyenne échelle ou bien à partir d'analyses thermogravimétriques et ensuite à utiliser un algorithme d'optimisation pour obtenir les propriétés permettant d'avoir l'accord le plus proche possible entre les essais et le modèle numérique. Il est important de noter que ces propriétés ne sont pas forcément « physiques », elles sont spécifiques au modèle de pyrolyse utilisé et permettent uniquement d'obtenir des propriétés représentatives du comportement. Ces propriétés sont également fortement sensibles à la précision des essais utilisés pour les déterminer. Ce type de méthode, est difficilement applicable pour des modèles complexes qui requièrent souvent un nombre important de paramètres. Des travaux de ce type ont été présentés par Chaos et al. [89]. Ces derniers ont utilisé les données obtenues (perte de masse ou taux de perte de masse) avec un banc d'essais FPA (Fire Propagation Apparatus) lors de tests de pyrolyse de plusieurs matériaux tels que le PMMA (polymethyle methacrylate), le CPVC ou le carton afin de déterminer les propriétés des différents matériaux. Un algorithme d'optimisation est appliqué à un modèle de pyrolyse, les paramètres d'entrée sont alors testés afin de reproduire les résultats expérimentaux. Cette approche reste néanmoins limitée à un faible nombre de paramètres. L'augmentation du nombre de paramètres ne permettant pas d'obtenir une précision suffisante.

La deuxième approche consiste à mesurer directement ces propriétés en utilisant les outils expérimentaux adaptés à la mesure de chaque propriété. L'intérêt de ces mesures à plus petite échelle est double. En plus d'alimenter les modèles de pyrolyse utilisés, ces propriétés peuvent également être utilisées afin de comprendre le comportement des matériaux au feu à grande échelle. Néanmoins, les phénomènes mis en jeu lors de la dégradation des matériaux composites peuvent rapidement polluer les différents systèmes de mesure, augmentant le risque d'erreur sur les résultats. De plus, une attention particulière doit être portée lors de la préparation des échantillons afin d'avoir un spécimen de test représentatif du matériau (Fraction volumique de fibre, constituants, etc.)

I.3.3.2. Modélisation de la source thermique

Une fois la modélisation de la décomposition réalisée, le deuxième challenge réside dans la modélisation de la source thermique. Typiquement, l'exposition thermique du matériau est modélisée comme une condition limite. Le flux de chaleur imposée à la surface étant composé d'une résultante radiative et convective comme présenté ci-dessous :

$$-k\frac{dT}{dx} = q_{tot,feu}^{''} = \varepsilon_{feu}\sigma T_{feu}^4 - \varepsilon_s\sigma T_s^4 + h\left(T_{feu} - T_s\right)$$ (I.10)

Ou le premier terme à droite correspond au rayonnement du feu ou de la flamme, le deuxième terme aux pertes thermiques et le troisième terme est le transfert convectif entre la flamme et la surface du composite. T_{feu} est la température locale des gaz dans le feu. Il est possible expérimentalement de mesurer le flux de chaleur total sur la surface d'un échantillon à l'aide d'un capteur de flux refroidi.

Aujourd'hui les codes de calcul permettent de fournir une condition réelle d'exposition de manière assez rapide. Initialement la modélisation des feux était fondée sur des simulations « à zones » qui constituent la première génération de logiciels de calcul dédiés à la simulation numérique des incendies [90]. Les modèles de zones donnent une approche simplifiée et globale de l'incendie. Plusieurs zones sont ainsi définies dans la géométrie (zone de flamme, de panache, d'entrainement, etc.) et entre ces zones, les transferts thermiques et de masse sont déterminés à l'aide de corrélations obtenues à partir de résultats expérimentaux et d'équations de bilans.

Le développement des méthodes de simulation appliquées à la mécanique des fluides a ensuite permis de décrire plus précisément les phénomènes de feu en résolvant numériquement les équations de conservation de la masse, de quantité de mouvement et d'énergie. Cette approche est connue sous le nom de CFD, pour « Computational Fluid Dynamics ». Les modèles CFD divisent le domaine étudié en un grand nombre de volumes de contrôle (mailles) dans lesquels les grandeurs physiques sont supposées uniformes. Le code procède ensuite dans ces volumes à la résolution des équations de conservation citées précédemment. Pour un écoulement compressible, ces équations de conservation s'écrivent de la manière suivante :

- Équations de conservation de la masse

$$\frac{\partial \rho}{\partial t} + \frac{\partial}{\partial x_j}\left[\rho u_j\right] = 0$$ (I.11)

avec ρ la masse volumique du fluide et u la vitesse.

Dans le cas de la combustion avec des mélanges gazeux à N espèces, N équations de conservation des espèces sont également résolues de la manière suivante :

$$\frac{\partial \rho Y_k}{\partial t} + \frac{\partial}{\partial x_i}\left(\rho u_i Y_k\right) + \frac{\partial}{\partial x_i}\left(J_{jk}^s\right) = \rho\dot{\omega}_k \quad k = 1, N$$ (I.12)

Où $\dot{\omega}_k$ est le taux de production (ou consommation) de l'espèce k. Avec par définition :

$$\sum_{k=1}^{N} \dot{\omega}_k = 0 \qquad (I.13)$$

J_{jk}^s correspond au flux de diffusion dans la direction j de l'espèce k dans le mélange. La diffusion moléculaire s'écrit $J_{jk}^s = -\dfrac{\partial}{\partial x_j}\left(\rho D_k Y_k\right)$ selon la loi de Fick, avec D_k le coefficient de diffusion de l'espèce k dans le mélange. Dans ce cas de figure on suppose que la diffusion due aux gradients de température est négligeable (effet Soret) ainsi que celle due aux gradients de pression (effet de baro-diffusion)

- Équation de conservation de la quantité de mouvement

$$\frac{\partial}{\partial t}\left(\rho u_i\right) + \frac{\partial}{\partial x_j}\left[\rho u_i u_j + p\delta_{ij} - \tau_{ji}\right] = \rho S_i, \quad i = 1, 2, 3 \qquad (I.14)$$

avec δ_{ij} le symbole de Kronecker $\delta_{ij} = 1$ si $i = j$ ou $\delta_{ij} = 0$ si $i \neq j$

τ_{ij} est la composante ij du tenseur des contraintes visqueuses s'exprimant de la manière suivante :

$$\tau_{ij} = \mu\left(\frac{\partial u_i}{\partial x_j} + \frac{\partial u_i}{\partial x_j} - \frac{2}{3}\delta_{ij}\frac{\partial u_k}{\partial x_k}\right) \qquad (I.15)$$

avec μ la viscosité dynamique, S_i la composante dans la direction i du terme source des forces volumiques. Généralement, la viscosité dynamique du mélange est obtenue en utilisant la loi de Sutherland :

$$\mu = \sum_{k=1}^{N} \mu_k Y_k$$
$$\mu_k = \mu_k^0 \frac{T_k^0 + T_k^1}{T + T_k^1}\left(\frac{T}{T_k^0}\right)^{\frac{3}{2}} \qquad (I.16)$$

où T_k^0, T_k^1, μ_k^0 sont respectivement la température de référence, la température de Sutherland et la viscosité de référence à la température T_k^0. Pour de l'air les coefficients de la loi de Sutherland sont $T_k^0 = 273,15\,K$, $T_k^1 = 110,4\,K$ et $\mu_k^0 = 1,716 \times 10^{-5}\,kg.m^{-1}s^{-1}$ [91]. Enfin, p est la pression définie par l'équation d'état des gaz parfaits :

$$p = \frac{\rho R T}{\overline{M}} \qquad (I.17)$$

où $\bar{M}$ est la masse molaire du mélange défini comme $\bar{M} = \dfrac{1}{N}\sum\limits_{k=1}^{N} x_k M_k$ avec N le nombre de moles du mélange, x_k le nombre de moles de l'espèce k et M_k la masse molaire de l'espèce k

- Équation de conservation de l'énergie

$$\frac{\partial}{\partial t}\left(\rho e_t\right)+\frac{\partial}{\partial x_j}\left[\rho u_j e_t + J_j^{\,et} - u_j \sigma_{ij}\right]=\rho S^{et} \qquad (I.18)$$

avec e_t l'énergie totale du mélange défini par

$$e_t = h_t - \frac{p}{\rho} \qquad (I.19)$$

avec h_t l'enthalpie totale définie comme

$$h_t = \int_{T_0}^{T} C_p dT + \sum_{k=1}^{N} \Delta h_{f,k}^{0} Y_k + \frac{1}{2}u_i u_i \qquad (I.20)$$

$J_j^{\,et}$ correspond au flux d'énergie totale dans la direction j, σ_{ij} est la composante ij du tenseur défini par $\sigma_{ij}=\tau_{ij}-p\delta_{ij}$. S^{et} est le terme source d'énergie totale. Le flux d'énergie totale dans la direction j, en considérant la partie de diffusion de chaleur par conduction (loi de Fourier) et la partie liée à la diffusion d'espèce, $J_j^{\,et}$ peut s'écrire de la manière suivante :

$$J_j^{\,et} = -\lambda \frac{\partial T}{\partial x_j} + \rho \sum_{k=1}^{N} h_k D_k \frac{\partial Y_k}{\partial x_j} \qquad (I.21)$$

avec D_k le coefficient de diffusion moléculaire de l'espèce k et λ la conductivité thermique du mélange calculée selon

$$\lambda = \mu \sum_{k=1}^{N} \frac{\lambda_k}{\mu_k} Y_k$$
$$\lambda_k = \frac{\mu_k C_{pk}}{\mathrm{Pr}_k} \qquad (I.22)$$

où C_{pk} est la capacité thermique à pression constante de l'espèce k et Pr_k est le nombre de Prandtl de l'espèce k.

Le système d'équations de conservation de masse, de quantité de mouvement et d'énergie ne présente pas de solution analytique exacte. Par conséquent, il convient d'utiliser des méthodes de résolution numérique. La modélisation de la combustion en utilisant les méthodes et outils de CFD est possible pour trois approches de modélisation différentes :

➤ Reynolds Averaged Navier-Stokes (ou RANS) : est l'approche qui a été historiquement utilisée en premier car la résolution instantanée des écoulements turbulents et réactifs était impossible. L'approche RANS a ainsi été développée afin de résoudre les valeurs moyennes des variables de l'écoulement. Les équations de conservation sont moyennées ce qui nécessite de définir des règles de fermeture pour les équations. Un modèle de turbulence est alors utilisé pour fermer les équations relatives à la dynamique de l'écoulement et un modèle de combustion pour celles relatives au dégagement de chaleur et la conversion des espèces chimiques.

➤ Le niveau suivant est l'approche appelé LES pour Large Eddy Simulation ou SGE pour Simulations aux Grandes Echelles. Les grandes échelles de turbulence sont explicitement calculées jusqu'à une échelle de coupure k_c. En dessous de ce nombre, les effets des plus petites échelles sont directement modélisés en utilisant des modèles de sous mailles. Les équations de conservation instantanées sont filtrées et permettent de déterminer les grandes échelles d'un front de flamme tandis qu'un modèle est utilisé pour prendre en compte les effets des petites échelles de turbulence sur la combustion.

➤ La dernière approche est celle dite de simulation directe, DNS (Direct Numerical Simulations). Pour cette approche, les équations de bilan instantanées sont directement résolues sans modèles de turbulence. Toutes les échelles sont explicitement déterminées et leurs effets sur la combustion également. Ce type de simulations reste néanmoins à l'heure actuelle limité aux cas académiques de petite taille, car trop coûteux numériquement.

La comparaison entre les trois approches décrites ci-dessus est visible sur la figure I-30 où la température est tracée en fonction du temps pour un point donné dans un écoulement réactif. Il est possible de voir que la solution proposée par l'approche RANS correspond à la valeur moyenne de la température. L'approche LES capture quant à elle les principales variations de température rencontrées dans l'écoulement tandis que l'approche DNS va directement reproduire toutes les variations de température rencontrées dans l'écoulement.

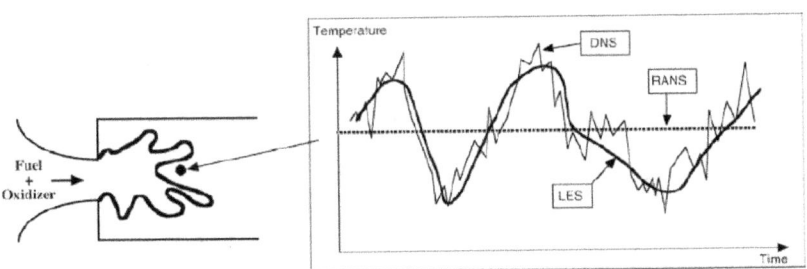

Figure I-30. Schématisation de l'évolution temporelle de la température calculée avec une approche RANS, DNS ou LES dans un écoulement réactif (d'après Poinsot et Veynante [38]).

Dans le cadre d'une étude ayant pour objectif de modéliser une flamme représentative d'un incendie, l'approche RANS ne permettrait pas de simuler l'ensemble des écoulements liés à la dynamique du feu. Une approche DNS, très précise, correspondrait donc pour ce type d'étude. Cependant, cette approche nécessite des temps de calcul conséquents et n'est pas envisageable sur une configuration à moyenne ou à grande échelle. L'approche LES semble donc être un bon compromis pour les études numériques d'incendie. D'autant qu'avec l'augmentation de la puissance de calcul des ordinateurs et des méthodes numériques, il est possible de prendre en compte, dans les calculs CFD, de plus en plus de phénomènes comme la nature du feu, fortement turbulente, le rayonnement de la flamme ou encore les interactions géométriques et thermiques avec l'environnement tout en ayant un temps de calcul en accord avec les besoins de l'ingénierie.

I.4. Conclusion et perspectives

Lors de cette dernière décennie, de nombreux projets de recherche ont permis la conception et le développement de structures composites de plus en plus performantes permettant leur utilisation de plus en plus large dans la dernière génération d'avions (Airbus A350 et Boeing 787). Ces modifications ont alors engendré une réduction significative de la masse des appareils et ainsi permis une diminution des coûts d'utilisation. Néanmoins, l'obtention d'un certificat de type est toujours plus exigeante au fil des années et plus particulièrement pour la tenue au feu des différents constituants. En effet, les matériaux composites sont plus sensibles et plus réactifs face à l'agression thermique que les matériaux utilisés historiquement (acier et aluminium). Ils contribuent donc à l'augmentation de la quantité de matériaux potentiellement combustibles à bord des aéronefs modernes.

Les méthodes actuelles d'évaluation de la tenue au feu des matériaux, utilisés pour des applications aéronautiques, reposent majoritairement sur l'utilisation de moyens expérimentaux, souvent difficiles à mettre en place pour des configurations complexes limitant fortement le nombre d'essais. Ces expérimentations sont également uniquement représentatives de certains environnements et conditions particulières. L'utilisation des simulations numériques lors du développement de nouvelles configurations semble être aujourd'hui un outil pertinent pour tester la tenue au feu de nombreux échantillons. En effet, ces simulations numériques permettraient ainsi de prendre en compte un plus grand nombre de configurations et de conditions et ainsi avoir la possibilité d'optimiser les structures lors du développement de nouvelles configurations. Toutefois, afin de reproduire au mieux le comportement au feu des matériaux composites, il est crucial de le comprendre à petite et à moyenne échelle tout en déterminant de la manière la plus représentative possible les propriétés intrinsèques des matériaux. En effet, le niveau de prédiction des simulations numériques dépend directement des paramètres d'entrée spécifiés dans les calculs.

La présente étude vise donc à comprendre et à caractériser expérimentalement le comportement au feu de deux matériaux composites utilisés pour des applications aéronautiques. Ce comportement étant fortement dépendant de la nature de la matrice ainsi que du renfort utilisé, une caractérisation avancée des propriétés thermophysiques et cinétiques de chaque matériau est nécessaire. L'objectif étant ensuite d'utiliser ces différentes caractérisations expérimentales à petite échelle pour modéliser le comportement de deux matériaux face à une agression thermique à moyenne et à grande échelle. La validation des simulations à grande échelle rend également nécessaire le développement d'une instrumentation avancée du banc d'essai à grande échelle. Initialement ce type d'installation expérimentale n'est destinée qu'à fournir une indication de type « vrai/faux » concernant la tenue au feu des échantillons composites.

Bibliographie

[1] M. R. Lynn, The sublime invention: Ballooning in Europe 1783-1820, Londres: Pickering & Chatto, 2010.

[2] D. F. King, Aircraft Accident Report 8/88, Department of Transport : Air Accident Investigation Branch, Londres, 1985.

[3] Transportation Safety Board of Canada, In-Flight Fire Leading to Collision with Water: Report Number A98H0003, Transportation Safety Board of Canada, Gatineau, 2001.

[4] B. Dubreuil, Historica Canada, 02 20 2018. [En ligne]. Available: http://www.thecanadianencyclopedia.ca/en/article/swissair-flight-111/. [Accès le 03 2018].

[5] Bureau d'Enquêtes et d'analyse Pour la sécurité de l'aviation civile, Rapport final concernant l'accident survenu le 25 juillet 2000 au lieu-dit La Patte d'Oie de Gonesse (95) au concorde immatriculé F-BTSC exploité par Air France, Ministère de l'équipement des transports et du logement, Paris, 2002.

[6] General Civil Aviation Authority of the United Arab Emirates, Air Accident investigation report reference 13/2010, GCAA Air Accident investigation Sector, AbuDhabi, 2010.

[7] Federal Aviation Administration, Lessons Learned From Civil Aviation Accidents, [En ligne]. Available: http://lessonslearned.faa.gov/ll_main.cfm?TabID=1&LLID=82. [Accès Mars 2018].

[8] Federal Aviation Administration, RIN 2120-AI23 : Reduction of Fuel Flammability in Transport Category Airplanes, Departement of Transportation, Renton, 2008.

[9] A. P. Mouritz et A. G. Gibson, Fire properties of polymer composite materials, Dordrecht: Springer , 2006.

[10] B. Trevidic, La certification de l'A350, un processus qui aura duré cinq ans, Les Echos, 29 septembre 2014.

[11] G. Marsh, Airbus takes on Boeing with reinforced plastic A350 XWB, Reinforced Plastic, vol. 51 (11), pp. 26-29, 2007.

[12] G. Marsh, Bombardier throws down the gauntlet with CSeries airliner, Reinforced Plastics, vol. 55(6), pp. 22-26, 2011.

[13] V. Biasi, Modélisation thermique de la dégradation d'un matériau composite soumis au feu, Toulouse : Doctorat de l'université de Toulouse, 2014.

[14] L. Gendre, Matériaux composites et structures composites, 2011.

[15] S. Chand, Review of Carbon fibers for composites, *Journal of materials Science*, vol. 35, pp. 1303-1313, 2000.

[16] J. Berthelot, Matériaux composites, 5e ed éd., Technique et documentation, 2012.

[17] J. P. Tessonier , D. Rosenthal, T. W. Hansen, C. Hess, M. E. Schuster, R. Blume , F. Girgsdies, N. Pfänder, O. Timpe, D. Sheng Su et R. Schlögl, Analysis of the structure and chemical properties of some commercial carbon nanostructures, *Carbon*, vol. 47 (7), pp. 1779-1798, 2009.

[18] M. R. Tant, H. N. McManus et M. E. Rogers, An overview, chez *High-Temperature properties and applications of polymeric Materials :*, American Chemical Society, 1995, pp. 1-20.

[19] M. P. Luda, A. L. Balabanovich, M. Zanetti et D. Guaratto, Thermal decomposition of fire retardant brominated epoxy resins cured with different nitrogen containing hardeners, *Polymer degradation and Stability*, vol. 92 (6), pp. 1088-1100, 2007.

[20] A. P. Mouritz, Z. Mathys et A. G. Gibson, Heat release of polymer composites in fire, *Composites Part A: applied science and manufacturing*, vol. 37, pp. 1040-1054, 2006.

[21] L. Manfredi, E. Rodriguez, M. Wladyka-Prybylak et A. Vàzquez, Thermal degradation and fire resistance of unsaturated polyester, modified acrylic resins and their composites with natural fibres, *Polymer Degradation and Stability*, vol. 91(2), pp. 255-261, 2006.

[22] B. Kandola et E. Kandare, 15 – Composites having improved fire resistance, chez *Advances in Fire Retardant Materials*, A.R. Horrocks and D. Price, 2008, pp. 398-442.

[23] A. F. De Baas, Research Raod Mapping in materials, European commission , 2010.

[24] P. Tadini, N. Grange, K. Chetehouna, N. Gascoin, S. Senave et I. Reynaud, Thermal degradation aalysis of innovative PEKK-based Carbon composites for high temperature aeronautical components, *Aerospace Science and technology*, vol. 65, pp. 106-116, 2017.

[25] N. Grange, P. Tadini, K. Chetehouna, N. Gascoin, I. Reynaud et S. Senave, Determination of thermophysical properties for carbon-reinforced polymer based composites up to 1000 °C, *Thermochimica Acta*, vol. 659, pp. 157-165, 2018.

[26] W. Cantwell et J. Morton, The impact resistance of composite materials - a review, *Composites,* vol. 22(5), pp. 347-362, 1991.

[27] R. W. Humble, G. N. Henry et W. J. Larson, Space propulsion analysis and design, 1st Edition éd., The McGraw-Hill Companies Inc, 1995.

[28] G. Pulci, J. Tirillò, F. Marra, F. Fossati, C. Bartuli et T. Valente, Carbon-phenolic ablative materials for re-entry spaces vehicles: Manufacturing and properties, *Composites Part A: Applied Science and Manufacturing,* vol. 41 (10), pp. 1483-1490, 2010.

[29] G. Marsh, Fire Safe composites for mass transit vehicles, *Reinforced Plastics,* vol. 46 (9), pp. 26-30, 2002.

[30] U. Sorathia, C. M. Rollhauser et W. A. Hughes, Improved fire safety of composites for naval applications, *Fire and Materials,* vol. 16 (3), pp. 119-125, 1992.

[31] A. Knop et L. A. Pilato, Phenolic resins: chemistry, applications and performance, Berlin, Heidelberg: Springer-Verlag, 1985.

[32] D. Kemmish, Update on the Technology and applications of Polyaryletherketones, Repra Technology Limited, 2010.

[33] R. Cotter, Engineering Plastics: A Handbook of polyarylethers, Gordon Breach, 1995.

[34] D. Mathijsen, Leading the way in thermoplastic composites, *Reinforced Plastics,* pp. 8-10, 2015.

[35] P. Patel, T. R. Hull, R. W. Mccab, D. Flath, J. Grasmeder et M. Percy, Mechanism of thermal decomposition of poly(ether erther ketone) (PEEK) from a review of decomposition studies, *Polymer degradation stability,* vol. 95 (5), pp. 709-718, 2010.

[36] I. Chang et J. Lees, Recent development in thermoplastic composites: A review of matix systems and processing methods, *Journal of thermoplastic composites Materials,* vol. 1 (3), pp. 277-296, 1988.

[37] L. Muller, Etude expérimentale de l'interaction flamme-paroi instationnaire dans des conditions initiales non isothermes, Poitiers: ISAE-ENSMA, 2012.

[38] T. Poinsot et D. Veynante, Theoretical and Numerical combustion, Philadelphia: Edwards, 2005.

[39] J. Jarosinski et B. Veyssiere, Combustion phenomena: selected mechanism of flame formation, propagation and extinction, CRC Press, 2009.

[40] R. Viskanta, Heat transfer to impinging isothermal gas and flame jets, *Experimental thermal and fluid science ,* vol. 6 (2), pp. 111-134, 1993.

[41] S. Chander et A. Ray, Flame impingement heat transfer: A review, *Energy Conversion & Management,* vol. 46, pp. 2803-2837, 2005.

[42] C. Baukal, L. Farmer, B. Gebhart et I. Chan, Heat transfer mechanism in the flame impingement heating, chez *Proceedings of 1995 Internaltional gas research conference,* Rockville, MD, 1996.

[43] D. Wolf, F. Incropera et R. Viskanta, Jet Impingement Boiling, *Advances in Heat Transfer,* vol. 23, pp. 1-132, 1993.

[44] J. K. Kilham, Energy transfer from flame gases to solids, *Symposium on Combustion and Flame, and Explosion phenomena,* vol. 3, pp. 733-740, 1948.

[45] E. W. Conrad et W. R. Prince, Altitude performance and operational characteristics of 29-inch-diameter-tail-pipe Burer with several fuel systems and flame Holders on J35 Turbojet Engine, Nasa, 1948.

[46] R. Breitwieser, Performance of a Ram-jet-type Combustor with Flame Holders immersed in the combustion zone, Nasa, 1948.

[47] A. Milson et N. Chigier, Studies of methane air flames impinging on cold plate, *Combustion and flames ,* vol. 21, pp. 295-305, 1973.

[48] L. Dong, C. Cheung et C. Leung, Heat transfer characteristics of an impinging butane/air flame jet of low reynolds number, *Experimental Heat Transfer,* vol. 14, pp. 265-282, 2001.

[49] I. woodruff et W. Giedt, Heat transfer measurement from partially dissociated gas with high Lewis number, *Journal of Heat Transfer,* vol. 88, pp. 415-420, 1966.

[50] H. Zhen, Z. Wei, C. Leung, C. Cheung et Z. Huang, Emission of impinging biogas/air premixed flame with hydrogen enrichment, *International Journal of Hydrogen Energy,* vol. 41(3), pp. 2087-2095, 2016.

[51] Y.-C. Chien, D. Escofet-Martin et D. Dunn-Rankin, CO emission from an impinging non-premixed flame, *Combustion and flame,* vol. 174, pp. 16-24, 2016.

[52] K. Yoshida et T. Takagi, Transient local extinction and reignition behavior of diffusion flames affected by flame curvature and preferential diffusion, *International symposium on Combustion,* vol. 27, pp. 685-692, 1998.

[53] M. Kokkala, Experimental Study Of Heat Transfer To Ceiling From An Impinging Diffusion Flame, *Fire Safety Science,* vol. 3, pp. 261-270, 1991.

[54] H. Zhen, C. Leung et C. Cheung, Heat transfer from a turbulent swirling inverse diffusion flame to a flat surface, *Interantional Journal of Heat and Mass Transfer,* vol. 52, pp. 2740-2748, 2009.

[55] G. Hargrave, M. Fairweather et J. Kilham, Forced convection heat transfer from impinging flames. Part II : impingement heat transfer, *International journal of heat and mass transfer,* vol. 8, pp. 132-138, 1987.

[56] J. Mohr, J. Sayed Yagoobi et R. PAge, Heat transfer from pair of radial jet reattachment flames, *Journal of HEat Transfer,* vol. 119, pp. 633-635, 1997.

[57] G. Malikov, D. Lobanov, K. Malikov, V. Lisienko, R. Viskanta et A. Fedorov, Direct flame impingement heating for rapid thermal materials, *International Journal of heat and mass transfer,* vol. 44, pp. 1751-1758, 2001.

[58] V. Hindasageri, R. P. Vedula et S. V. Prabhu, A novel concept to estimate th steady state heat flux from impinging premixed-flame jets in an enclosure by numerical IHCP technique, *International Journal of Heat and Mass Transfer,* vol. 79, pp. 342-352, 2014.

[59] D. Höser et P. R. Von Rohr, Experimental heat transfer study of confined flame jet impinging on a flat surface, *Experimental Thermal and Fluid Science,* vol. 91, pp. 166-174, 2018.

[60] Z. Gao, Z. Liu, J. Ji, C. G. Fan, L. J. Li et J. H. Sun, Experimental study of tunnel sidewall effect on flame characteristics and air entrainment factor of methanol pool fires, *Applied Thermal Engineering ,* vol. 102, pp. 1314-1319, 2016.

[61] Z. H. Gao, Z. X. Liu, H. X. Wan et J. P. Zhu, Experimental study on longitudinal and transverse temperature distribution of sidewall confined ceiling jet plume, *Applied Thermal Engineering ,* vol. 107, pp. 583-590, 2016.

[62] H. You et G. Faeth, Ceiling Heat Transfer during Fire plume and fire impingement.

[63] M. Kokkala, Experimental Study of Heat Transfer to Ceiling from an impinging diffusion Flame, chez *Proceedings of the third international symposium on fire safety science,* 1991.

[64] X. Zhang, H. Tao, Z. Zhang, J. Liu, A. Liu, W. Xu et X. Liu, Flame extension area of unconfined thermal ceiling jets induced by rectangular-source jet fire impingement, *Applied Thermal Engineering ,* vol. 132, pp. 801-807, 2018.

[65] S. Timme , V. Trappe, M. Korzen et B. Schartel, Fire stability or carbon fiber reinforced polymer shells on the intermediate-scale, *Composite Structures,* vol. 178, pp. 320-329, 2017.

[66] M. Fairweather , Kilham J. K. et A. Mohebi-ashtiani, Stagnation point heat transfer from turbument methane-air flames, *Combustion Science and Technology,* vol. 5(1), pp. 21-27, 1984.

[67] A. Mouritz, S. Feih, E. Kandare, Z. Mathys, A. Gibson, P. Des Jardi, S. Case et B. Lattimer, Review of fire structural modelling of polymer composites, *Composites: Part A,* vol. 40, pp. 1800-1814, 2009.

[68] S. Levchik et C. A. Wilkie, Char formation, chez *Fire retardancy of polymeric materials,* New York, Marcel Dekker Inc, 2000, pp. 171-215.

[69] S. Bourbigot, M. Le Bras et R. Delobel, Fire Degradation of an Intumescent Flame Retardant Polypropylene Using the cone calorimeter, *Journal of Fire Science,* vol. 12(1), pp. 3-22, 1995.

[70] V. Babrauskas, The cone calorimeter, chez *SFPE Handbook of Fire protection Engineering,* New York, Springer, 2016, pp. 952-980.

[71] U. Sorathia, Flammability and fire safety of composites materials, chez *Proceedings of the 1st International workshop on composite materials for offshore Operations.,* Houston, Texas, 1993.

[72] A. Gibson et J. Hume, Fire Performance of composites panels for large marine structures, *Plastics Rubbers & Composites processing and applications,* vol. 23, pp. 175-183, 1995.

[73] J. R. Brown et Z. Mathys, Reinforcement and matrix effects on the combustion properties of glass reinforced polymer composites, *Composites,* vol. 28A, pp. 675-681, 1997.

[74] V. Babrauskas et R. D. Peacock, Heat release rate: the single most important variable in fire hazard, *Fire Safety Journal,* vol. 18, pp. 255-272, 1992.

[75] R. Filipczak, S. Crowley et R. E. Lyon, Heat release rate measurements of thin samples in the OSU apparatus and the cone calorimeter, *Fire Safety Journal,* vol. 40, pp. 628-645, 2005.

[76] E. Oztekin, S. Crowley, R. Lyon, S. Stoliarov, P. Patel et T. Hull, Sources of variability in fire test data: A case study on poly(aryl ether ether ketone) (PEEK), *Combustion and Flame,* vol. 159, pp. 1720-1731, 2012.

[77] B. Vielle, A. Coppalle, Y. Carpier, M. Maaroufi et F. Barbe, Influence of matrix nature on the post-fire mechanical behaviour of notched polymer-based composite structures for high temperature applications, *Composites Part B : Egineering,* vol. 100, pp. 114-124, 2016.

[78] M. Maaroufi, Y. Carpier, B. Vieille, L. Gilles, A. Coppalle et F. Barbe, Post-fire compressive behaviour of carbon fibers woven-ply Polyphenylene Sulfide laminates for aeronautical applications, *Composites PArt B: Engineering,* vol. 119, pp. 101-113, 2017.

[79] T. R. Munson et R. J. Spindler , Transien thermal behaviour of decomposing materials: Part 1 general theory and application to convective heating, AVCO corporation, 1961.

[80] H. C. Kung, A mathematical model of wood pyrolysis, *Combustion & Flame,* vol. 18, pp. 185-195, 1972.

[81] R. J. Asaro , M. Dao et N. Schultz, Fire protection techniques for commercial vessels: structural fie protection modelling, *Flame retardant polymers ,* pp. 113-127, 1998.

[82] G. A. Pering, P. V. Farrell et G. S. Springer, Degradation of tensile and shear properties of composites exposed to fire or high temperatures, *Journal of composites materials ,* vol. 14, pp. 54-66, 1980.

[83] J. B. Henderson, J. A. Wiebelt et M. R. Tant, A model for the thermal response of polymer composie materials with experimental verification, *Journal of composite mmaterials,* vol. 19 (6), pp. 579-595, 1985.

[84] J. J. Florio, J. B. Henderson , F. L. Test et R. Hariharan, A study of the effects of the assumption of local-thermal equilibrium on the overall thermally-induced response of a decomposing, glass-filled polymer composite., *international journal of Heat and Mass Transfer,* vol. 34 (1), pp. 135-147, 1991.

[85] C. Lautenberger et C. Fernandez-Pello, Generalized pyrolysis model for combustible solids, *Fire Safety Journal,* vol. 44, pp. 819-839, 2009.

[86] Y. Dimitrienko, Thermal stresses and heat-mass transfer in ablating composite materials, *International Journal of Heat and Mass Transfer,* vol. 38(1), pp. 139-146, 1995.

[87] Y. Dimitrienko, Thermomechanical behaviour of composites under local intense heating by irradiation, *Composites Part A: Applied science and Manufacturing,* vol. 31(6), pp. 591-598, 2000.

[88] C. Luo et P. DesJardin, Thermo-mechanical damage modeling of a glass-phenolic composite material, *Composites Science and Technology,* Vols. %1 sur %267(7-8), pp. 1475-1488, 2007.

[89] M. Chaos, M. Khan, N. Krishnamoorthy, J. De Ris et S. Dorofeev, Evaluation of optimization schemes and determination of solid fuel properties for CFD fire models using bench-scale pyrolysis tests, *proceedings of the Combustion Institute,* vol. 33, pp. 2599-2606, 2011.

[90] J. G. Quintiere et C. A. Wade, Compartement fire modeling, chez *SFPE Handbook of Fire Protection Engineering,* New York, Springer, 2016, pp. 981-995.

[91] W. Sutherland, The viscosity of gases and molecular force, *Philosophical Magazine*, vol. 5(36), pp. 507-531, 1893.

Chapitre II.
Caractérisation physico-chimique des matériaux composites à petite échelle

Table des matières

II.1.Introduction

En permettant de réduire la quantité d'essais à grande échelle, les simulations numériques CFD (Computational Fluid Dynamics) sont devenues, au fil des années, utiles dans les phases de conception et de développement des matériaux et structures devant résister au feu [1]. Néanmoins, afin d'être le plus prédictif possible, les modèles numériques de simulation du comportement au feu des matériaux nécessitent différents paramètres d'entrées, en particulier pour le modèle de dégradation thermochimique, où les propriétés thermophysiques ainsi que cinétiques sont indispensables.

La forte hétérogénéité entre les différents échantillons (principalement due au processus de fabrication, au taux volumique de fibre ou au nombre de plis), parfois combinée à la difficulté à caractériser à haute température des matériaux composites rend l'utilisation directe des données de la littérature peut présenter un aspect critique. Il est donc préférable de réaliser une mesure directe des propriétés thermophysiques spécifiquement pour les matériaux étudiés. Ces mesures permettent également de mettre en avant certains phénomènes qui apparaissent lors de la dégradation des échantillons à petite échelle et donc ainsi de mieux les décrire lors de la modélisation du comportement au feu à des échelles supérieures.

Ce chapitre présente dans un premier temps l'étude de la décomposition des matériaux à petite échelle pour des températures allant de l'ambiante jusqu'à 1000 °C. Les courbes de perte de masse, obtenues à l'aide d'une analyse thermogravimétrique (ATG) sous atmosphères inerte et oxydante, pour trois vitesses de chauffe, permettent, à l'aide de méthodes isoconversionnelles, de déterminer l'énergie d'activation E_a et les deux autres variables du triplet cinétique, à savoir, la constante pré-exponentielle A et l'ordre de réaction n.

Dans un second temps, la caractérisation des propriétés thermophysiques est présentée sur le même intervalle de température que la cinétique de dégradation. Les évolutions de la masse volumique, de la conductivité thermique et de la chaleur spécifique sont estimées en fonction de la température. Ces résultats permettant ensuite de définir les propriétés des différents constituants, suivant des lois d'homogénéisation adaptées et différentes données issues de la littérature. L'objectifs étant d'utiliser ces mesures comme paramètres d'entrée des simulations numériques

II.2.Étude de la cinétique de dégradation des matériaux composites

À partir de la mesure de perte de masse avec un programme de chauffe défini, il est possible de mettre en évidence les différentes réactions ayant lieu au cours de la dégradation d'un matériau et ainsi de décrire les différents mécanismes cinétiques [2].

À partir de cette mesure et à l'aide d'une approche dite « isoconversionnelle », il est également possible de calculer l'énergie d'activation (correspond à la quantité d'énergie qui doit être apportée à un système pour initier une réaction chimique) associée à une certaine réaction. Cette approche a été développée par Kissinger en 1958 [3] et améliorée par Friedman en 1964 [4]. Son intérêt réside dans le fait qu'elle permet d'obtenir l'évolution de l'énergie d'activation en fonction du taux d'avancement de la réaction sans fixer préalablement de modèle de réaction. Cependant, cette approche est valable uniquement pour des schémas réactionnels à une seule étape ou à plusieurs étapes distinctes. À l'aide d'un modèle général d'ordre n, il est ensuite possible de calculer un triplet cinétique complet avec un facteur pré-exponentiel A et un ordre de réaction n [5].

II.2.1. Procédure expérimentale

Les mesures de perte de masse ont été effectuées avec un analyseur thermogravimétrique SETARAM Setsys 16/18 TG dont le schéma est visible sur la figure II-1. Ces mesures ont été réalisées à la fois dans des conditions oxydantes (air) et inertes (argon), à pression atmosphérique et pour trois vitesses de chauffe non-isothermes : 5, 15 et 25°C.min^{-1}. L'analyseur est équipé d'une balance dite symétrique. Cette dernière est constituée d'une poutre à laquelle est relié, d'un côté, le creuset porte-échantillons en alumine (Al_2O_3) et de l'autre un contrepoids muni d'une commande d'équilibre électronique. Les différentes expériences ont été réalisées avec un débit fixe d'argon (16,6 ml.min^{-1}) et d'air (15,0 ml.min^{-1}).

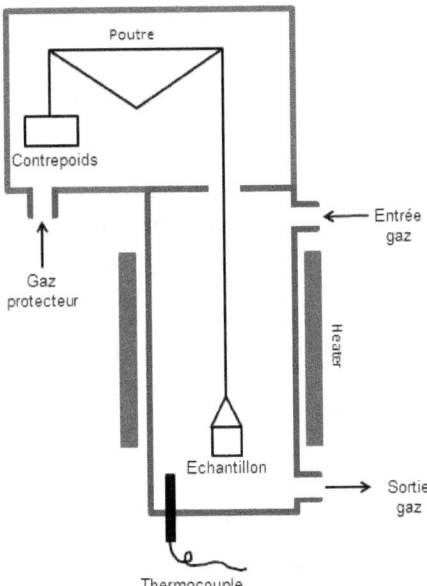

Figure II-1. Schéma de l'analyseur Thermogravimétrique (ATG).

Une fois l'échantillon chargé dans le creuset, et avant le début de la phase de chauffage, un cycle de purge de l'ensemble de l'instrument est démarré à température ambiante, avec un débit élevé d'argon. La température finale de chaque test est fixée à 1000°C, suivie par une phase isotherme de 10 minutes puis d'une phase de retour à température ambiante. Les échantillons de composites utilisés ont été découpés sous forme de particules grossières (en évitant la contamination des échantillons), directement à partir d'une plaque vierge (Plaque de 1,5 mm d'épaisseur environ). Cela permet de réaliser un chargement facile du creuset et une répartition uniforme des échantillons sur le fond du creuset avec des masses comprises entre 7 et 9 mg.

Cette méthode de chargement permet de limiter les gradients de température dans l'échantillon et ainsi de minimiser l'écart entre celle-ci et la température du four. En outre, une telle gamme de masse devrait assurer une bonne répartition des éléments de l'échantillon. En effet, les matériaux composites étant fortement hétérogènes, des masses d'échantillons trop petites pourraient présenter une diminution de la quantité de certains éléments et ainsi un ratio fibre/résine différent de l'échantillon de référence [2]. Tandis qu'au contraire des masses trop importantes entraineraient une augmentation de l'épaisseur thermique du matériau conduisant à des déséquilibres thermiques dans l'échantillon, visibles notamment par des retards de perte de masse. Dans le tableau II-1, les masses initiales des différents échantillons utilisés pour les expériences thermogravimétriques (TG) sont rapportées, pour chaque vitesse de chauffage.

Tableau II-1. Masses initiales des échantillons utilisés lors de l'analyse thermogravimétrique.

β (°C.min^{-1})	Masse des échantillons [mg]			
	Carbone-phénolique		Carbone-PEKK	
	Argon	Air	Argon	Air
5	7,86	8,17	8,56	7,98
15	8,07	8,07	7,75	7,93
25	7,87	8,03	8,62	7,93

II.2.2. Méthodologie de détermination des paramètres cinétiques

II.2.2.1. Taux de réaction dans les solides

Le taux de décomposition dans les solides est décrit dans sa forme générale comme une fonction de la température T, la pression P, et du taux de conversion a. Ainsi :

$$\frac{d\alpha}{dt} = K(T).f(\alpha).h(P) \qquad \text{(II.1)}$$

Avec K(T) le taux de réaction en fonction de la température, f(α) le modèle de réaction et h(P) le terme traduisant la dépendance à la pression du système.

Ce dernier est généralement ignoré lors des analyses thermogravimétriques où la pression du système est considérée comme constante au court de l'essai, sans aucune influence sur le processus de décomposition cinétique, si les gaz de pyrolyse sont bien évacués lors des expérimentations [5]. Concernant la dépendance à la température du taux de réaction K(T), celui-ci est typiquement représenté par une loi d'Arrhenius [5,6] :

$$\frac{d\alpha}{dt} = A\exp\left(\frac{-E}{RT}\right)f(\alpha) \qquad \text{(II.2)}$$

Avec A le facteur pré-exponentiel ou facteur de fréquence, E l'énergie d'activation, T la température absolue et R la constante universelle des gaz parfaits.

Dans le cas des analyses thermogravimétriques, le taux de conversion (α) est usuellement défini comme :

$$\alpha = \frac{m(t) - m_0}{m_\infty - m_0} \tag{II.3}$$

Où m est la masse au temps t, m_0 est la masse initiale et m_∞ est la masse à la fin du processus de dégradation de l'échantillon (étudié pour une vitesse de chauffe donnée) [2,7].

Cette masse m_∞ est obtenue en traçant la courbe de la dérivée de la masse par rapport à la température puis en identifiant le moment où la valeur de la dérivée atteint une valeur nulle. Pour prendre en compte les programmes de chauffe non-isothermes, le taux de réaction peut être exprimé en fonction de la température de la manière suivante :

$$\frac{d\alpha}{dT} = \frac{d\alpha}{dt} \frac{dt}{dT} \tag{II.4}$$

Avec $\frac{dT}{dt} = \beta$ la vitesse de chauffe de l'enceinte, que l'on peut substituer dans l'équation (II.2) et ainsi obtenir :

$$\frac{d\alpha}{dT} = \frac{A}{\beta} \exp\left(\frac{-E}{RT}\right) f(\alpha) \tag{II.5}$$

En séparant les variables puis en intégrant, il est possible d'obtenir la forme intégrale suivante :

$$g(\alpha) = \int_0^\alpha \frac{d\alpha}{f(\alpha)} = \frac{A}{\beta} \int_0^T \exp\left(\frac{-E}{RT}\right) . dT \tag{II.6}$$

Ici l'intégrale sur la température n'a pas de solution analytique et doit être résolue par des fonctions d'approximation ou des méthodes d'intégration numériques.

II.2.2.2. Méthodes isoconversionnelles

Afin de résoudre l'intégrale sur la température de l'équation (II.6), les méthodes isoconversionnelles considèrent que le taux de réaction $\frac{d\alpha}{dt}$ pour un taux de conversion α donné est uniquement fonction de la température [5] (voir Figure II-2).

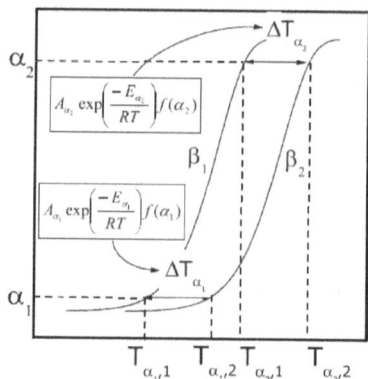

Figure II-2. Évolution du taux de réaction pour deux réactions différentes (d'après Vyazovkin [5]).

Cette hypothèse permet alors d'estimer l'énergie d'activation E sans avoir besoin de considérer un modèle de réaction spécifique $f(a)$. En pratique, la dépendance de la température au taux de conversion est obtenue en réalisant 3 à 5 tests, à différentes vitesses de chauffage [5, 8]. Chaque taux de conversion α_i correspondant à un intervalle de température délimité ΔT_i. Ainsi, il est possible de déterminer, avec différentes méthodes de calcul (présentés dans la suite de ce chapitre), l'énergie d'activation en fonction du taux de conversion s'écrivant E_α, comme une fonction du taux de conversion et alors de détecter la présence de réactions simples ou plus complexes. En effet, une dépendance négligeable de E_α à a traduit la présence d'une réaction globale à une seule étape dominante tandis que d'importantes variations sont associées à des mécanismes cinétiques plus complexes avec plusieurs réactions simultanées [5, 8].

Dans le cas des composites polymères, les courbes d'énergie d'activation E_α, présentent typiquement plusieurs inflexions marquant la complexité du mécanisme de décomposition. De plus, l'énergie d'activation des composites augmente avec le taux de conversion en raison de l'augmentation du taux de matière réfractaire résiduelle (matière résistant à haute température) [5]. Il est alors important de se rappeler que, malgré l'identification d'un modèle de réaction spécifique ne soit pas requise, pour l'estimation de E_α, le taux de réaction, est considéré comme suivant un modèle $f(a)$. Dans tous les cas, ce dernier est requis pour le calcul du triplet cinétique afin de décrire complètement les différentes réactions de la décomposition thermique.

Les méthodes isoconversionnelles peuvent être réparties en deux catégories, suivant le type de données expérimentales utilisées : les méthodes dites « différentielles » et les méthodes dites « intégrales ». Concernant les méthodes différentielles, la plus répandue est la méthode proposée par Friedman [4]. À l'origine, elle fut proposée pour l'étude des polymères et fut ensuite largement adoptée par la communauté scientifique. Elle est uniquement valide pour des programmes de chauffe non-isothermes. Elle est basée sur l'expression suivante :

$$\ln\left[\beta_i\left(\frac{d\alpha}{dT}\right)_{\alpha,i}\right] = \ln[f(\alpha)A_\alpha] - \frac{E_\alpha}{RT_\alpha} \tag{II.7}$$

Cette équation est obtenue en prenant le logarithme de l'équation (II.5).

À partir de l'équation (II.7), l'énergie d'activation E_α est calculée comme étant le coefficient directeur de la régression linéaire des données expérimentales obtenu en traçant la droite représentative de $\ln\left[\beta_i\left(\frac{d\alpha}{dT}\right)_{\alpha,i}\right]$ en fonction de 1/T, pour chaque vitesse de chauffe i et chaque valeur de α_i [4, 8].

Les méthodes intégrales, quant à elle appliquent le principe isoconversionel à l'équation (II.6) dont l'intégrale ne possède aucune solution analytique (pour n'importe quel programme de chauffe) [8, 9]. Différentes fonctions d'approximation sont alors proposées afin de remplacer l'intégrale sur la température. Comme démontré par Starink [10], de telles méthodes peuvent être représentées par l'expression linéaire suivante :

$$\ln\left(\frac{\beta j}{T_{\alpha,i}^B}\right) = \text{Const} - C\left(\frac{E\alpha}{RT\alpha}\right) \tag{II.8}$$

Où β et C sont des paramètres qui dépendent de l'approximation considérée pour l'intégrale.

Dans le Tableau II-2, différents paramètres sont présentés pour les méthodes les plus communément utilisées à savoir Ozawa-Flynn-Wall (OFW) [9], Starink [10] and Kissinger-Akahira-Sunose (KAS) [11]. Pour cette dernière, les paramètres sont optimisés afin d'obtenir une meilleure précision de l'énergie d'activation. En général, la méthode OFW, basée sur une approximation grossière, offre la plus basse précision.

Tableau II-2. Différentes méthodes d'approximation ainsi que leurs paramètres associés [5, 8, 9, 10].

Méthode	Approximation	B	C
Ozawa-Flynn-Wall (OFW)	Doyle	0	1.052
Kissinger-Akahira-Sunose (KAS)	Murray-White	2	1
Starink	Optimisation	1.92	1.0008

Les meilleurs résultats sont obtenus avec la méthode KAS et en particulier avec les paramètres proposés par Starink [8]. De manière similaire à la méthode proposée par Friedman chaque $E_{\alpha i}$ correspond alors au coefficient directeur de la régression linéaire appliquée aux données expérimentales tracées comme $\ln\left(\dfrac{\beta_j}{T_{\alpha,i}^B}\right)$ fonction de $\dfrac{1}{T_{\alpha,i}}$ pour chaque β_j (voir figure II-3).

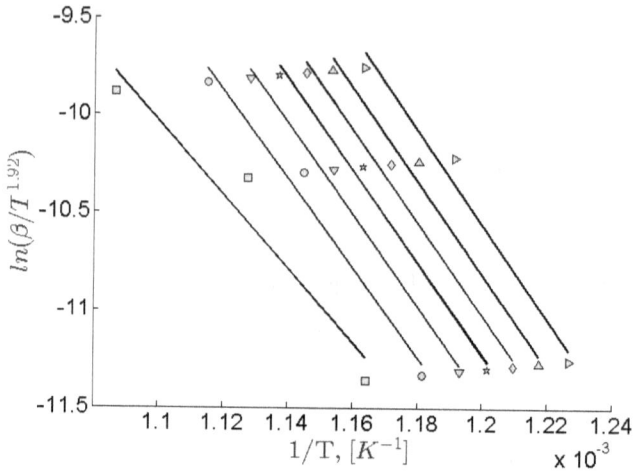

Figure II-3. Exemple de graphique de type Arrhenius pour l'estimation de l'énergie d'activation avec la méthode de Starink [10]. Le coefficient directeur des points expérimentaux (symboles) pour trois vitesses de chauffage correspond à Eα.

La nécessité d'une fonction d'approximation rend les méthodes intégrales potentiellement moins précises que les méthodes différentielles. Néanmoins, de faibles bruits sur la mesure thermogravimétrique sont visibles sur les données dérivées, ce qui nécessite un lissage introduisant des imprécisions. C'est pourquoi, généralement les méthodes intégrales sont préférées pour la détermination de l'énergie d'activation. Cependant, les approches les plus récentes ont tendance à privilégier l'intégration numérique sur la température, afin d'éviter l'imprécision introduite par l'utilisation d'une fonction d'approximation [8].

II.2.2.3. Triplet cinétique et modèle de réaction

Une fois l'énergie d'activation déterminée, il est nécessaire de finaliser la description de la réaction, afin de pouvoir simuler numériquement la dégradation des composites, en évaluant le facteur pré-exponentiel ainsi que le modèle de réaction $f(\alpha)$. Une estimation correcte de ces paramètres est possible quand le processus de dégradation peut être décrit comme une réaction dominante à une seule étape. Cela intervient lorsque la valeur d'E_α ne varie pas avec la modification du taux de conversion. Typiquement, entre les valeurs maximum et minimum, il est accepté une différence ΔE_α de 10 % de l'énergie d'activation moyenne [8]. Si cette condition est assurée, le triplet cinétique peut être estimé avec l'approche du paramètre invariant aussi appelée méthode de l'effet de compensation

(compensation effect method) [8]. En prenant le logarithme népérien de l'équation (II.5) et en recalant la courbe avec les données expérimentales, pour chaque β_j, il est possible d'obtenir un couple de données ($\ln A_j$, E_i) pour chaque modèle de réaction $f(\alpha)_i$ considéré. Comme cela est visible sur la figure II-3, les différents couples calculés présentent alors une forte corrélation linéaire :

$$\ln A_i = a_j E_i + b_j \qquad (II.9)$$

Cette corrélation est connue comme effet de compensation, avec des paramètres a_j et b_j dépendant de la vitesse de chauffe. Ensuite, si le modèle correct n'est pas disponible, il est possible d'utiliser l'équation (II.9) pour chaque b_j, afin d'estimer le facteur pré-exponentiel correspondant à l'énergie d'activation moyenne $\overline{E}_\alpha$ déterminée avec une méthode isoconversionnelle. Par ailleurs, la vitesse de chauffe n'influence pas la valeur de A_i malgré que de faibles variations soit visibles en utilisant différents b_j [8]. Finalement les valeurs calculées sont utilisées pour reconstruire le modèle de réaction qui est soit intégral (équation II.10), soit différentiel (équation II.11).

$$g(\alpha) = \frac{A_\alpha}{\beta} \int_0^{T_\alpha} \exp\left(\frac{-\overline{E}\alpha}{RT}\right) dT \qquad (II.10)$$

$$f(\alpha) = \beta \left(\frac{d\alpha}{dT}\right)_\alpha \left[A_\alpha \exp\left(\frac{-\overline{E}\alpha}{RT_\alpha}\right)\right]^{-1} \qquad (II.11)$$

En comparant les courbes correspondantes aux équations 10 et 11 et différentes modèles théoriques, le triplet cinétique, ou au moins des indications concernant le type de réaction, est obtenu. Le tableau II-3 présente les différents modèles de réaction les plus communément utilisés pour la cinétique de solide en décomposition. Ils sont organisés en quatre catégories : nucléation, géométrique, diffusion et ordre de réaction.

Une autre approche largement utilisée dans le cas de polymère, est celle proposée par Friedman [4]. Elle est basée sur une réaction générique d'ordre n :

$$f(\alpha) = (1 - \alpha)^n \qquad (II.12)$$

En multipliant les deux côtés de l'équation par A et en prenant le logarithme naturel on obtient alors :

$$\ln(f(\alpha)A) = \ln(A) + n\ln(1 - \alpha) \qquad (II.13)$$

En traçant la courbe de $\ln(f(\alpha)A)$ en fonction de $\ln(1-\alpha)$, il est alors possible d'évaluer la correspondance du modèle avec la réaction étudiée en cherchant une relation linéaire dont le coefficient directeur correspond à l'ordre de la réaction et dont l'ordonnée à l'origine correspond au facteur pré-exponentiel A.

Tableau II-3. Quelques modèles cinétiques généralement considérés dans l'étude des solides en cours de dégradation [5, 12].

Modèle de réaction	Code	Type	$f(\alpha)$	$g(\alpha)$
Loi de puissance	P2	Nucléation	$2\alpha^{1/2}$	$2\alpha^{1/2}$
Loi de puissance	P3	Nucléation	$3\alpha^{2/3}$	$2\alpha^{1/2}$
Avrami-Eforeev	A2	Nucléation	$2(1-\alpha)\left[-\ln(1-\alpha)\right]^{1/2}$	$\left[-\ln(1-\alpha)\right]^{1/2}$
Avrami-Eforeev	A3	Nucléation	$2(1-\alpha)\left[-\ln(1-\alpha)\right]^{2/3}$	$\left[-\ln(1-\alpha)\right]^{2/3}$
Cylindre de contraction	R2	Géométrique	$2(1-\alpha)^{1/2}$	$1-(1-\alpha)^{1/2}$
Sphère de contraction	R3	Géométrique	$3(1-\alpha)^{2/3}$	$1-(1-\alpha)^{2/3}$
Diffusion 1D	D1	Diffusion	$1/2\alpha$	α^2
Diffusion 2D	D2	Diffusion	$-\left[1/\ln(1-\alpha)\right]$	$\left[(1-\alpha)\ln(1-\alpha)\right]+\alpha$
Diffusion 3D	D3	Diffusion	$\left[3(1-\alpha)^{2/3}\right]/\left[2(1-(1-\alpha)^{1/3})\right]$	$1-(2/3)\alpha-(1-\alpha)^{2/3}$
Ordre 0	F0/R1	Ordre de réaction	1	α
Manpel	F1	Ordre de réaction	$(1-\alpha)$	$-\ln(1-\alpha)$
2eme ordre	F2	Ordre de réaction	$(1-\alpha)^2$	$\left[1/(1-\alpha)\right]-1$

Néanmoins, ces approches perdent leur validité lorsque les énergies d'activation isoconversionnelles présentent des variations importantes avec le taux de conversion α. Ces variations traduisent la présence d'une décomposition cinétique multi-étapes. Dans de tels cas, il est nécessaire d'identifier et d'analyser séparément les différentes réactions et d'estimer le nombre de triplets cinétiques correspondants. Il est important de noter qu'il n'est pas toujours facile, notamment pour les matériaux composites et compte-tenu de la complexité de leurs mécanismes de décomposition, d'identifier les intervalles de réaction à une seule étape.

II.2.3. Résultats et discussion

Dans cette partie, les résultats obtenus pour les trois vitesses de chauffe et pour les différentes atmosphères sont comparés. Les triplets cinétiques pour les réactions dominantes sont également calculés afin d'être ensuite utilisés dans les simulations numériques.

II.2.3.1. Résultats sous atmosphère inerte

La figure II-4 présente les courbes de perte de masse pour les deux matériaux étudiés (le carbone-phénolique ainsi que le carbone-PEKK) et soumis aux différents programmes de chauffe non-isothermes. Les résines phénoliques et PEKK sont caractérisées par une perte de masse d'environ 20 %. Pour le carbone-phénolique, la dégradation semble débuter autour de 200 °C puis se poursuit lentement jusqu'à environ 900°C. En outre, il est également possible d'observer deux réactions distinctes associées chacune à un changement de pente sur la courbe de perte de masse. Une première réaction est ainsi visible entre 200°C et 400 °C tandis qu'une seconde réaction est visible entre 400°C et 900°C. Le carbone–PEKK ne présente lui aucune variation de la masse avant 515°C.

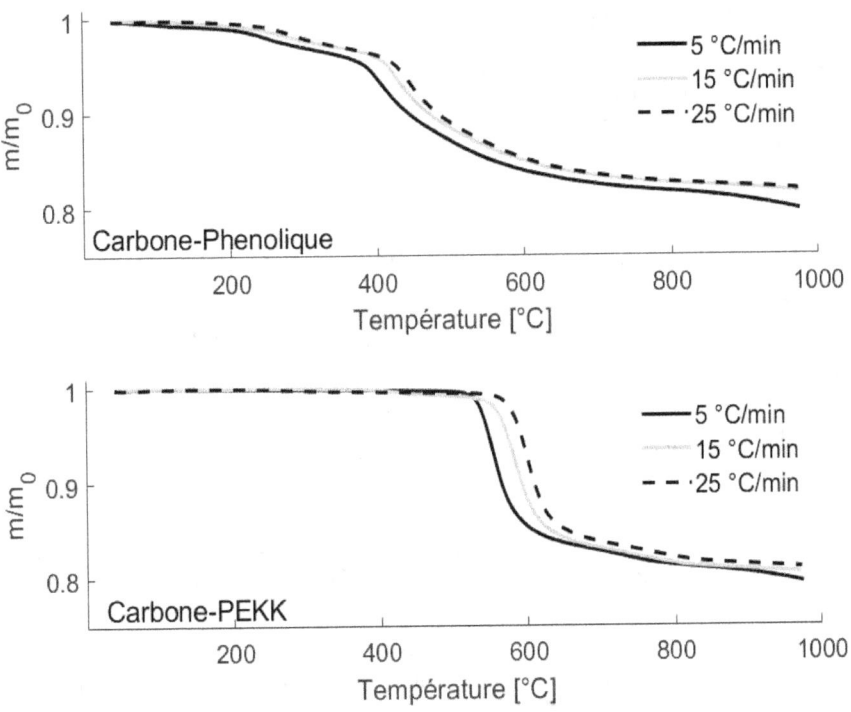

Figure II-4. Courbes de perte de masse obtenues pour trois vitesses de chauffage sous atmosphère inerte. Comparaison entre le carbone-phénolique et le carbone-PEKK.

Ensuite, il est possible d'observer une perte de masse rapide traduisant la présence d'une réaction, qui se termine à environ 900 °C. La figure II-5 présente la dérivée de la courbe de perte de masse (DTG), pour les deux matériaux testés et les trois vitesses de chauffe différentes, sous atmosphère inerte. Les courbes de DTG permettent de mettre en évidence la présence des différentes réactions évoquées précédemment, chacune étant associée à un pic sur la courbe. Néanmoins, **suivant le matériau, l'identification des différentes réactions peut parfois être difficile conduisant uniquement à l'observation des réactions dominantes où de celles les plus lentes qui pilotent la dégradation.** De plus, comme le temps caractéristique de décomposition, suivant l'échantillon et la température, n'est pas affecté par la vitesse de chauffe, on peut observer un déplacement des pics vers des températures plus élevées avec l'augmentation de α : ce phénomène est également décrit par Vyazovkin et al. [2] et Brown [7].

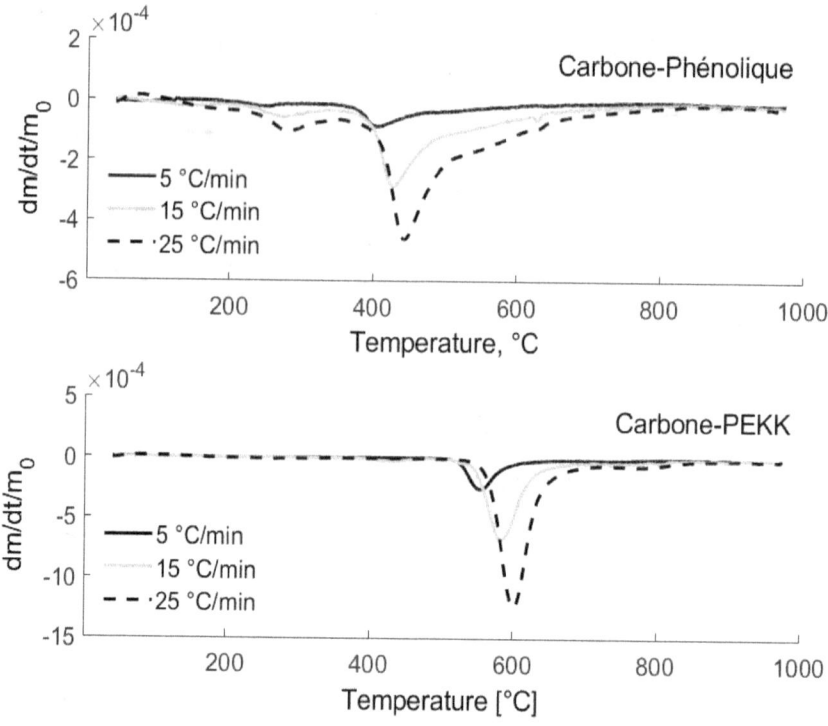

Figure II-5. Courbes de la dérivée de la perte de masse (DTG) pour trois vitesses de chauffage sous atmosphère inerte. Comparaison entre le carbone-phénolique et le carbone-PEKK.

Les températures associées aux pics observés sur la figure II-5, sont reportées dans le tableau II-4. Les valeurs obtenues confirment la séquence de réaction présentée précédemment pour les deux matériaux et visible sur la figure II-5. Pour le carbone phénolique, les deux pics observés sont en accord avec les données reportées dans la littérature. Le premier pic, entre 200°C et 300 °C, est caractérisé par une perte de masse faible d'environ 5%. Il peut être associé à la déshydratation de la résine comme cela est décrit par Mouritz et Gibson [13]. Cette réaction engendre également la libération de composés non-polymérisés (i.e. phénols et formaldéhydes piégés entre les chaines polymères lors du processus de polymérisation) [14]. La seconde réaction, se déroulant entre 400°C et 650°C, est caractérisée par une plus grande perte de masse, et issue de différentes ruptures aléatoires dans la chaine polymère conduisant à la libération de nombreux volatils tels que le phénol et le crésol ainsi que de monoxyde de carbone et de méthane. Il est important de noter que le taux élevé d'oxygène dans les résines phénoliques peut mettre en avant des processus thermo-oxydatifs également sous atmosphère inerte [14] ; comme le montre la figure II-4, dans laquelle, une diminution de la pente autour de 510°C (pour β=25°C.min^{-1}) est visible après la seconde réaction. Cette tendance est également observable pour les deux autres vitesses de chauffe mais de manière moins évidente.

Tableau II-4. Températures (°C) associées à chaque pic (atmosphère inerte) déterminées à partir des courbes de DTG. Comparaison entre carbone-phénolique et carbone-PEKK.

β (°C.min^{-1})	Carbone-phénolique		Carbone-PEKK
	Réaction 1	Réaction 2	Réaction 1
5	250	397	553
15	272	425	581
25	280	442	600

La courbe de la DTG du carbone-PEKK confirme également la présence d'une seule réaction, caractérisée par l'unique pic de la courbe. Ce comportement a également été observé dans la littérature pour un composite thermoplastique proche, le Polyether-ether-ketone (PEEK), également issu de la famille des PAEK [15,16]. La réaction identifiée à lieu entre 510°C et 710°C ; c'est à dire, après la transition de phase de la résine PEKK typiquement observée avec des mesures DSC autour de 340 °C. La décomposition est alors associée à la scission aléatoire d'une liaison éther [13]. Cette liaison est la plus faible des différents groupes aromatiques.

II.2.3.2.   Résultats sous atmosphère oxydante

Les courbes de perte de masse obtenues sous atmosphère oxydante sont présentées sur la figure II-6. Dans ces conditions de dégradation, les deux matériaux sont quasiment tous dégradés (masse résiduelle égale à zéro). Cependant, comme pour l'atmosphère inerte, la dégradation du carbone phénolique semble débuter aux environ de 200°C et se terminer entre 750°C et 800 °C suivant la vitesse de chauffe de l'enceinte. Quatre points d'inflexion sont visibles sur les courbes de perte de masse soulignant un processus complexe de dégradation. Le carbone-PEKK présente également un processus de décomposition complexe, avec une succession de réactions débutant aux alentours de 500 °C et se concluant entre 700°C et 850 °C.

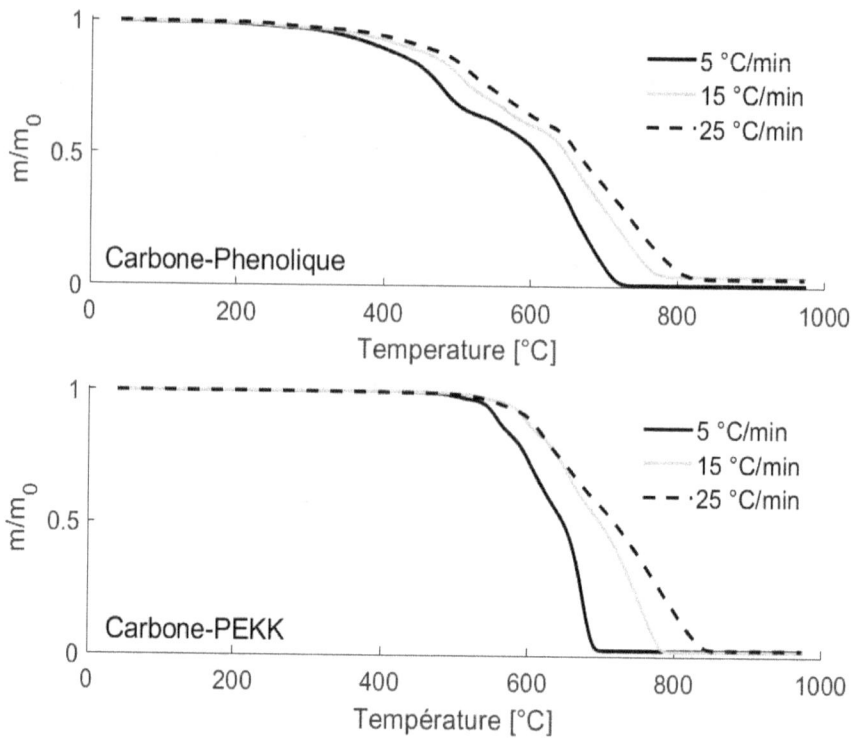

Figure II-6. Courbes de perte de masse obtenues pour trois vitesses de chauffage sous atmosphère oxydante. Comparaison entre le carbone-phénolique et le carbone-PEKK.

La figure II-7 présente les courbes de DTG sous atmosphère oxydante. Pour le carbone-phénolique, comme sous atmosphère inerte, la réaction associée à la déshydratation de la résine est visible entre 200 °C et 300 °C puis un large pic est visible entre 475 °C et 515 °C suivant la vitesse de chauffage. Ce dernier peut correspondre à la décomposition de la résine en le comparant avec le pic obtenu sous atmosphère inerte dans le même intervalle de température. Après ce pic, **les courbes de DTG sont caractérisées par plusieurs autres pics d'intensité variable, soulignant la grande complexité du mécanisme cinétique pour ce cas de dégradation sous atmosphère oxydante. En effet des réactions multi-étapes sont observables et viennent entraver l'identification de quelques réactions globales.**

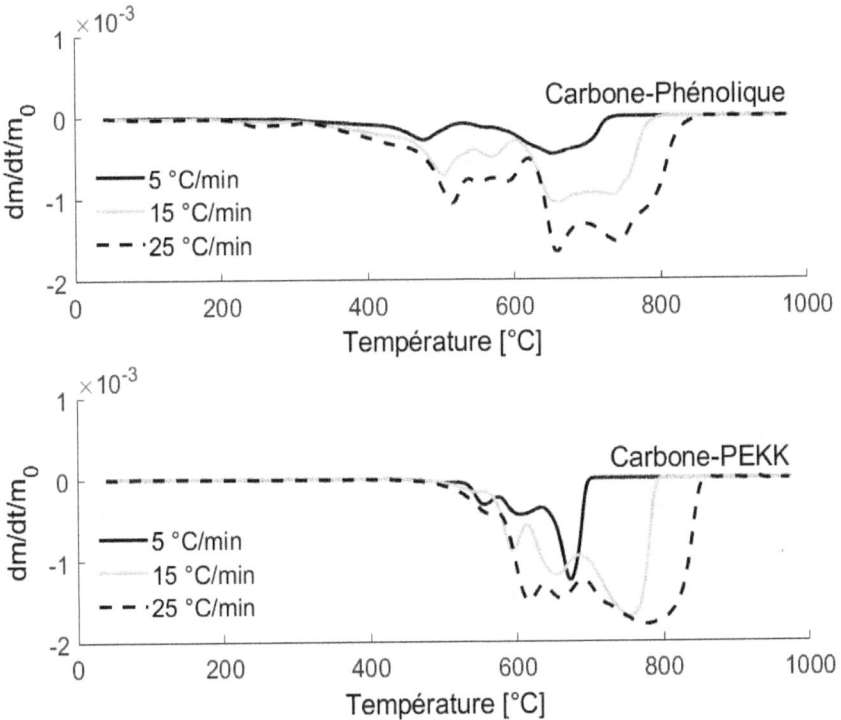

Figure II-7. Courbes de la dérivée de la perte de masse (DTG) pour trois vitesses de chauffage sous atmosphère oxydante. Comparaison entre le carbone-phénolique et le carbone-PEKK.

La présence d'un modèle de pic complexe semble plus évidente pour les vitesses de chauffage de 15 et 25 °C.min⁻¹, tandis que la courbe à 5 °C.min⁻¹ ne révèle que deux grands pics après la déshydratation. Néanmoins, d'après les données de la littérature, il est possible d'associer ces pics à l'oxydation du char (résidu de décomposition de la résine) ainsi qu'à l'oxydation des fibres de carbone ayant lieu autour de 650 °C pour le char et 750 °C pour les fibres de carbone [13]. Les températures associées à ces différentes réactions sont présentées dans le tableau II-5.

Tableau II-5. Températures (°C) associées à chaque pic, déterminées à partir des courbes de DTG sous atmosphère oxydante pour le carbone-phénolique.

β (°C.min⁻¹)	Carbone-phénolique			
	Réaction 1	Réaction 2	Réaction 3	Réaction 4
5	250	470	649	707
15	272	502	656	739
25	255	515	661	743

Concernant le carbone-PEKK, les courbes présentent trois pics principaux dont les températures sont reportées dans le tableau II-6. Ces dernières laissent supposer que la dégradation du composite est guidée par un processus décrit par trois réactions globales. La première étant associée à la décomposition de la résine, car elle se produit en correspondance à celle observée sous atmosphère inertes, entre 550 °C et 615 °C, selon la vitesse de chauffage. La seconde apparaît dans l'intervalle 575 °C à 689 °C puis la troisième suit entre 633 °C et 862 °C. Ces pics pourraient être associés à la combustion des fibres de carbone (dont le début est attendu entre 600 °C et 700 °C) qui se développe avec la décomposition et la combustion de la résine comme du char [15, 17].

À noter que, avant le premier pic de réaction, surtout évident pour des vitesses de chauffages de 15 et 25 °C.min⁻¹, un pic moins intense est visible, chevauchant partiellement le premier. Cela peut éventuellement être dû à l'oxydation des produits de pyrolyse libérés par la scission précoce des liaisons les plus faibles [15] entre les groupes aromatiques composant la résine PEKK. Cependant, pour le carbone-PEKK également, les pics observés semblent partiellement se chevaucher, montrant un mécanisme cinétique complexe, avec l'apparition de réactions multi-étapes.

Tableau II-6. Températures (°C) associées à chaque pic, déterminées à partir des courbes de DTG sous atmosphère oxydante pour le carbone-PEKK.

β (°C.min⁻¹)	Carbone-PEKK		
	Réaction 1	Réaction 2	Réaction 3
5	503	555	607
15	537	593	654
25	559	616	776

II.2.3.3. Cinétique de dégradation

Les figures II-8 et II-9 présentent les évolutions de l'énergie d'activation E_α ainsi que le coefficient de détermination R^2 associée pour les deux méthodes considérées. Ces valeurs sont obtenues sous atmosphère inerte, en fonction du taux de conversion α, pour les deux matériaux étudiés. Comme cela est précisé dans la littérature [5], l'énergie d'activation est estimée pour un taux de conversion entre 0,1 et 0,9 afin d'éviter les erreurs relatives obtenues expérimentalement aux extrémités de l'intervalle de mesure. Il est possible d'observer certaines différences entre les deux méthodes proposées par Friedman et Starink. En effet, Friedman [4] présente une sensibilité importante aux données différentielles tandis que Starink [10] donne des valeurs avec de plus faibles variations de E_α. Le carbone-phénolique (voir figure II-8) présente une énergie d'activation croissante, variant de 160 kJ.mol⁻¹ à environ 280 kJ.mol⁻¹. Un tel comportement a déjà été observé pour les matériaux polymères : il est associé à l'augmentation du niveau de matière réfractaire dans les résidus du matériau au cours de sa dégradation [5].

De grandes oscillations sont également observées aux extrémités de l'intervalle de α pris en compte en particulier pour la méthode de Friedman. La réaction de déshydratation, attendue entre 200 °C et 300 °C, correspond approximativement à l'énergie d'activation comprise entre 0,1 et 0,2 tandis que la réaction de décomposition de la résine phénolique tombe entre environ 0,2 et 0,65. Cette valeur de α est supposée correspondre au point d'inflexion sur la courbe DTG de la figure II-5, suivi d'une pente décroissante jusqu'à un retour de la dérivée à zéro. La valeur d'E_α correspondante, entre 0,7 à 0,9, est supposée, en première approximation, correspondre aux phénomènes thermo-oxydatifs dus à l'oxygène libéré pendant la pyrolyse de la résine phénolique. Les oscillations visibles sur le coefficient de détermination R^2 associé à la méthode de Starink peuvent expliquer les oscillations de la valeur de E_α.

L'énergie d'activation calculée présente malgré tout un bon accord avec les valeurs calculées par Friedman pour un composite verre-phénolique, ce dernier ayant obtenu une valeur moyenne de 242 kJ.mol⁻¹ [4]. Les valeurs moyennes de E_α calculées avec la méthode de Starink et Friedman, sont respectivement de 14 % (207 kJ.mol⁻¹) et de 10 % (217 kJ.mol⁻¹) plus faible.

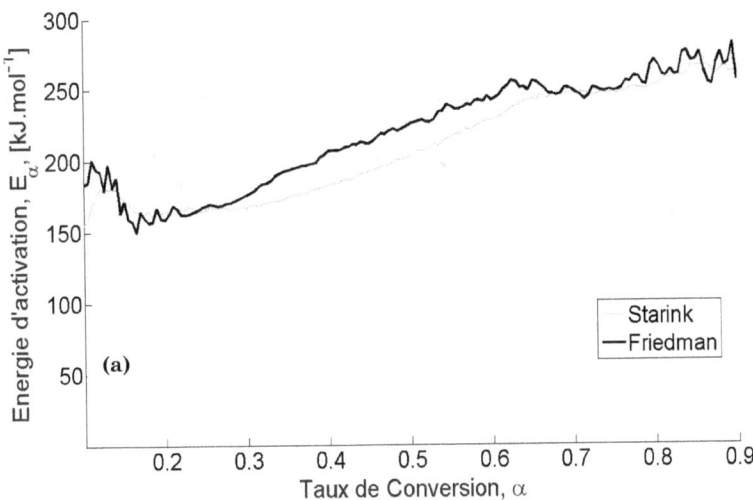

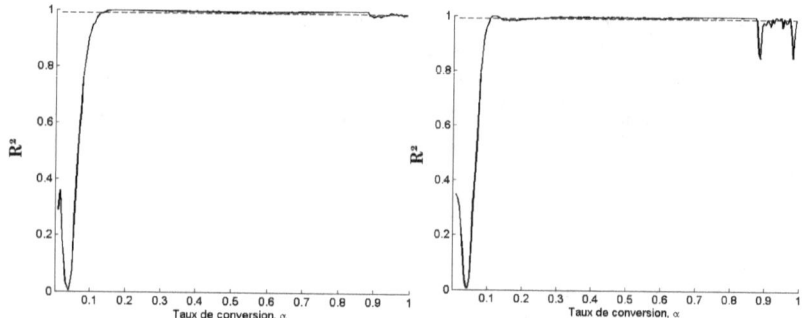

Figure II-8. Énergie d'activation en fonction du taux de conversion (sous atmosphère inerte) calculée avec les méthodes isoconversionnelle (a) pour le carbone-phénolique. Coefficient de détermination entre les différentes vitesses de chauffage en fonction de α, pour Friedman (b) et Starink (c).

Contrairement au carbone-phénolique, le carbone-PEKK présente une énergie d'activation beaucoup plus constante pour des valeurs de α comprises entre 0,1 et 0,8 (voir figure II-9.a). Cependant, cette dernière montre tout de même une faible augmentation de E_α, plus visible sur les courbes correspondant à la méthode de Friedman où l'on peut observer une valeur démarrant aux alentours de 180 kJ.mol[-1] jusqu'à un maximum de 250 kJ.mol[-1]. Après 0,8, la méthode de Friedman présente une diminution de la qualité de la régression. La décroissance de la valeur de E_α entre 0,8 et 0,9 peut correspondre à cette diminution de R^2. Un tel comportement est habituellement observé pour les matériaux composites où la dégradation commence par la rupture de la liaison la plus faible dans la chaîne polymère pour ensuite se poursuivre vers des liaisons où l'énergie demandée est plus importante [8, 15].

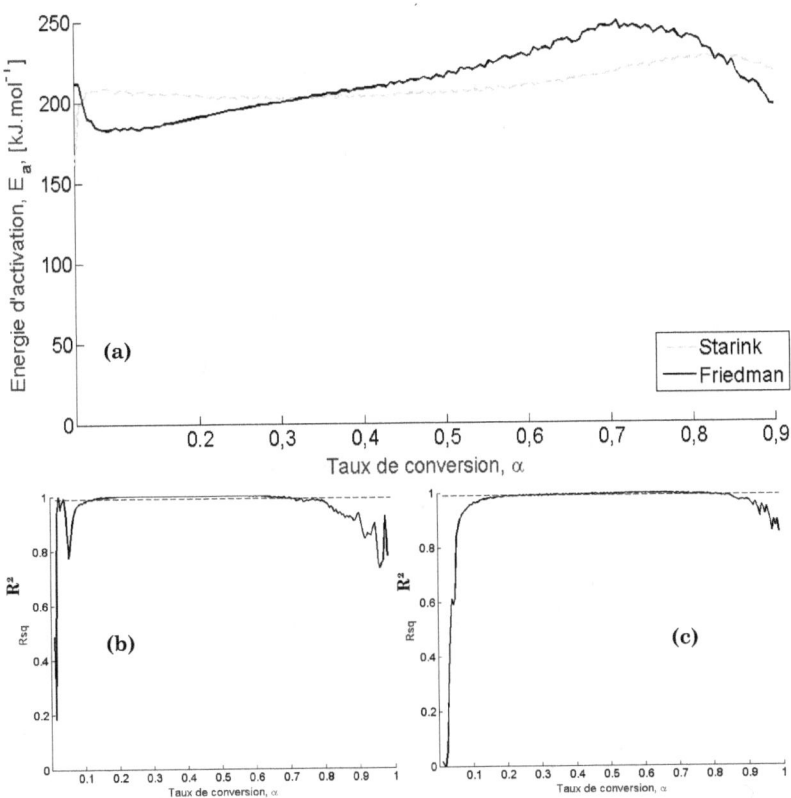

Figure II-9. Énergie d'activation en fonction du taux de conversion (atmosphère inerte) calculée avec les méthodes isoconversionnelle (a) pour le carbone-PEKK. Coefficient de détermination entre les différentes vitesses de chauffage en fonction de α, pour Friedman (b) et Starink (c).

Néanmoins, dans cet intervalle, la différence entre la valeur minimum et la valeur maximum est inférieur au 10 % de la valeur moyenne $\overline{E}_\alpha$ correspondante (calculée avec la méthode de Starink). Cela laisse supposer que le processus de dégradation est bien piloté par une seule réaction globale comme cela est suggéré par Vyazovkin *et al.* [8]. D'un autre côté, l'énergie d'activation calculée avec la méthode de Friedman présente des variations supérieures à 10 %. En tenant compte de la courbe obtenue classiquement dans la littérature, il est raisonnable de penser qu'une seule réaction globale permet de décrire la dégradation de ce matériau (Carbone-PEKK) sous atmosphère inerte.

La figure II-10 présente la variation de la DTG avec le taux de conversion α. Pour les deux matériaux, des légères oscillations sont visibles sur la courbe $\beta = 15°C.min^{-1}$. Elles sont notamment visibles aux extrémités des valeurs de α et en particulier pour α > 0,9.

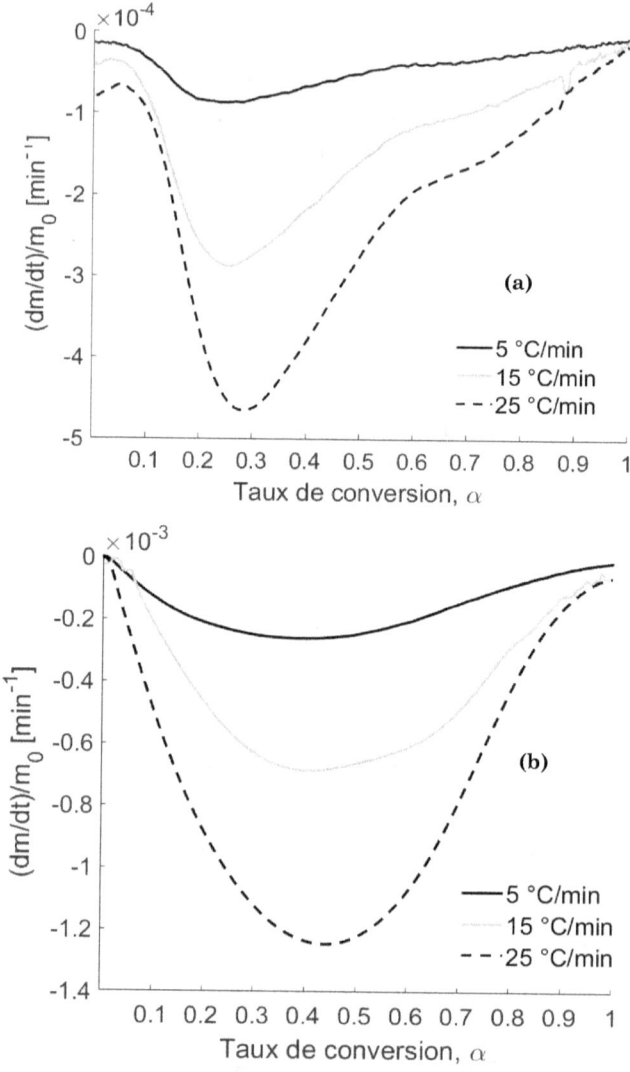

Figure II-10. Courbes de la DTG en fonction du taux de conversion pour le carbone-phénolique (a) et le carbone-PEKK (b).

Pour le carbone-PEKK, cette courbe se superpose légèrement aux autres courbes aux extrémités de l'intervalle. Ces deux facteurs pouvant justifier la baisse de la qualité de la régression linéaire (coefficient R^2) observée précédemment pour les deux matériaux dans les mêmes zones de l'intervalle. Se concentrant maintenant sur les méthodes isoconversionnelles, les valeurs obtenues avec la méthode de Friedman présentent un bon accord avec celles obtenues par la méthode de Starink pour le carbone-phénolique (voir figure II-8) malgré une légère surestimation pour des valeurs de α entre 0,27 et 0,67. Au contraire, les valeurs obtenues, pour le carbone-PEKK, par la méthode de Friedman surestiment E_α par rapport à celles obtenues avec la méthode de Starink, malgré une sous-estimation de ces dernières jusqu'à des valeurs de α égales à 0,3 (voir figure II-9). Toutefois, la gamme de valeurs d'énergies d'activation obtenue est du même ordre que celle présentée dans la littérature pour le carbone-PEEK, appartenant à la même famille de résine [18], obtenant une valeur moyenne de 207,71 ± 6,57 kJ.mol^{-1} avec Starink et 213,88 ± 20,04 kJ.mol^{-1} avec Friedman pour l'unique réaction globale visible sous atmosphère inerte.

Sur la figure II-11, la courbe de l'énergie d'activation isoconversionnelle de la dégradation thermique du carbone-phénolique sous atmosphère oxydante est présentée. Elle démontre encore une fois la décomposition complexe de ce matériau observé sur les courbes de DTG de la figure II-7. En effet, la valeur de E_α, montre une forte dépendance à α, à la fois pour la méthode de Friedman et la méthode de Starink avec d'importantes variations. De plus, la méthode de Friedman présente de fortes oscillations en comparaison avec celle de Starink, qui utilise une fonction d'approximation pour l'intégrale sur la température de l'équation (II.6). Il est tout de même possible de séparer le processus de dégradation en trois réactions distinctes (en ignorant celle associée à la déshydratation de la résine) correspondant aux intervalles de taux de conversion suivants : une première réaction jusqu'à 0,31, une seconde entre 0,3 et 0,62 tandis que la troisième débute à 0,62 environ jusqu'à 1. Les bornes de ces intervalles sont définies à partir des points d'inflexion sur les courbes de DTG en fonction de α.

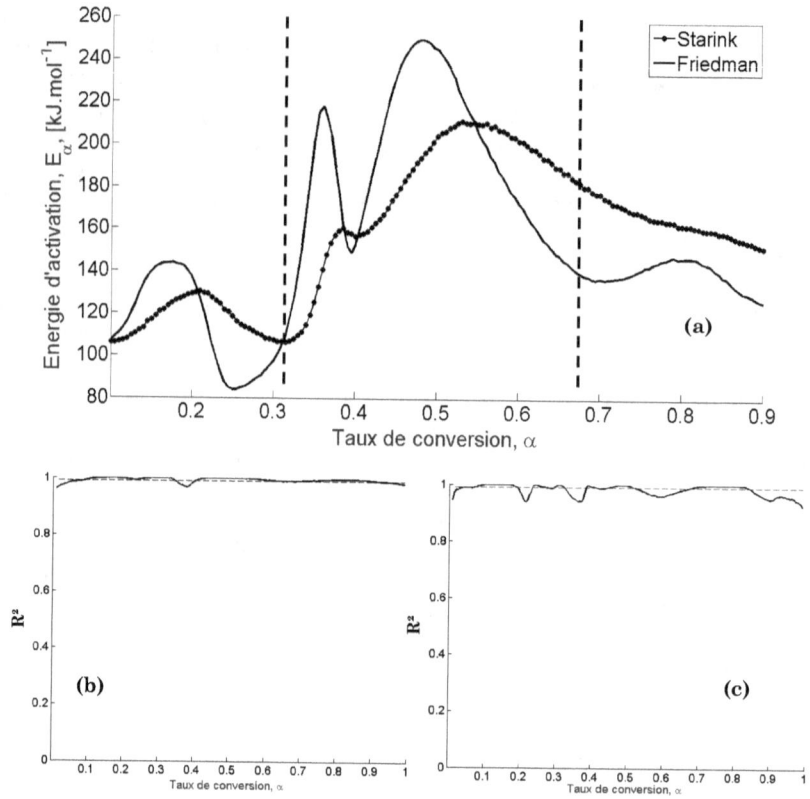

Figure II-11. Énergie d'activation en fonction du taux de conversion (atmosphère oxydante) calculée avec les méthodes isoconversionnelle (a) pour le carbone-phénolique. Coefficient de détermination entre les différentes vitesses de chauffage en fonction de α, pour Friedman (a) et Starink (b).

Cependant, ces valeurs de α peuvent ne pas correspondre précisément au début ou à la fin de chaque réaction. Ces différents intervalles sont visibles sur la figure II-11.a. Malgré les variations importantes observables sur cette figure, les coefficients de régression R^2 pour la méthode Friedman et Starink présentent une valeur élevée. Ces valeurs élevées de R^2 sont visibles sur la figure II-12, où sont tracées les valeurs de DTG en fonction du taux de conversion α. En effet, les différents pics coïncident sans décalages ni superpositions sur cette figure.

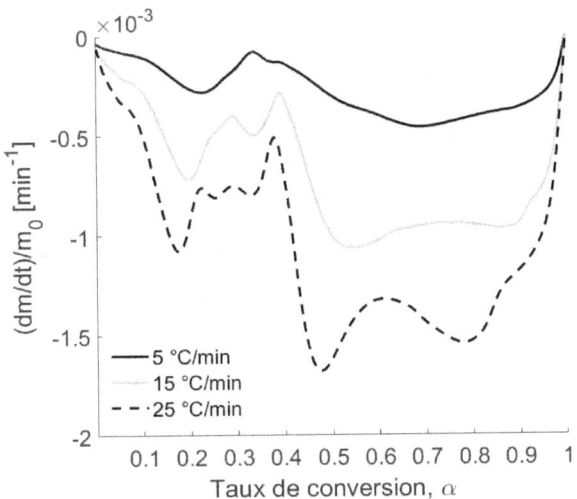

Figure II-12. Courbes de la DTG en fonction du taux de conversion pour le carbone-phénolique.

Les intervalles ainsi déterminés, il est possible de calculer les énergies d'activation moyennes pour chaque réaction. Le tableau II-7 présente les différentes valeurs moyennes de l'énergie d'activation pour les trois réactions principales.

Tableau II-7. Énergie d'activation moyenne $\overline{E_a}$ correspondant aux trois réactions principales observées pour le carbone-phénolique sous atmosphère oxydante.

E_a [kJ.mol⁻¹]	Carbone-Phénolique		
	Réaction 1	Réaction 2	Réaction 3
Starink	121,69 ± 8,34	191,93 ± 16,31	161,88 ± 11,33
Friedman	116,98 ± 21,06	187,74 ± 41,11	139,99 ± 6,26

La figure II-13, présente quant à elle, les énergies d'activation calculées pour les deux méthodes citées ci-dessus pour le carbone-PEKK. Les résultats obtenus avec la méthode de Starink sont caractérisés par une décroissance quasi linéaire, tandis que ceux obtenus avec la méthode de Friedman présentent encore une fois des oscillations plus importantes, suivant la tendance des données différentielles des résultats expérimentaux. Il semblerait tout de même qu'un processus plus complexe se déroule avec plusieurs réactions multi-étapes. Sous atmosphère oxydante, la DTG du carbone-PEKK laisse penser que le processus de la dégradation thermique est dirigé par trois réactions globales. Il est possible que ces réactions correspondent aux intervalles du taux de conversion suivants (visibles sur la figure II-13.a) : une première réaction jusqu'à 0,19, une seconde entre 0,19 et 0,43 tandis que la troisième débute à 0,43 environ jusqu'à 1. Les bornes de ces intervalles sont définies à partir des points d'inflexion sur les courbes de DTG en fonction de α. Cependant, ces valeurs de α peuvent encore une fois ne pas correspondre précisément au début ou à la fin de chaque réaction à cause du potentiel chevauchement des pics, plus particulièrement pour la seconde réaction associée à l'oxydation du char.

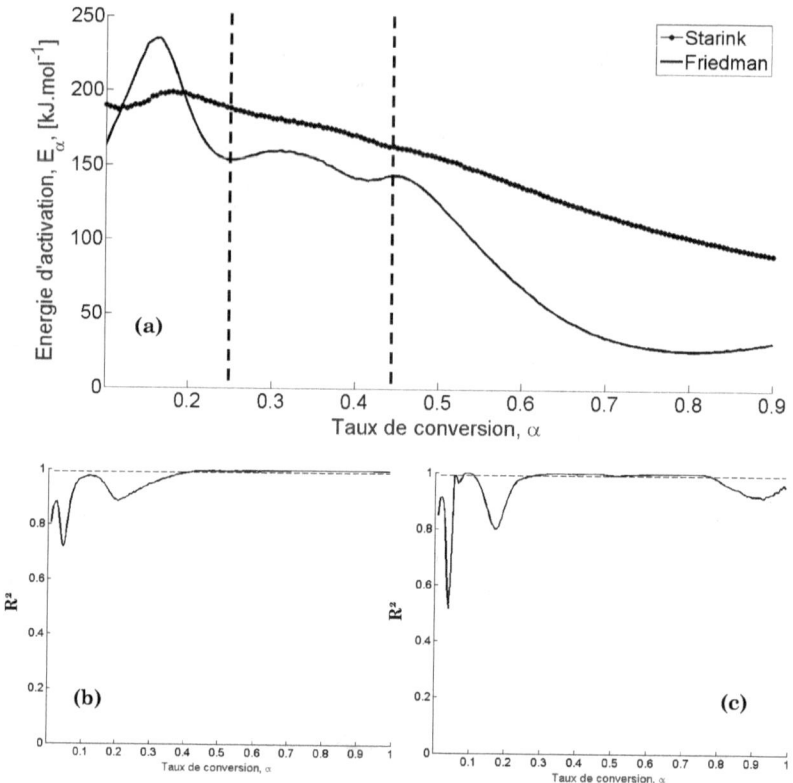

Figure II-13. Énergie d'activation en fonction du taux de conversion (atmosphère oxydante) calculée avec les méthodes isoconversionnelle (a) pour le carbone-PEKK. Coefficient de détermination entre les différentes vitesses de chauffage en fonction de α, pour Friedman (a) et Starink (b).

Sur le tableau II-8, les énergies d'activation moyennes associées aux intervalles de réaction définis précédemment, sous atmosphère oxydante, sont présentées. Les résultats obtenus avec la méthode de Friedman présentent des incertitudes plus importantes dues à la variation importante de l'énergie d'activation dans l'intervalle. Des valeurs moins dispersées sont obtenues avec la méthode de Starink. De plus, l'énergie d'activation de la première réaction associée à la décomposition de la résine est très proche de celle obtenue sous atmosphère inerte malgré une erreur plus importante. Cette dernière augmente pour les deux réactions suivantes, étant donné la décroissance quasi-linéaire de l'énergie d'activation avec le taux de conversion. En observant en détails la valeur de R^2 pour la méthode de Friedman, il est possible de voir que les oscillations initiales de E_α coïncident avec une diminution importante de R^2.

Tableau II-8. Énergie d'activation moyenne $\overline{E}_\alpha$ correspondant aux trois réactions principales observées pour le carbone-PEKK sous atmosphère oxydante.

E_α [kJ.mol^{-1}]	Carbone-PEKK		
	Réaction 1	Réaction 2	Réaction 3
Starink	195,89 ± 8,23	18,83 ± 9,41	125,87 ± 23,42
Friedman	180,99 ± 43,04	158,01 ± 15,29	63,85 ± 41,55

En traçant la valeur de la DTG en fonction du taux de conversion (voir figure II-14), il est possible d'observer une bonne correspondance entre les différents pics à l'exception du pic associé à la première réaction de la courbe $\beta = 25°C.min^{-1}$; pour laquelle ce dernier est décalé comparé aux deux autres. Ce décalage semble être la cause de la décroissance de R² pour les deux méthodes autour de α égale à 0,2.

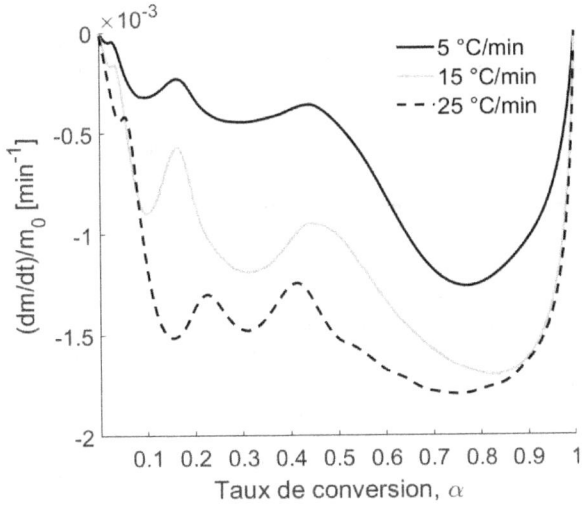

Figure II-14. Courbes de la DTG en fonction du taux de conversion pour le carbone-PEKK.

Concernant le carbone-phénolique, en comparant les cas sous atmosphère inerte et sous atmosphère oxydante, pour de faibles taux de conversion (α<0.2) correspondants à la réaction de déshydratation de la résine, une décroissance d'environ 30 % est observée sous atmosphère oxydante. Cet écart peut ainsi s'expliquer par la combustion des produits de pyrolyse libérés à la suite de cette réaction. Dans ce même intervalle, pour le carbone-PEKK, les valeurs ne varient pas de manière significative entre le cas inerte et oxydant, malgré certaines oscillations (≈20% pour les valeurs obtenues avec la méthode de Starink). Ceci démontre une stabilité thermique supérieure. Il semblerait donc que le carbone-PEKK ne soit pas affecté par la pyrolyse avant 500 °C, ce qui justifie son utilisation pour des applications de protection incendie comme des barrières thermiques dans des intérieurs de cabines par exemple. D'un autre côté, la dégradation lente du carbone-phénolique, explique son intérêt pour les protections thermiques extérieures ou isolation intérieure de tuyère dans l'aérospatiale.

Afin de compléter la description cinétique de la décomposition des matériaux étudiés mais également de pouvoir fournir les données d'entrées nécessaires aux simulations numériques, le facteur pré-exponentiel A ainsi que l'ordre de réaction n sont calculés pour le cas sous atmosphère inerte ainsi que celui sous atmosphère oxydante. La méthode de Friedman (modèle général d'ordre n) ainsi que la méthode de l'effet de compensation sont comparées, étant donné que leurs validités ont été démontrées dans le cas de séquences de réaction simple [8]. Les triplets cinétiques obtenus pour les différentes réactions identifiées à partir des courbes de DTG sous atmosphère inerte sont présentés dans le tableau II-9 pour ceux calculés avec la méthode de l'effet de compensation et dans le tableau II-10 pour la méthode de Friedman.

Tableau II-9. Triplets cinétiques (sous atmosphère inerte) calculés avec la méthode de l'effet de compensation.

		Carbone-phénolique			Carbone-PEKK		
		Ea [kJ.mol^{-1}]	A [min^{-1}]	f(α)	Ea[kJ.mol^{-1}]	A [min^{-1}]	f(α)
Starink	Réaction 1	154,58±20,79	3,86x10^8	n.d	207,71±6,56	8,37x10^{11}	$3(1-\alpha)^{2/3}$
	Réaction 2	189,11±24,09	3,90x10^{12}	n.d.	n.d.	n.d.	n.d.
Friedman	Réaction 1	165,1±25,57	2,08x10^9	n.d	213,88±6,65	2,0x10^{12}	$3(1-\alpha)^{2/3}$
	Réaction 2	201,66±30,89	3,25x10^{13}	n.d.	n.d.	n.d.	n.d.

Les triplets cinétiques, calculés pour les deux énergies d'activation isoconversionnelles obtenues avec les méthodes de Starink et Friedman, en donnant leurs valeurs moyennes sur l'intervalle défini avec la méthode d'effet de compensation, sont présentés dans le tableau II-9. Une comparaison graphique est utilisée pour identifier la réaction idéale correspondante. Sur la figure II-15, les données du carbone-PEKK sont tracées ainsi que quelques modèles typiques (voir tableau II-3) considérés pour la dégradation de solides. Ainsi, il est possible de remarquer que la dégradation du carbone-PEKK semble suivre, dans l'intervalle α=0,1-0,8, un modèle sphérique (R3). Néanmoins, de tels résultats doivent être pris avec précaution sachant qu'une bonne correspondance avec un modèle ne représente pas forcement le comportement réel [5, 8] et aucune confirmation n'a été trouvée dans la littérature.

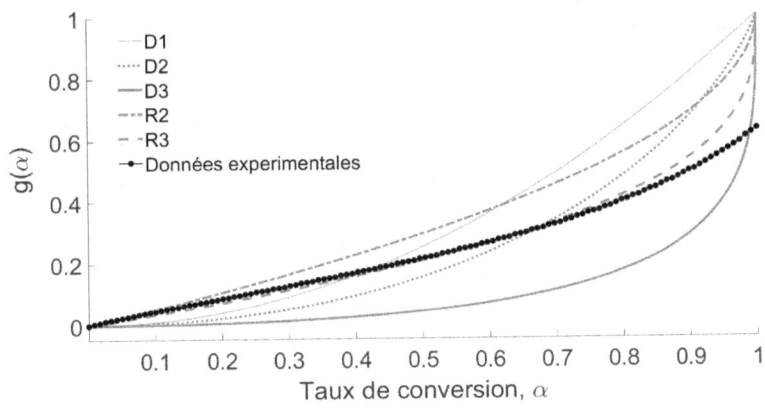

Figure II-15. Évaluation du modèle de décomposition avec la méthode de l'effet de compensation. Exemple du carbone-PEKK sous atmosphère inerte (Énergie d'activation calculé avec la méthode de Starink).

Sur le tableau II-10, le coefficient de détermination R^2 est également donné pour chaque réaction. **Malgré des valeurs du coefficient de détermination assez bonnes obtenues pour le carbone-phénolique, l'ordre de réaction obtenu ne présente aucune signification physique. Cela est dû aux importantes variations de l'énergie d'activation sur l'intervalle de α considéré.** En outre, les résultats obtenus pour le carbone-PEKK, dont la décomposition sous atmosphère inerte peut être décrite par une seule réaction globale, semblent plus réalistes. Enfin, un meilleur coefficient de détermination est obtenu avec la méthode de Starink donnant, respectivement, un facteur pré-exponentiel et un ordre de réaction égaux à 4,23 x 10^{10} min^{-1} et à 1,50.

Tableau II-10. Triplets cinétiques (sous atmosphère inerte) calculés avec la méthode de Friedman basé sur l'hypothèse d'un modèle générique d'ordre n.

		Starink		Friedman	
		Réaction 1	Réaction 2	Réaction 1	Réaction 2
Carbone-phénolique	E_a [kJ.mol^{-1}]	154,58±20,79	189,11±24,09	165,1±25,57	201,66±30,89
	A [min^{-1}]	1,12x10^{12}	2,93x10^{12}	1,50x10^{14}	2,49x10^{13}
	n	48,3	6,29	51,3	6,44
	R^2	0,996	0,998	0,996	0,945
Carbone-PEKK	E_a [kJ.mol^{-1}]	207,71±6,56	n.d.	213,88±6,65	n.d.
	A [min^{-1}]	4,23x10^{10}	n.d.	1,12x10^{11}	n.d.
	n	1,50	n.d.	1,61	n.d.
	R^2	0,958	n.d.	0,97	n.d.

Malgré la complexité du processus de dégradation sous atmosphère oxydante, son évaluation est nécessaire afin de fournir les triplets cinétiques correspondants à l'oxydation du char et de la fibre afin de les simuler numériquement. Sur le tableau II-11, les triplets cinétiques associés aux trois réactions définies à partir des courbes DTG sont présentés pour le carbone-phénolique ainsi que le carbone-PEKK.

Tableau II-11. Triplets cinétiques (sous atmosphère oxydante) calculés avec la méthode de Friedman basé sur l'hypothèse d'un modèle générique d'ordre n pour le carbone-phénolique et le carbone-PEKK.

		Starink			Friedman		
		Réaction 1	Réaction 2	Réaction 3	Réaction 1	Réaction 2	Réaction 3
Carbone-phénolique	E_a [kJ.mol^{-1}]	121,64±8,3	191,13±16,31	161,88±11.3	116±6.65±21.1	187,74±41.1	139,99±6,3
	A [min^{-1}]	1,07x10^6	3,5x10^8	1,41x10^6	4,85x10^5	1,96x10^8	8,4x10^4
	n	10.50	2,28	0,89	10,26	2,22	0,80
	R^2	0,998	0,989	0,993	0.997	0,989	0,993
Carbone-PEKK	E_a [kJ.mol^{-1}]	196.88±18.9	181.83±17.1	122.61±24.4	180.41±36	156.79±14.4	62.44±41.2
	A [min^{-1}]	1.21x10^8	1.58x10^8	6533.4	1.1x10^8	2.93x10^6	2.72
	n	6.52	4.99	0.39	5.75	3.4	0.058
	R^2	0.82	0.999	0,977	0.769	0.972	0.087

Les triplets cinétiques maintenant calculés, il est nécessaire d'obtenir les paramètres d'entrées thermophysiques nécessaires à la modélisation du comportement thermique des matériaux. Une approche de détermination d'un modèle cinétique à l'aide d'un modèle de corrélation linéaire a également été utilisé et est présenté en annexe II-A.

II.3. Détermination des propriétés thermophysiques des matériaux composites

La volonté de simuler correctement le comportement au feu des matériaux, impose aux modèles numériques plusieurs paramètres d'entrée pour les propriétés thermophysiques (en plus des paramètres associés à la cinétique de dégradation) ; idéalement sous la forme de propriétés dépendantes de la température. Plus particulièrement, la capacité thermique massique ou chaleur spécifique (C_p), la conductivité thermique (λ) et la masse volumique (ρ) sont recherchées.

C'est pourquoi, la création d'une base de données de propriétés complètes représente un enjeu important, en particulier pour les matériaux nouveaux ou innovants moins utilisés dans les applications d'ingénierie et donc faiblement documentés. Dans le cas des matériaux composites, deux échantillons de deux matériaux similaires peuvent présenter des différences, parfois importantes (à cause de la fraction volumique de fibre, du nombre de plis, etc.). C'est pourquoi, les propriétés thermophysiques des matériaux étudiés ont été directement mesurées à partir d'échantillons issus de plaques représentatives des matériaux utilisés en condition réelle.

Néanmoins, obtenir de telles données à haute température peut être très difficile. Contrairement à d'autres matériaux structurels, tels que les alliages d'acier ou d'aluminium, les matériaux composites sont réactifs à haute température en raison de leur matrice organique [13]. Leur décomposition comprend alors différents effets, tels que des réactions chimiques (décomposition de la résine, émission de gaz toxiques et fumées) ainsi que des modifications de la structure interne (délamination, formation de résidus charbonneux, décomposition des fibres de carbone) [19]. C'est pourquoi, la préparation des échantillons (découpe, conditionnement et chargement) représente un élément clé pour réduire les incertitudes sur les mesures. Des répétitions de la mesure sont également recommandées pour évaluer la répétabilité de la procédure. Dans la suite de cette partie, sont présentés les différentes mesures de propriétés thermophysiques ainsi que les résultats associés.

II.3.1. Procédures expérimentales

Dans cette section, les différentes techniques de mesures ainsi que les instruments associés seront présentées en détails. La variation de la masse volumique avec la température est estimée par un dilatomètre. Ensuite en utilisant la calorimétrie à balayage différentiel (DSC), associée à un calorimètre Calvet, la capacité thermique massique est mesurée de la température ambiante jusqu'à 1000 °C et enfin l'évolution de la conductivité thermique en fonction de la température est calculée à partir de la diffusivité thermique estimée en utilisant la méthode flash et des valeurs de masse volumique et capacité thermique préalablement mesurées.

II.3.1.1. Masse volumique

L'évolution de la masse volumique des différents échantillons, avec l'augmentation de la température est mesurée en utilisant un appareil de dilatométrie Hyperion TMA 402 F3. Le test se déroule de la température ambiante jusqu'à 1000 °C, sous atmosphère inerte avec un débit volumique d'azote de 40 ml.min⁻¹, et avec une vitesse de chauffage de 5 K.min⁻¹. Une force de maintien de 5 N est également appliquée sur l'échantillon. Deux essais ont été effectués sur deux échantillons extraits de deux emplacements différents sur des plaques correspondantes. Le dilatomètre mesure la variation du volume ou de la longueur d'un échantillon en fonction de la température et affiche le coefficient de dilatation :

$$Dc = \frac{1}{V_0} \frac{dV}{dT} \qquad (II.14)$$

Où Dc est le coefficient de dilatation thermique, V_0 est le volume initial de l'élément étudié et $\frac{dV}{dT}$ le rapport de la variation de volume sur la variation de température. À partir de l'évolution de la masse sur le même intervalle de température, il est possible de déterminer l'évolution de la masse volumique de la manière suivante :

$$\rho = \frac{m_s}{V_0(1 + DcT)} \qquad (II.15)$$

Où $d\alpha$ est le coefficient de dilatation thermique (en K⁻¹), V est le volume de l'échantillon, Ms est la masse de l'échantillon (estimée par analyse thermogravimétrique) et ρ sa masse volumique. L'indice 0 indique la valeur initiale pour le spécimen considéré.

Dans ce travail, la variation de volume des échantillons a été mesurée dans la direction transversale à la fibre, le long de l'épaisseur du matériau. De 4 à 6 échantillons (d'un diamètre moyen de 6 mm) sont empilés afin d'obtenir une épaisseur globale comprise entre 7,35 et 8,2 mm. Les échantillons sont maintenus dans un tube en acier inoxydable pour éviter toute expansion dans une autre direction ou bien l'échec du test dû au délaminage des composites (voir Figure II-16) entrainant un glissement de l'empilement.

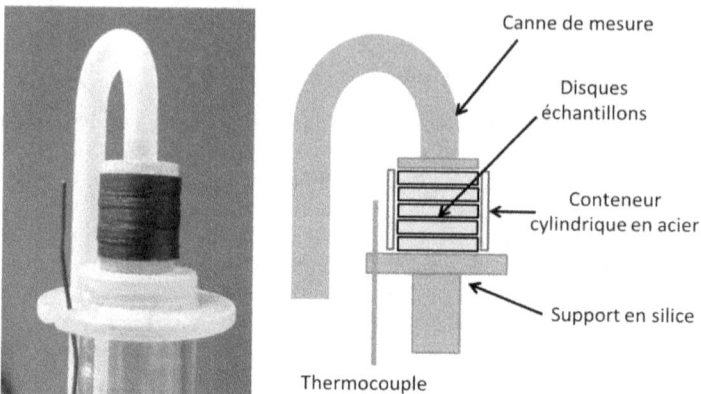

Figure II-16. Schéma de l'analyseur dilatométrique ainsi que du positionnement des échantillons (droite). Exemple du carbone-PEKK (droite).

Le nombre correspondant d'échantillons et leur épaisseur globale pour chaque matériau sont indiqués dans Tableau II-12.

Tableau II-12. Informations sur les échantillons de l'analyse dilatométrique.

	Carbone-phénolique	Carbone-PEKK
Nombre d'échantillons	6	5
Épaisseur [mm]	7.35	8.21

II.3.1.2. Capacité calorifique

Les mesures de capacité thermique massique des différents matériaux composites sont réalisées en combinant deux méthodes différentes afin d'assurer une bonne estimation de la chaleur spécifique sur l'intervalle de température considéré (de la température ambiante jusqu'à 1000 °C). Une mesure initiale de la chaleur spécifique est donc réalisée à l'aide d'un calorimètre Calvet tridimensionnel [20, 21] Setaram C80II à température ambiante et jusqu'à 150 °C. Ce calorimètre détermine la capacité thermique massique en comparant la chaleur échangée entre l'échantillon et une référence (typiquement de l'air). La chaleur générée ou absorbée par l'échantillon est obtenue en mesurant sa compensation par l'effet Peltier de centaines de thermocouples [21]. Le protocole de mesure est constitué d'une première étape où une isotherme de 250 minutes à une température de 1 °C en dessous de la valeur de température cible est appliqué, afin de stabiliser la température de l'échantillon. Puis une rampe est imposée avec une vitesse de chauffage de 0,05 °C.min⁻¹ pour atteindre une température de 1 °C au-dessus de la température cible.

Enfin, l'échantillon est soumis à un palier isotherme de 200 minutes. La capacité thermique moyenne dans l'intervalle de mesure considéré est alors calculée de la manière suivante :

$$\overline{C_{p,s}} = \frac{(Q_s - Q_b)}{m_s \times \Delta T} \qquad (II.16)$$

Où Q_s est la chaleur échangée par l'échantillon, Q_b est la chaleur échangée par le four, obtenue avec une expérience à vide. Ms est la masse de l'échantillon et ΔT est l'intervalle de température.

Dans le Tableau II-13, la liste des différentes masses utilisées pour ces mesures est rapportée. Cette méthode assure une mesure directe de la capacité thermique, cependant, elle n'est pas possible à haute température. Par conséquent, un analyseur calorimétrique différentiel à balayage (Differential scanning calorimetry ou DSC) est utilisé pour mesurer la chaleur spécifique à haute température. Cet analyseur permet la mesure en comparant le flux thermique de l'échantillon composite avec celui d'un matériau de référence (typiquement, un échantillon de saphir avec une masse et un diamètre similaire), dont la capacité thermique est connue sur l'intervalle de température. Ensuite, la capacité thermique de l'échantillon est calculée en utilisant :

$$C_{p,s} = C_{p,st} \frac{m_{st} \times (A_s - A_b)}{m_s \times (A_{st} - A_b)} \qquad (II.17)$$

Où $C_{p,st}$, m_{st} et A_{st} sont respectivement, la capacité thermique massique, la masse et le flux de chaleur mesurée pour le matériau de référence. m_s et A_s sont, la masse et le flux de chaleur mesurée pour l'échantillon, tandis que A_b est le flux de chaleur mesuré pour une expérience à blanc (sans échantillon) afin de prendre en compte l'inertie thermique du four.

Figure II-17. Échantillons utilisés pour les mesures DSC, carbone-phénolique (droite), carbone-PEKK (gauche).

Les expériences DSC ont également été réalisées sous atmosphère inerte avec un débit volumique d'azote de 40 ml.min⁻¹ et la pression atmosphérique en utilisant une DSC Nietzsch STA 449 F3 de la température ambiante jusqu'à 1000 °C, avec une vitesse de chauffage de 15 °C.min^{-1}. Deux tests ont été effectués sur les deux échantillons extraits de deux endroits différents des plaques correspondantes. Ensuite, ils ont été placés dans des creusets en platine avec un revêtement en alumine, et recouvert d'un couvercle perforé. Les images des échantillons vierges utilisés pour les expériences, sont présentées dans la figure II-17. Les deux méthodes sont ensuite comparées afin d'assurer une mesure correcte en recalant les mesures réalisées avec la DSC, qui n'est pas une mesure directe contrairement à celle du calorimètre Calvet. Des tests préliminaires ont été effectués afin d'assurer la reproductibilité des résultats.

Tableau II-13. Masse des échantillons utilisés pour la mesure de chaleur spécifique.

Expérience	Carbone-phénolique Masse [g]	Carbone-PEKK Masse [g]
Calorimètre Calvet	4,15	3,45
DSC	0,037	0,042

II.3.1.3. Diffusivité thermique

Les mesures de conductivité thermique à haute température pour les matériaux composites ne sont pas directement possibles avec une méthode classique dite des plaques chaudes gardées [22]. Cependant, il est possible de mesurer la conductivité thermique en déterminant la diffusivité thermique avec une méthode flash [23]. L'échantillon est situé dans un four sous vide stabilisé à la température désirée. Un Dirac d'énergie est appliqué sur la face avant de l'échantillon, par un flash énergétique lumineux. La diffusivité thermique de l'échantillon est ensuite obtenue en mesurant l'évolution de la température sur la face arrière avec un dispositif infra-rouge. À partir du thermogramme obtenu (évolution de la température en face arrière au cours du temps), au moyen de la méthode des moments temporels partiels [24], la diffusivité thermique de l'échantillon est estimée.

En cas de décomposition thermique, la mesure peut devenir difficile en raison de l'émission d'espèces volatils venant polluer le système optique de détection. Par conséquent, la diffusivité thermique est mesurée sur quatre échantillons extraits à quatre endroits différents sur la plaque. Deux d'entre eux sont utilisés pour la mesure non-dégradée de la diffusivité thermique (c'est-à-dire avant la décomposition, voir la figure II-18.a) et les deux autres sont dégradés thermiquement sous vide puis utilisés pour la mesure de diffusivité à haute température (voir figure II-18.b) pour éviter la pollution du capteur. Pour les échantillons vierges et dégradés, deux séries de points de température croisés, définis dans le tableau II-14, sont testés afin d'augmenter le nombre de points de mesures.

Figure II-18. Échantillons utilisés pour les mesures de diffusivité thermique-(a) Vierge et (b) Échantillons dégradés-(1) Carbone-PEKK (2) carbone-phénolique.

La dégradation des spécimens est induite en les soumettant à une température constante (voir tableau II-14) pendant 60 minutes sous atmosphère inerte. Les isothermes de température utilisés ont été choisis afin qu'ils correspondent à la fin de la dégradation observée avec les expériences thermogravimétriques, à savoir respectivement 800 °C et 700 °C pour le carbone-PEKK et le carbone-phénolique.

Tableau II-14. Températures utilisées pour la mesure de la diffusivité thermique.

	T_1 (°C)	T_2 (°C)	T_3 (°C)
Vierge A	20	200	400
Vierge B	20	100	300
Dégradé C	800	1000	-
Dégradé D	700	900	-

La conductivité thermique, en fonction de la température, des échantillons est ensuite calculée à partir de la diffusivité thermique, de la capacité thermique ainsi que de la masse volumique en utilisant l'équation suivante :

$$\lambda(t) = \frac{D(t)}{\rho(t) \cdot C_p(t)} \tag{II.18}$$

Avec D la diffusivité thermique, ρ la masse volumique et C_p la capacité thermique de l'échantillon considéré.

Tableau II-15. Informations sur les échantillons utilisés pour la mesure de diffusivité thermique.

		Carbone-phénolique	Carbone-PEKK
Échantillons vierges	Épaisseur [mm]	1,27	1,62
	Diamètre [mm]	24,5	24,7
Échantillons dégradés	$T_{dégradation}$ [°C]	700	800
	Épaisseur [mm]	1,26	2,03
	Diamètre [mm]	24,3	24,8

II.3.2. Résultats et discussion

Les résultats obtenus à partir des différentes mesures décrites ci-dessus sont présentés dans une première partie puis, dans une seconde, la détermination des propriétés des différents constituants est détaillée.

II.3.2.1. Propriétés thermophysiques globales des matériaux composites

Sur la figure II-19, l'évolution de la masse volumique en fonction de la température, pour les deux matériaux considérés, est présentée. Une incertitude de mesure globale de 7% et un intervalle de confiance de 95% ont été obtenus pour ces valeurs à partir de la précision des appareils de mesure. Pour le carbone-PEKK, une légère diminution de la masse volumique est visible entre 300 °C et 550 °C. Elle est directement suivie d'une diminution significative de la masse volumique de 14%, par rapport au niveau initial. La diminution précoce observée entre 300 °C et 550 °C peut être associée à la fusion de la résine PEKK. En effet, en comparant la masse volumique avec la courbe de perte de masse du carbone PEKK (voir figure II-4), cette dernière est négligeable dans le même intervalle de température. Néanmoins, une faible émission de substances volatiles a lieu, due à la rupture de la liaison la plus faible [19]. D'autre part, la diminution significative de la masse volumique autour de 550 °C est associée à la décomposition de la résine PEKK initiée par la scission aléatoire des liaisons éther comme observé dans les expériences TG [25]. Ce comportement est similaire à celui de la résine PEEK, appartenant également à la famille des polymères PAEK [9, 24].

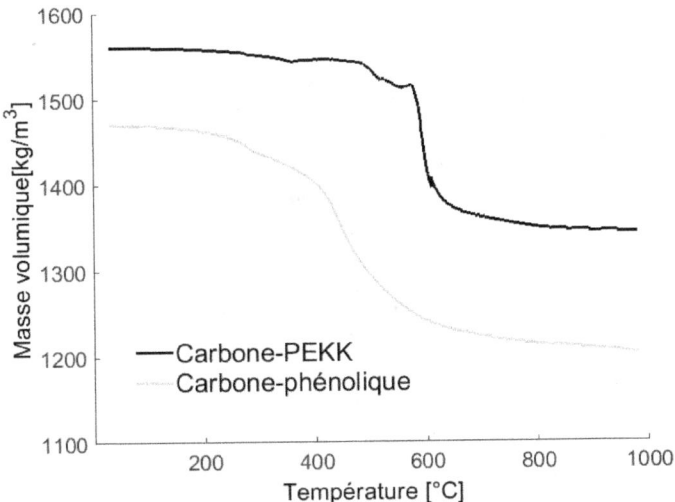

Figure II-19. Évolution de la masse volumique avec la température pour le carbone-phénolique et le carbone-PEKK.

Le Carbone-phénolique présente un comportement différent, caractérisé par une première diminution de la masse volumique (4%) entre 200 °C et 350 °C suivie d'une décroissance plus importante entre 350 °C et 600 °C, impliquant une perte de masse volumique totale d'environ 18%. En comparant cette courbe aux expériences thermogravimétriques de la figure II-4 ainsi que celles disponibles dans la littérature [25], on peut observer que **les deux pertes de masse volumique sont associées à des réactions de décomposition impliquant l'émission de composés volatils et la création de résidu charbonneux** (Char) [13, 25].

À la lumière de ces résultats, la masse volumique la plus élevée de carbone-PEKK pourrait représenter un inconvénient pour l'économie de masse dans les structures aérospatiales par rapport aux composites à base de résine phénolique. Malgré cela, le comportement à haute température de ce matériau reste plus intéressant pour la sécurité incendie avec de faibles variations de la masse volumique jusqu'à 500 °C.

Sur la figure II-20.b, l'énergie mesuré pour le carbone-PEKK est présenté. Il révèle un pic endothermique majeur à 600 °C correspondant à la réaction de décomposition en une étape observée dans les expériences de TG (voir figure II-4) et de masse volumique (voir figure II-19). De plus, l'analyse DSC confirme l'association du changement de masse volumique (entre 300 °C et 500 °C) avec la réaction de fusion observée à 350 °C et 550 °C. Certains doutes existent concernant le pic qui se produit à 900 °C. En effet, aucun comportement correspondant n'a été observé sur les courbes TG, ainsi que dans d'autres travaux disponibles dans la littérature. En première analyse, il pourrait s'agir d'une oxydation ultérieure due à l'oxygène libérée lors de la scission du groupe cétone en se décomposant.

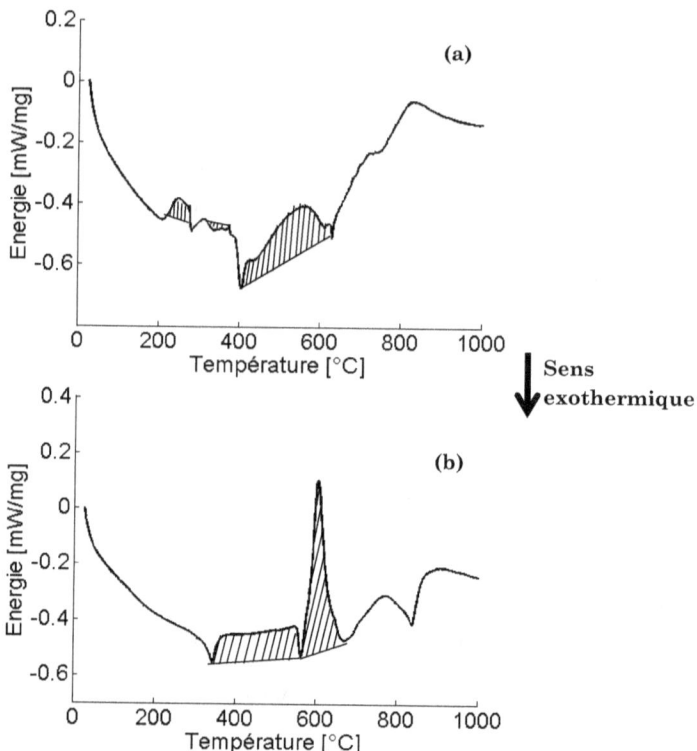

Figure II-20. Courbes DSC (atmosphère inerte) pour les deux matériaux considérés (a) Carbone-phénolique (b) carbone-PEKK, β=15°C.min⁻¹.

Le premier pic endothermique observé pour le carbone phénolique (voir figure II-20.a) correspond à la décomposition précoce de la résine, associée à sa déshydratation [13, 26] comme cela est visible sur les courbes TG. Cette réaction est suivie d'un petit pic exothermique, à environ 400 °C, correspondant à l'oxydation des composants n'ayant pas réagi (phénol et formaldéhyde piégés entre les chaînes polymères pendant le processus de durcissement) en raison de la libération précoce de molécules d'oxygène au début de la décomposition [14]. En effet, comme détaillé dans la partie précédente, la teneur élevée en oxygène des résines phénoliques peut favoriser les processus thermo-oxydants même si la décomposition se produit sous atmosphère inerte.

La décomposition du carbone-PEKK apparaît à plus haute température que celle du carbone-phénolique, bien qu'elle ait lieu après une phase de fusion importante, due à la nature thermoplastique de la résine. D'autre part, le carbone-phénolique se décompose plus précocement que le carbone-PEKK. Mais étant un matériau thermodurcissable, sa résine ne présente pas de transition de phase. Cependant, malgré la fusion de la résine, le carbone-PEKK est capable de fournir de bonnes performances mécaniques à des températures plus élevées que les résines phénoliques [27].

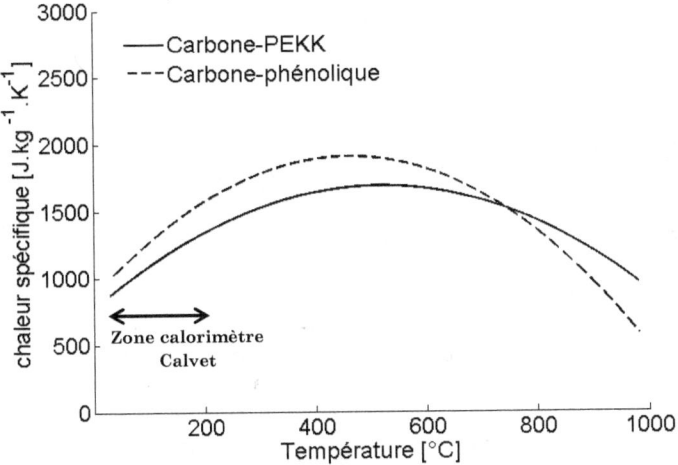

Figure II-21. Courbes de chaleur spécifique interpolée à partir des courbes DSC pour les deux matériaux considérés.

À partir des mesures DSC, la chaleur spécifique est obtenue et interpolée à l'aide d'une méthode des moindres carrés, afin d'obtenir une courbe polynomiale (voir figure II-22) avec une incertitude totale de 7 % (intervalle de confiance de 95 %). Pour l'interpolation, une ligne droite a été considérée entre le début et la fin de chaque pic endothermique et exothermique. Les relations polynomiales permettent de faciliter son implémentation dans les simulations numériques dédiées à l'étude du comportement au feu des matériaux composites. Dans l'intervalle des mesures réalisés au calorimètre Calvet, les deux mesures de Cp réalisées sont comparées (Figure II-22). La mesure comparative étant dans l'intervalle de confiance des mesure Calvet, l'approche utilisé pour la mesure de Cp réalisée dans ce travail semble valide.

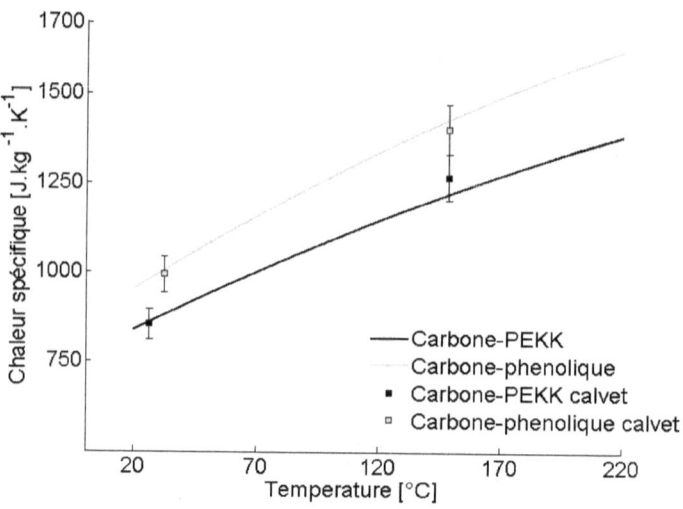

Figure II-22. Courbes de chaleur spécifique et mesures associées au calorimètre Calvet.

Dans le tableau II-16, les valeurs de la chaleur spécifique maximale et des températures correspondantes ainsi que des coefficients des polynômes associés sont indiquées. Le carbone-phénolique présente le pic le plus élevé mais à la température la plus basse, tandis que le carbone-PEKK présente un pic à 1681 J.kg⁻¹.K⁻¹ à 515 °C.

Tableau II-16. Valeurs maximales de chaleur spécifique et coefficients d'interpolation.

	T_{pic} [°C]	$C_{p,pic}$ [J.kg⁻¹.K⁻¹]	a	b	c
Carbone-PEKK	515	1681	-0,0034	3,53	771,36
Carbone-phénolique	465	1917	-0,0049	4,52	864,83

Afin d'estimer la conductivité thermique des trois matériaux, la diffusivité thermique des échantillons est tracée en fonction de la température puis interpolée par la méthode des moindres carrés. Sur la figure II-23, il est possible d'observer les différentes valeurs expérimentales de diffusivité thermique obtenues, avec une incertitude globale de 10 % (intervalle de confiance de 95%), ainsi que leurs courbes de tendance. Le carbone-PEKK présente une diminution lente de la diffusivité thermique entre la température ambiante et 500 °C, suivie d'une augmentation entre 500 °C et 1000 °C. De son côté, le carbone-phénolique est lui, caractérisé par une diminution de sa diffusivité thermique entre la température ambiante et 600 °C, suivie d'une valeur quasi constante entre 600 °C et 1000 °C. Il est également possible de voir que les valeurs de diffusivité thermique pour ces deux matériaux sont très proches.

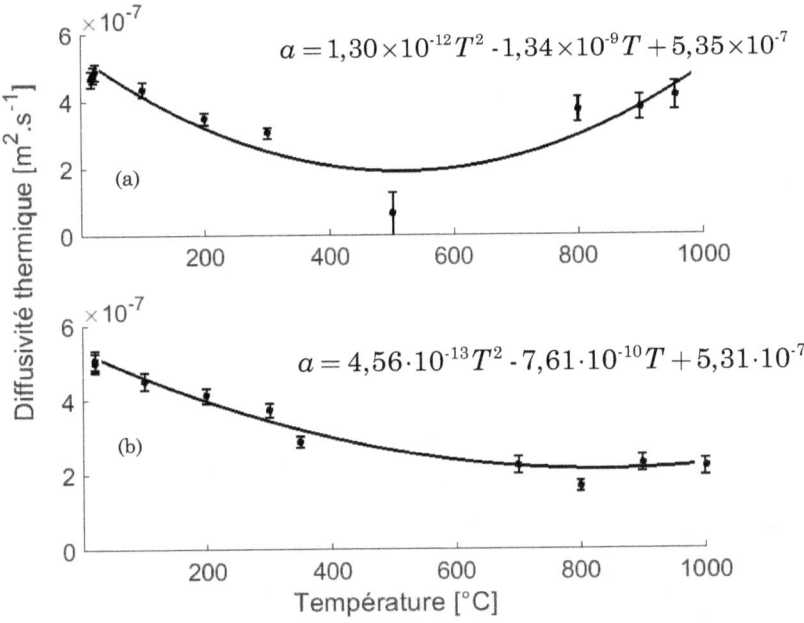

Figure II-23. Diffusivité thermique obtenue pour le carbone-PEKK (a) et le carbone-phénolique (b).

Sur la figure II-24, la conductivité thermique calculée à partir des mesures précédentes de masse volumique, de chaleur spécifique et de diffusivité thermique (suivant l'équation II.18) est rapportée pour les trois matériaux considérés. Les barres d'incertitudes ont été obtenues avec la méthode générale d'incertitude. Cette méthode est basée sur les séries de Taylor et prend en compte la propagation de l'incertitude associée à une variable unique. Des incertitudes moyennes entre 10 et 15 % ont été obtenues pour les deux matériaux.

La conductivité thermique du composite carbone-PEKK varie autour de 0,6 W.m⁻¹.K⁻¹ jusqu'à 400 °C et elle est suivie par une diminution de sa valeur à environ 0,44 W.m⁻¹.K⁻¹ à 600 °C. Enfin, après 600 °C, la conductivité thermique augmente jusqu'à la valeur initiale de 0,68 W.m⁻¹.K⁻¹. La discontinuité observée sur la courbe, à environ 600 °C, est probablement due à l'oscillation du signal enregistrée sur la courbe de masse volumique à la même température. Ce pic est probablement associé à une libération rapide de gaz de l'échantillon lors d'une réaction de décomposition.

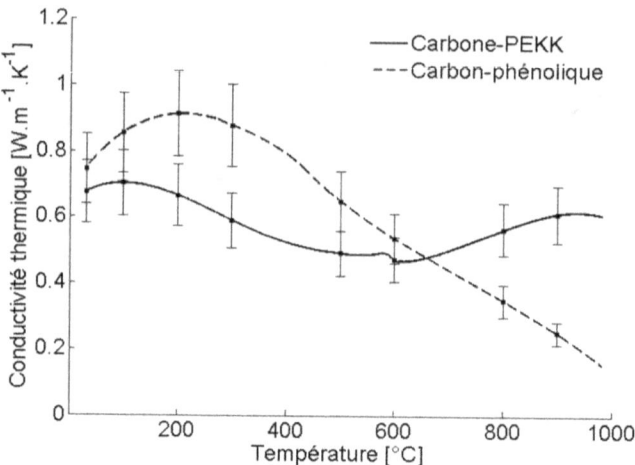

Figure II-24. Conductivité thermique calculée pour les deux matériaux composites étudiés.

Le carbone-phénolique présente quant à lui, une conductivité thermique plus élevée à basse température (environ 0,93 Wm⁻¹.K⁻¹) qui diminue de façon monotone jusqu'à 0,17 Wm⁻¹.K⁻¹ de 200°C à 1000°C, probablement en raison de la formation de résidus charbonneux associée à la décomposition de la résine entre 300 °C et 600 °C. En effet, les composites carbone-phénoliques sont connus pour être notamment utilisés pour la production de plaques carbone-carbone pour les véhicules de rentrée atmosphérique. Dans ces derniers, les chaines carbonées produites par traitement thermique sont utilisées pour assurer une meilleure protection thermique des véhicules [28], en diminuant la conductivité thermique. De plus, **il est possible que le délaminage important observé sur les échantillons après les mesures joue un rôle dans la diminution de la conductivité thermique (voir figure II-24). En effet, ce dernier implique l'apparition de poches de gaz au sein du matériau conduisant à une diminution de la conductivité thermique effective.** Compte tenu de la grande hétérogénéité des matériaux composites, donc de leur variation significative des propriétés thermophysiques en fonction de la résine, du type de fibre et du rapport volumique de résine, les résultats globaux obtenus, présentés aux figures II.19, II-21 et II-24, sont en accord avec la littérature [29-31]. Il est également important de noter que malgré l'absence de données disponibles sur le carbone-PEKK, les tendances observées dans ce travail se situent dans les mêmes plages que celles décrites pour les matériaux de la même famille dans la littérature [16].

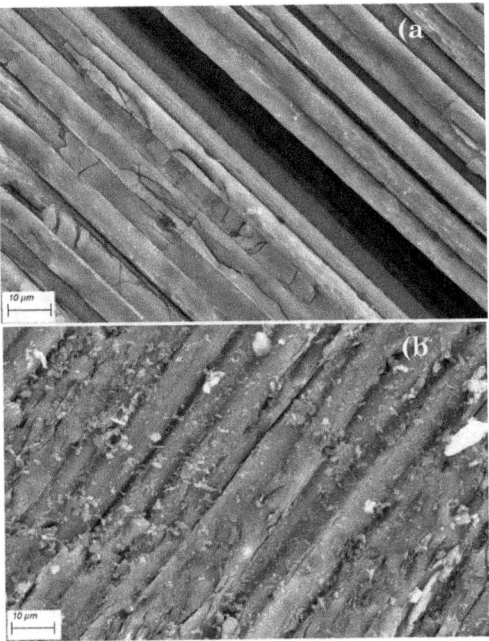

Figure II-25. Visualisation MEB de la surface des échantillons dégradés – (a) carbone-PEKK (b) carbone-phénolique.

Afin d'évaluer plus en détail l'impact de la dégradation thermique sur les propriétés thermophysiques des matériaux étudiés, des visualisations au microscope électronique à balayage (MEB) sont réalisées sur la surface et sur la tranche des échantillons. Sur la figure II-25, et après un test, les images MEB de la surface de l'échantillon sont visibles pour les deux matériaux considérés. En plus d'un certain niveau de délaminage sur la surface, le carbone-PEKK, révèle une recristallisation de la résine, enveloppant encore les fibres. Ainsi, la quantité résiduelle de résine non décomposée, pourrait expliquer les propriétés mécaniques et thermiques plus élevées du PEKK. D'autre part, les échantillons de carbone-phénolique présentent eux, une couche de matrice décomposée sur la surface, contribuant probablement à sa bonne protection thermique.

Sur la figure II-26, la vue d'ensemble en coupe des échantillons dégradés après le test est présentée. Les différents échantillons révèlent tous un haut degré de délaminage dû à la décomposition de la matrice et à l'expansion consécutive des gaz de pyrolyse. En observant en détail (voir figure II-26-a.2), les fibres de carbone-PEKK semblent encore bien fusionnées avec une grande quantité de résine recristallisée, tandis que le carbone-phénolique (voir figure II-26-b.2) présente une quantité résiduelle non décomposée de matrice, répartie le long des fibres. En effet, les fibres de carbone apparaissent principalement découvertes et les échantillons après tests sont également partiellement fragmentés.

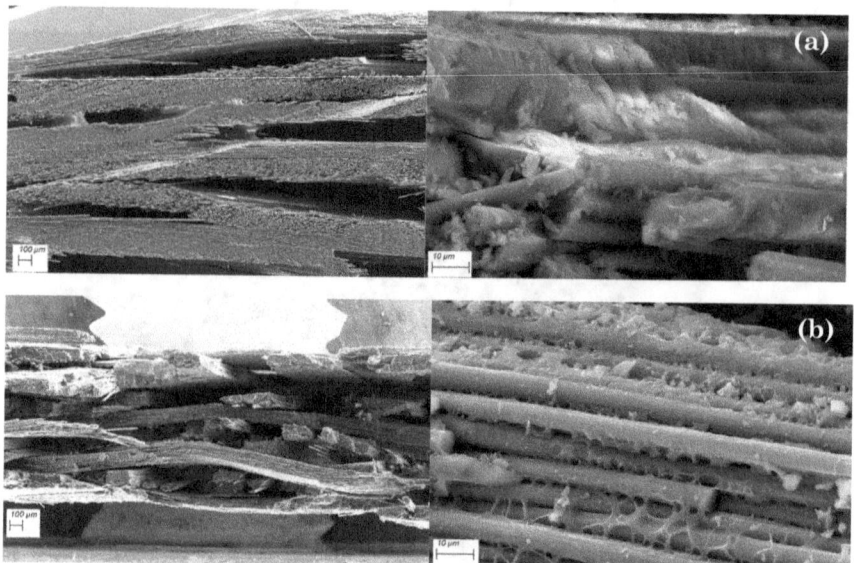

Figure II-26. Visualisations MEB de la section des échantillons dégradés : (a) carbone-PEKK (b) carbone-phénolique pour deux échelles.

Les images MEB capturées confortent les résultats obtenus en termes de masse volumique, de chaleur spécifique et de conductivité thermique. En effet, il est possible de déduire que le changement de masse volumique du carbone-PEKK, observé avant la décomposition, est associé à un changement de volume. Tandis que pour la résine phénolique, la variation de masse volumique précoce est due à une perte de masse issue de la décomposition de la résine. Du point de vue de la conductivité thermique, la tendance de décroissance suivie d'une croissance observée pour le carbone-PEKK, dans une gamme relativement mince, pourrait être associée à une plus faible quantité de résine décomposée. Considérant que, la conductivité thermique décroissante du carbone-phénolique semble due à la couche bien répartie de char et de matrice décomposée sur la surface de l'échantillon. Enfin, le haut niveau de délamination associé à la plus forte décomposition de la résine phénolique à haute température laisse supposer une diminution de la fiabilité de la mesure de la conductivité thermique réalisée après la réaction de décomposition.

II.3.2.2. Propriétés thermophysiques des résines et du char

En prenant en compte l'oxydation du char et de la fibre en plus de la pyrolyse de la résine, la volonté de modéliser la dégradation thermique des composites implique l'utilisation d'autant de propriétés thermophysiques que de constituants utilisés. Ainsi, à partir de mesures réalisées sur les échantillons complets, il est possible de calculer les propriétés thermophysiques des différents constituants à l'aide de lois de mélange adaptées.

L'évolution de la masse volumique est obtenue en mesurant la variation d'épaisseur de l'échantillon avec l'augmentation de température, en combinaison avec la perte de masse mesurée sur le même échantillon et en utilisant un appareil thermogravimétrique (TGA). En supposant une masse volumique de fibres constante sur l'intervalle considéré de la littérature [32, 33] et connaissant la fraction volumique de la fibre, il est possible d'estimer la masse volumique de la résine avant sa dégradation comme :

$$\rho_m = \frac{\rho - \rho_f W_f}{1 - W_f} \qquad \text{(II.19)}$$

Où ρ désigne la masse volumique mesurée du matériau composite et V_f est la fraction volumique de fibres. Les indices f et m désignent respectivement la fibre et la matrice (c'est-à-dire la résine).

En utilisant la valeur de masse volumique calculée à partir de l'équation (II.19), la chaleur spécifique de la fibre de carbone donnée par Pradere *et al.* [33] et la valeur calculée à partir de celle mesurée sur le matériau composite par la méthode de la calorimétrie différentielle à balayage (DSC), la chaleur spécifique de la résine avant sa dégradation peut s'écrire comme suit :

$$C_{p,m} = \frac{\rho_c C_p - W_f \rho_f C_{p,f}}{\rho_m (1 - W_f)} \qquad \text{(II.20)}$$

Grâce à la méthode flash [21, 23], la diffusivité thermique d'un matériau composite est mesurée puis combinée à celle de la masse volumique et de la chaleur spécifique, pour obtenir la conductivité thermique. En utilisant la conductivité thermique de la fibre de carbone mesurée par Pradere *et al.* [33], il est possible de calculer la conductivité thermique de la résine en utilisant l'expression de Maxwell [34], valide pour un milieu (résine) avec inclusions circulaires (fibres de carbone) :

$$\frac{\lambda}{\lambda_m} = 1 + \frac{3W_f}{\left(\dfrac{\lambda_f + 2\lambda_m}{\lambda_f - \lambda_m}\right) - W_f} \qquad \text{(II.21)}$$

En plus des propriétés thermophysiques de la fibre et de la résine, les propriétés thermophysiques du char sont calculées en fonction de la température en utilisant la relation analytique suivante [35, 36] :

$$\xi(T) = F\xi_v(T) + (1 - F)\xi_{char}(T) \qquad \text{(II.22)}$$

Avec ξ les propriétés thermophysiques mesurées sur matériau composite, T la température, les ξ_v propriétés thermophysiques du matériau composite calculées à partir de celles de la fibre et de la résine et F est la variable de progression [35]. Elle est déterminée à partir de la perte de masse sous atmosphère inerte où seule la réaction de pyrolyse se produit comme suit :

$$F = \frac{m - m_{final}}{m_0 - m_{final}}$$

(II.23)

Où m est la masse de l'échantillon à une température donnée, m_{final} est la masse à la fin de la réaction et m_0 est la valeur initiale de la masse.

Les valeurs obtenues avec les équations présentées ci-dessus, à partir des calculs des paramètres thermophysiques globaux en fonction de la température (°C), sont interpolées avec des relations polynomiales et résumées dans les tableaux II-17 pour le carbone-phénolique et II-18 pour le carbone-PEKK. Les intervalles de validité, associés à chaque réaction, ont été définis à partir des différentes températures de fin de réaction observées sur les courbes TG de la figure II-4.

Tableau II-17. Propriétés thermophysiques des différents constituants du the carbone-phénolique.

Constituant	Propriétés thermophysiques		Températures de validité (°C)	Références
Fibre	$\rho\left[\text{kg}\cdot\text{m}^{-3}\right]$	1760		[17, 32]
	$C_p\left[\text{J}\cdot\text{kg}^{-1}\cdot\text{K}^{-1}\right]$	$665,7 + 2,54T - 0,0014\,T^2$	20-1000	[33]
	$\lambda\left[\text{W}\cdot\text{m}^{-1}\cdot\text{K}^{-1}\right]$	$0,146 + 0,012\,T + 2,0\times10^{-6}T^2$		[33]
Résine	$\rho\left[\text{kg}\cdot\text{m}^{-3}\right]$	$1061 + 0,84T - 0,0029T^2$		[Cette thèse]
	$C_p\left[\text{J}\cdot\text{kg}^{-1}\cdot\text{K}^{-1}\right]$	$1322 + 7,47T - 0,0093\,T^2$	20-400	[Cette thèse]
	$\lambda\left[\text{W}\cdot\text{m}^{-1}\cdot\text{K}^{-1}\right]$	$0,54 - 0,0019T + 3,49\times10^{-6}T^2$		[Cette thèse]
Char	$\rho\left[\text{kg}\cdot\text{m}^{-3}\right]$	$913,6 - 1,37\,T + 0,00077\,T^2$		[Cette thèse]
	$C_p\left[\text{J}\cdot\text{kg}^{-1}\cdot\text{K}^{-1}\right]$	$-1662,6 + 10,89\,T - 0,0088\,T^2$	300-1000	[Cette thèse]
	$\lambda\left[\text{W}\cdot\text{m}^{-1}\cdot\text{K}^{-1}\right]$	$7,51 - 0,018\,T + 1,10\times10^{-5}T^2$		[Cette thèse]

Les courbes associées aux polynômes du tableau II-17 pour le carbone-phénolique sont illustrées sur la figure II-27 et celles associées aux polynômes du tableau II-18 pour le carbone-PEKK sont présentées sur la figure II-28.

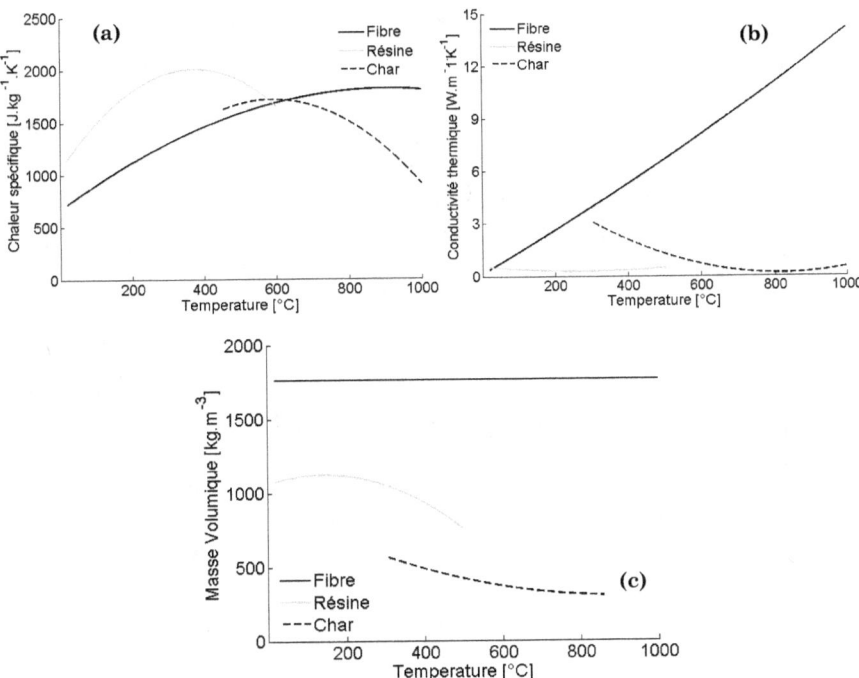

Figure II-27. Évolution des propriétés des différents constituants avec la température pour le carbone-phénolique (a) Chaleur spécifique (b) Conductivité thermique (c) Masse volumique.

Tableau II-18. Propriétés thermophysiques des différents constituants du carbone-PEKK.

Constituant	Propriétés thermophysiques		Températures de validité (°C)	Références
Fibre	$\rho\left[\mathrm{kg\cdot m^{-3}}\right]$	1760		[17, 32]
	$C_p\left[\mathrm{J\cdot kg^{-1}\cdot K^{-1}}\right]$	$665,7+2,54T-0,0014\,T^{2}$	20-1000	[33]
	$\lambda\left[\mathrm{W\cdot m^{-1}\cdot K^{-1}}\right]$	$0,146+0,012\,T+2,0\times10^{-6}T^{2}$		[33]
Résine	$\rho\left[\mathrm{kg\cdot m^{-3}}\right]$	$1249+0,13\,T-5,29\times10^{-4}T^{2}$		[Cette thèse]
	$C_p\left[\mathrm{J\cdot kg^{-1}\cdot K^{-1}}\right]$	$1043+5,16\,T-0,0069\,T^{2}$	20-600	[Cette thèse]
	$\lambda\left[\mathrm{W\cdot m^{-1}\cdot K^{-1}}\right]$	$0,33-0,001\,T+1,12\times10^{-6}T^{2}$		[Cette thèse]
Char	$\rho\left[\mathrm{kg\cdot m^{-3}}\right]$	$2323-3,8565\,T+0,0022\,T^{2}$		[Cette thèse]
	$C_p\left[\mathrm{J\cdot kg^{-1}\cdot K^{-1}}\right]$	$41,79+5,67\,T-0,0048\,T^{2}$	450-1000	[Cette thèse]
	$\lambda\left[\mathrm{W\cdot m^{-1}\cdot K^{-1}}\right]$	$6,92-0,016\,T+9,73\times10^{-6}T^{2}$		[Cette thèse]

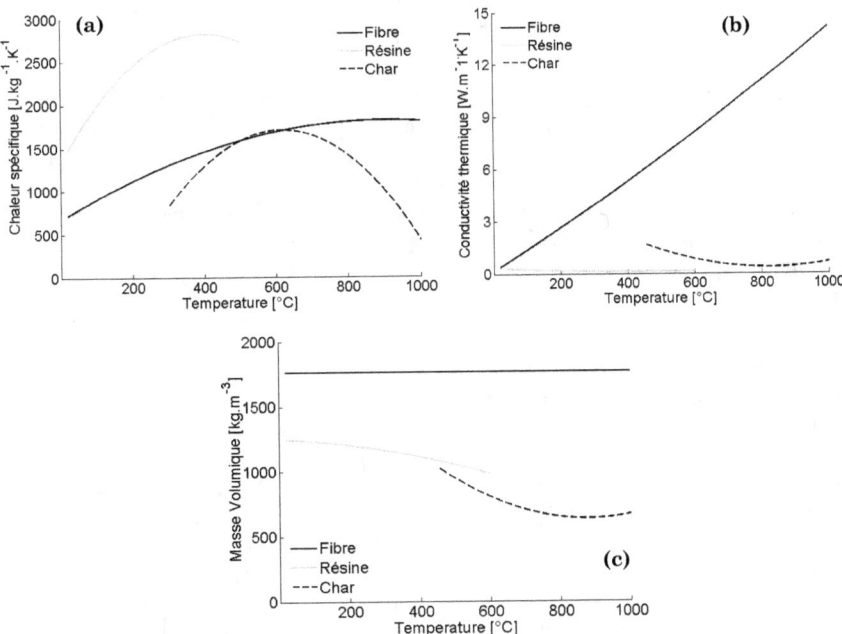

Figure II-28. Évolution des propriétés des différents constituants avec la température pour le carbone-PEKK (a) Chaleur spécifique (b) Conductivité thermique (c) Masse volumique.

II.4. Conclusion et perspectives

L'étude de la cinétique de dégradation ainsi que la détermination des paramètres thermophysiques des deux matériaux composites étudiés a permis de confirmer la difficulté de comprendre et de caractériser le comportement des composites pour de hautes températures où les réactions de décomposition interviennent, impliquant la dégradation du matériau. Néanmoins, l'analyse de la cinétique de dégradation des deux matériaux étudiés a permis l'obtention des triplets cinétiques complets, sous atmosphère inerte et oxydante. Les propriétés thermophysiques des différents constituants (résine, char et fibres) ont également été obtenues. Ces paramètres d'entrée pourront être utilisés pour les calculs numériques.

Les mesures thermogravimétriques ont démontré deux comportements différents pour le carbone-phénolique et le carbone-PEKK. Le premier est caractérisé par une dégradation démarrant à de faibles températures (200 °C-250 °C), tandis que le second a révélé une résistance importante à haute température, sous atmosphères inerte et oxydante, avec une dégradation thermique démarrant autour de 500 °C. Ce comportement s'est également retrouvé dans les résultats obtenus à la suite de la caractérisation des propriétés thermophysiques où la très bonne stabilité thermique du carbone-PEKK, comparé au carbone-phénolique, est mise en avant. Sous atmosphère oxydante, le processus cinétique complexe des matériaux a rendu difficile la séparation de ce dernier en réactions simples. Afin d'améliorer la représentation du processus cinétique, l'utilisation de méthodes numériques plus adaptées aux réactions multi-étapes telles que les approches dites « model-free » ou « model-fitting » est envisagée afin de mieux décrire la cinétique de dégradation des composites étudiés.

La comparaison des propriétés thermophysiques des différents matériaux est utile afin de comprendre l'impact et ainsi d'optimiser les processus de développement de nouveaux matériaux. En ce qui concerne la résistance au feu, une faible diminution de la masse volumique ainsi qu'une faible conductivité thermique sont espérées pour les matériaux composites lors de leur exposition thermique. L'évolution de la masse volumique avec la température obtenue pour le carbone-PEKK confirme sa stabilité thermique élevée en comparaison avec le carbone-phénolique ; venant ainsi confirmer les observations réalisées sur les courbes de perte de masse. Les résultats de l'analyse DSC sont quant à eux en accord avec ceux obtenus pour la masse volumique, ainsi que les expériences thermogravimétriques. En ce qui concerne la chaleur spécifique, le carbone-phénolique est caractérisé par de bonnes performances dans la plage située entre 200 °C à 400 °C, où la formation de résidus charbonneux par la dégradation de la résine fournit certainement une chaleur spécifique supérieure, en comparaison avec le carbone-PEKK. Néanmoins, il présente une conductivité thermique plus élevée dans cette plage de température. Cette dernière diminuant rapidement après 300 °C. La conductivité thermique du carbone-PEKK présente quant à elle une plus faible variation, confinée entre 0,44 W.m^{-1}.K^{-1} et 0,71 W.m^{-1}.K^{-1}.

Les résultats obtenus peuvent cependant être trompeurs en raison de la grande sensibilité des instruments et de la forte hétérogénéité des composites (variation de la distribution du rapport volumique de fibre et de résine dans l'échantillon par exemple). Une approche complémentaire de ce travail consisterait en la caractérisation, outre le matériau composite lui-même, de la résine et des fibres séparément. Ce dernier pourrait ensuite être utilisé pour prédire la décomposition du composite. Dans tous les cas, la préparation de l'échantillon (découpe, conditionnement, chargement) représente un élément clé pour réduire les incertitudes sur ce type de mesures et des tests préliminaire sont recommandés pour évaluer la répétabilité de la procédure envisagée. Néanmoins, les triplets cinétiques ainsi que des propriétés thermiques obtenues seront utilisés dans les simulations numériques, en particulier à moyenne échelle. Les résultats des calculs numériques sont présentés dans le chapitre suivant qui traite de la comparaison entre des essais au cône calorimètre et des modélisations de la dégradation des deux composites étudiés sous le code de calcul CFD Opensource FireFOAM. Ces calculs ont pour objectif de valider le modèle de pyrolyse pour les deux composites étudiés

Bibliographie

[1] N. Grange, K. Chetehouna, N. Gascoin et S. Senave, Numerical investigation of the heat transfer in an aeronautical composite material under fire stress, *Fire Safety Journal*, vol. 80, pp. 56-63, 2016.

[2] S. Vyazovkin, K. Chrissafis, M. L. Di Lorenzo, N. Koga, M. Pijolat, B. Roduit, N. Sbirrazzuoli et J. J. Suñol, ICTAC Kinetics Committee recommendations for collecting experimental thermal analysis data for kinetic computations, *Thermochimica Acta*, vol. 590, pp. 1-23, 2014.

[3] H. E. Kissinger, Reaction kinetics in differential thermal analysis, *Analytical chemistry*, vol. 29 (11), pp. 1702-1706, 1957.

[4] H. L. Friedman, Kinetics of thermal degradation of char-forming plastics from thermogravimetry. Application to a phenolic plastic, *Journal of Polymer Science Part C: Polymer Symposia*, vol. 6(1), pp. 183-195, 1964.

[5] S. Vyazovkin, A. K. Burnham, J. M. Criado, L. A. Pérez-Maqueda, C. Popescu et N. Sibirrazzuoli, ICTAC Kinetics Committee recommendations for performing kinetic computations on thermal analysis data, *Thermochimica Acta*, vol. 520, pp. 1-2, 2011.

[6] A. Khawam et D. R. Flanagan, Solid-state kinetic models: Basics and mathematical fundamentals, *Journal of Physical Chemistry B*, vol. 110(35), pp. 17315-17328, 2006.

[7] M. E. Brown, Introduction to Thermal Anlaysis - Techniques and applications, Kluwer: Academic Publishers, 2001.

[8] S. Vyazovkin, Isoconversional Kinetics of Thermally simulated Processes, 1st Edition éd., Springer International Publishing, 2015.

[9] T. Ozawa, A new method of analyzing thermogravimetric data, *Bulletin of Chemical Society of Japan*, vol. 38(11), pp. 1881-1886, 1965.

[10] M. J. Starink, The determination of activation energy from liear heating rate experiments: A comparison of the accuracy of isoconversional methods, *Thermochimica Acta*, Vols. %1 sur %2404(1-2), pp. 163-176, 2003.

[11] T. Akahira et T. Sunose, Transactions of Joint Convention of Four Electrical Institutes, p. 246, 1969.

[12] A. Khawam et D. R. Flanagan, Solid-state kinetic models: Basics and mathematical fundamentals, *Journal of physical chemistry B*, vol. 110, pp. 17315-17328, 2006.

[13] A. P. Mouritz et A. Gibson , Fire Properties of polymer composite materials, Springer, 2007.

[14] A. Knop et L. A. Pilato, Phenolic Resins : Chemistry, applications and performace, 1st Edition éd., Berlin Heidelberg: Springer-verlag, 1985.

[15] P. Patel, T. R. Hull, R. W. Mccabe, D. Flath, J. Grasmeder et M. Percy , Mechanism of thermal decomposition of poly(ether ether ketone) (PEEK) from a review of decomposition studies, *Polymer degradation and stability,* vol. 95(5), pp. 709-718, 2010.

[16] E. S. Oztekin, S. B. Crowley, R. E. Lyon, S. I. Stoliarov, P. Patel et T. R. Hull , Sources of variability in fire test data: A case Study on poly(aryl ether ether ketone) (PEEK), *Combustion and Flame,* vol. 159(4), pp. 1720-1731, 2012.

[17] S. Feih et A. P. Mouritz, Tensile properties of carbon fibres and carbon fibre polymer composites in fire, *Composites Part A: Applied Science and Manufacturing ,* vol. 43(5), pp. 765-772, 2012.

[18] G. C. Vasconcelos, R. L. Mazur, B. Ribeiro, E. C. Botelho et M. L. Costa, Evaluation of decomposition kinetic of poly(ether ether ketone) by thermogravimetric analysis, *Materials Research,* vol. 17(1), pp. 227-235, 2014.

[19] A. P. Mouritz, Z. Mathys et A. G. Gibson, Heat release of polymer composites in fire, *Composites Part A: Applied science and manufacturing,* vol. 37, pp. 1040-1054, 2006.

[20] A. Tian , Researches on calorimetry. Generalization of the method of Electrical compensation, *Joural de chimie physique,* vol. 30, pp. 665-708, 1933.

[21] B. Wunderlich, Thermal analysis of polymeric materials, Springer Science& Business Media, 2005.

[22] R. Speyer, Thermal Analysis of Materials, New York, 1994.

[23] W. J. Parker , R. J. Jenkins, C. P. Butler et G. L. Abbott, Flash method of determining thermal diffusivity, heat capacity and thermal conductivity, *Journal of applied physics,* vol. 32, pp. 1679-1684, 1961.

[24] A. Degiovanni et M. Laurent , Une nouvelle technique d'identification de la diffusivité thermique pour la méthode flash, *Revue de physique appliquée,* vol. 21, pp. 229-237, 1986.

[25] P. Tadini, N. GRANGE, K. Chetehouna, N. Gascoin , S. Senave et I. Reynaud, Thermal degradation analysis of innovative PEKK-based carbon composites for high temperature aeronautical components, *Aerospace science and technology,* vol. 65, pp. 106-116, 2017.

[26] K. A. Trick et T. E. Saliba, Mechanism of the pyrolysis of phenolic resin in a carbon/phenolic composite, *Carbon,* vol. 33, pp. 1509-1515, 1995.

[27] B. Veille, C. Lefebvre et A. Coppalle, Post fire behavior of carbon fibers Polyphenylene Sulfide- and epoxy-based laminates for aeronautical applications: A comparative study, *Materials & Design,* vol. 63, pp. 56-68, 2014.

[28] D. M. Curry, Space shuttle orbiter thermal protection system design and flight experience, 1993.

[29] W. T. Engelke, C. M. Pyron Jr et C. D. Pears, Thermal and mechanical properties of a nondegraded and thermally degraded phenolic-carbon composite, Southern research institute, Birmingham, Al, 1967.

[30] G. Pulci, J. Tirillò, F. Marra, F. Fossati, C. Bartuli et T. Valente, Carbon-phenolic ablative materials for re-entry space vehicles: Manufacturing and properties, *Composites Part A: Applied sciecne and manufacturing,* vol. 41, pp. 1483-1490, 2010.

[31] J. T. Mottram et R. Taylor , Thermal conductivity of fibre-phenolic resin composites PArt I: Thermal diffusivity measurements, *Composites Science and Technology,* vol. 29, pp. 189-210, 1987.

[32] F. Frusteri, V. Leonardi, S. Vasta et G. Retruccia , Thermal conductivity measurement of a PCM based storage system containing carbon fibers, *Applied Thermal Engineering,* vol. 25(11), pp. 1623-1633, 2005.

[33] C. Pradère , J. C. Batsale, J. M. Goyhénèche, R. Pailler et S. Dilhaire, Thermal properties of carbon fibers at very high temperature, *Carbon,* vol. 47(3), pp. 737-743, 2009.

[34] K. Pietrak et T. S. Wisniewski, A review of models for effective thermal response of decomposing expanding polymer composites, *Journal of Power Technologies,* vol. 95, 2015.

[35] J. B. Henderson et T. E. Wiecek, A mathematical model to prdict the thermal response of decomposing expanding polymer composites materials, *Journal of composite Materials,* vol. 21, pp. 373-393, 1987.

Annexe II-A : Estimation d'un modèle cinétique à l'aide d'un modèle de corrélation linéaire (Linear model fitting approach)

À partir de l'énergie d'activation déterminée avec une méthode isoconversionnelle, comme cela est présenté dans ce chapitre, une approche plus adaptée afin de finir la description du modèle cinétique consiste à utiliser une méthode de corrélation linéaire. Cette méthode donne un triplet cinétique complet pour une réaction à une seule étape en utilisant les données expérimentales obtenues pour chaque vitesse de chauffage β simultanément. De plus l'avantage de cette méthode est qu'elle utilise la troncature de l'expression de Sestak-Berggrenn pour la détermination d'un modèle de réaction [1]. Ce modèle est capable de modéliser toutes les réactions typiques dans le cas de solide en décomposition en modifiant les paramètres c, m, n. Il s'écrit de la manière suivante :

$$f(\alpha) = c\alpha^m (1-\alpha)^n \tag{II.A.1}$$

En substituant l'expression (II.A.1) dans l'équation (II.2), il est possible d'obtenir l'équation suivante :

$$\ln\left[\frac{d\alpha}{dt}\frac{1}{\alpha^m (1-\alpha)^n}\right] = \ln(cA) - \frac{E}{RT} \tag{II.A.2}$$

Pour chaque courbe de vitesse de chauffage, le terme de gauche dans l'équation (II.A.2) est tracé en fonction de l'inverse de la température $1/T$ et les données sont interpolées avec une régression linéaire. Les paramètres m, n sont ensuite calculés à l'aide d'une optimisation numérique qui maximise le coefficient de détermination R^2. Le coefficient directeur de la droite linéaire correspond alors à l'énergie d'activation tandis qu'à partir de l'ordonnée à l'origine $\ln(cA)$, il est possible d'obtenir le facteur pré-exponentiel en comparant les paramètres obtenus avec ceux d'un modèle idéal correspondant. Si aucune correspondance n'est trouvée, comme première approximation, il est possible de considérer c égal à 1, étant donné que la valeur n'influe pas la valeur de A ainsi que la description de la réaction. L'utilisation de ce modèle de corrélation linéaire, basé sur la troncation de l'équation modifiée de Sestak-Berggren, donne les résultats présentés dans le tableau ce dessous :

Table II-A.1. Triplet cinétique obtenue avec le modèle de corrélation linéaire utilisant la troncature du modèle de Sestak-Berggren.

	Inerte				Oxydante				
	E [kJ.mol⁻¹]	A [min⁻¹]	n	m	R^2	E [kJ.mol⁻¹]	A [min⁻¹]	n	m	R^2
Reac 1	213,33	$3,19\cdot10^{11}$	2,32	0,786	0,992	192,17	$2,21\cdot10^9$	10,0	0,37	0,893
Reac 2	n.d.	n.d.	n.d.	n.d.	n.d.	157,32	$8,07\cdot10^7$	7,09	1,55	0,976
Reac 3	n.d.	n.d.	n.d.	n.d.	n.d.	57,47	4,38	0,52	1,16	0,756

Comme cela a été mentionné pour les résultats présentés dans la section 3.2 de ce chapitre, les résultats obtenus sous atmosphère oxydante n'ont pas de signification physique étant donné que les intervalles de α considérés ne correspondent pas parfaitement à des réactions à une seule étape.

Sur la figure II-A.1, les résultats du modèle d'interpolation linéaire de l'équation (II.A.2) sont présentés pour la réaction associée à la dégradation de la résine PEKK sous atmosphère inerte. Les paramètres d'interpolations obtenus sont présentés dans le tableau II-A.1. Ces paramètres ne correspondant à aucun modèle idéal présent dans la littérature, comme première approximation et afin de calculer le facteur pré-exponentiel, le paramètre C est considéré comme égale à 1.

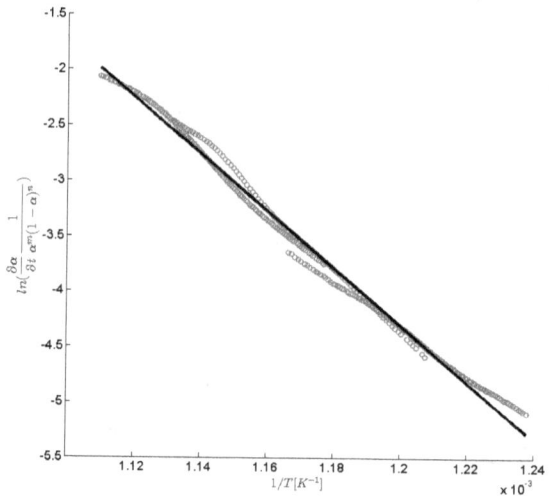

Figure II-A.1. Modèle de corrélation linéaire de l'équation 1 pour le carbone-PEKK sous atmosphère inerte.

La valeur d'énergie d'activation calculée avec ajustement linéaire du modèle dans des conditions inertes, est très proche (différence de 0,25%) de la valeur moyenne E estimée avec la méthode de Friedman dans l'intervalle α de 0,1 à 0,8. Cela semble suggérer la plus grande fiabilité de la méthode de Friedman, qui, contrairement aux approches intégrales comme celle de Starink ou Ozawa-Flynn-Wall, n'a pas besoin d'approximation de l'intégrale de température puisqu'elle gère directement les données différentielles.

Afin d'étudier avec encore plus de précision la dégradation de matériaux tel que le carbone-PEKK, sous atmosphère oxydante, il est nécessaire d'utiliser des approches d'ajustement de modèles non-linéaires plus complexes [1, 2] et capables de suivre des modèles de réactions à plusieurs étapes.

Références :

[1] Vyazovkin, S., Burnham, A. K., Criado, J. M., Pérez-Maqueda, L. A., Popescu, C., & Sbirrazzuoli, N. (2011). ICTAC Kinetics Committee recommendations for performing kinetic computations on thermal analysis data. *Thermochimica acta*, *520*(1-2), 1-19.

[2] Nishikawa, K., Ueta, Y., Hara, D., Yamada, S., & Koga, N. (2017). Kinetic characterization of multistep thermal oxidation of carbon/carbon composite in flowing air. *Journal of Thermal Analysis and Calorimetry*, *128*(2), 891-906.

Chapitre III.
Étude expérimentale et numérique de la réaction au feu des matériaux composites à moyenne échelle

Table des matières

III.1. Introduction et objectifs

L'utilisation des simulations numériques pour l'étude et la modélisation des incendies offre une alternative avantageuse face aux expériences à moyenne et à grande échelle souvent coûteuses [1]. Expérimentalement, la validation d'une configuration nécessite de procéder par tâtonnement (procédé long et couteux) tandis que les résultats numériques permettent d'accéder à grand nombre de données. Néanmoins, les simulations numériques restent fortement dépendantes des paramètres d'entrés et des modèles utilisés, d'où la nécessité d'utiliser les deux approches (numérique et expérimentale). Les codes de calcul CFD sont ainsi actuellement utilisés par les ingénieurs en protection incendie pour la conception ainsi que pour l'analyse des accidents. Ils sont notamment utiles pour comprendre la physique de la combustion, l'inflammabilité des matériaux ainsi que la propagation de l'incendie. De plus, ces méthodes présentent de plus en plus d'intérêt dans la communauté des incendies [2] favorisant le développement de modèles représentant toujours plus de phénomènes. Cependant, l'étude numérique des feux à grande échelle pour des ensembles complexes nécessite la modélisation de phénomènes multi-échelles et multi-physiques, qui requièrent le couplage de la mécanique des fluides, de la combustion en phase gazeuse, de l'oxydation, des phénomènes de rayonnement et de transferts de chaleur en phase condensée ainsi que de la pyrolyse, pour prédire le comportement des solides lorsqu'ils sont exposés à une flamme.

Précédemment, des simulations numériques CFD ont été menées afin de comprendre le comportement thermique d'un matériau composite carbone-phénolique lors d'un test au feu standardisé [1]. Ces simulations numériques ont mis en évidence l'importance de la modélisation du processus de combustion de la phase gazeuse ainsi que celle du phénomène de pyrolyse. Ainsi, dans ce chapitre, la pyrolyse des deux matériaux composites (carbone-PEKK et carbone-phénolique) est étudiée, puis validée à l'aide de données expérimentales telles que le taux de perte de masse, le taux de dégagement de chaleur et la température de face arrière pour des échantillons de taille moyenne (échantillons d'environ 10 cm de côté).

Ces mesures sont réalisées à l'aide d'un cône calorimètre. Ce dispositif est largement utilisé depuis de nombreuses années dans la communauté scientifique afin de comprendre le comportement au feu des matériaux composites et d'estimer le taux de dégagement de chaleur [3], l'inflammabilité [4] ou les performances au feu [5]. De plus, ce test standard [6] fournit des conditions de dégradation réalistes avec une large gamme de flux de chaleur possible, allant de 30 à 120 kW.m^{-2}. Il apparaît également comme un outil intéressant pour la validation des codes de calcul, en particulier pour ceux simulant la pyrolyse de différents matériaux [7] à des flux thermiques élevés (100 kW.m^{-2}). La gamme d'étude en termes de flux est proche de celle rencontrée pour des échantillons de grande échelle (116 kW.m^{-2}) lors des essais de certification au feu mentionnés dans le chapitre I [8, 9].

Ce type d'appareil fournit des quantités physiques telles que le taux de dégagement de chaleur (HRR) et le taux de perte de masse (MLR). Dans le même temps, il est possible de mesurer la température de l'échantillon à l'aide de mesure de thermocouple ou caméra infrarouge. Ces données étant généralement requises pour la validation des modèles numérique. En particulier, le MLR est l'un des paramètres les plus importants car ce dernier est directement lié au débit de gaz de pyrolyse à la surface du composite en dégradation ainsi que le facteur initial dans le processus de combustion [2].

Plusieurs modèles numériques existent dans la littérature pour prédire la pyrolyse de matériaux solides. On trouve par exemple Gpyro [10], un solveur en phase solide qu'il est possible de coupler au code de calcul CFD Fire Dynamics simulator [11], Thermakin [12] ou le modèle de pyrolyse de fireFOAM. De manière générale, ces codes de calculs sont utilisés afin de modéliser la dégradation thermique de matériaux tels que le bois [13], les matières organiques [14] ou des polymères non charbonneux tels que le PMMA [15]. Considérant la complexité des futures simulations d'incendies à grande échelle, le solveur CFD fireFOAM [16], faisant partie de la boîte à outils OpenFoam [17, 18], est utilisé pour prédire la dégradation thermique unidimensionnelle de deux matériaux composites.

Dans ce chapitre, les caractéristiques thermophysiques des différents constituants des matériaux ainsi que les propriétés cinétiques obtenues à partir d'études expérimentales présentées dans le chapitre 2, sont introduites comme paramètres d'entrée dans le code de calcul. Les résultats (perte de masse, HRR et température de face arrière) sont ensuite comparés avec ceux des expériences au cône calorimètre. Une analyse de sensibilité locale sur les différents paramètres du modèle est également présentée dans la dernière partie de ce chapitre.

III.2.   Expériences au cône calorimètre

Afin d'étudier la pyrolyse des deux matériaux sélectionnés (carbone phénolique et carbone-PEKK) à moyenne échelle, des expériences au cône calorimètre ont été réalisées avec un appareil correspondant à la configuration recommandée dans la norme ISO 5660-1:2015 [6] (voir figure III-1).

Des échantillons de 10 cm x 10 cm (avec une surface exposée de 88,4 cm²) sont disposés à 35 mm d'une source de chaleur produisant un flux de chaleur constant de 100 kW.m⁻². Ce niveau de flux de chaleur a été choisi car il se rapproche de celui requis pour des échantillons de grande échelle par les normes aéronautiques de certification au feu [8, 9]. Le cône de chauffage servant de source de chaleur radiative est constitué d'un serpentin chauffant électrique enfermé dans un cône en acier. Les échantillons sont placés successivement dans deux configurations à l'horizontale (suspendus dans un support et isolés sur le côté des échantillons) et à la verticale (voir la figure III-2). Pour éviter la dégradation préliminaire des échantillons avant le test, les deux supports d'éprouvette sont protégés par un écran anti-rayonnement amovible. Ce dernier est constitué d'un matériau réfractaire protecteur et isolant.

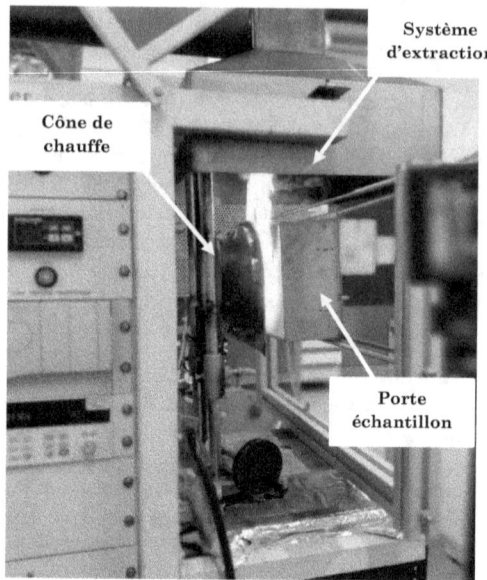

Figure III-1. Photographie du cône calorimètre dans la configuration d'essai verticale.

Au cours des expériences de la présente étude, aucun dispositif d'ignition piloté n'est utilisé afin de provoquer artificiellement l'inflammation des produits de pyrolyse. Une hotte aspirante est positionnée au niveau de la partie supérieure afin d'assurer l'évacuation complète des gaz de combustion. La hotte est reliée à une conduite de refoulement dans laquelle est positionné un ventilateur centrifuge ainsi qu'un système d'échantillonnage permettant la mesure de la concentration des produits de combustion nécessaire à la mesure du débit calorifique. Des thermocouples et capteurs de pression sont également installés dans la conduite d'évacuation des gaz.

Deux échantillons par configuration ont été testés dans le but d'assurer la répétabilité des mesures. La masse moyenne des échantillons testés est respectivement d'environ 24,4 ± 0,3 g pour la résine phénolique de carbone et de 26 ± 0,3 g pour le carbone-PEKK. Au cours de ces essais, des paramètres tels que le taux de perte de masse (MLR), le taux de dégagement de chaleur (HRR) et la température de face arrière (TFA) sont mesurés pour les différents échantillons.

La configuration verticale est utilisée pour mesurer la température de la face arrière de l'échantillon. Cette dernière est mesurée à l'aide d'une caméra de thermographie infrarouge Flir A600. La caméra mesure la température instantanée d'une zone située au centre de la face arrière de l'échantillon. Cette face étant recouverte d'une couche de graphite possédant une émissivité connue de 0,9. La configuration horizontale permet quant à elle de mesurer la variation du taux de perte de masse (ici appelé MLR) au cours de l'essai grâce à une cellule de masse située sous le porte-échantillon. Le débit calorifique ou taux de dégagement de chaleur (ici appelé HRR) est déterminé dans les deux configurations en utilisant le principe d'appauvrissement en oxygène [19]. Celui-ci est basé sur la concentration en O_2, CO et CO_2 dans les produits de combustion, captés dans la hotte située au-dessus des échantillons. À cette fin, l'absorption de fumée est effectuée à 24 l.s^{-1} avec un échantillonnage de gaz de 58,3 ml.s^{-1} (voir Annexe III-A pour plus de détails).

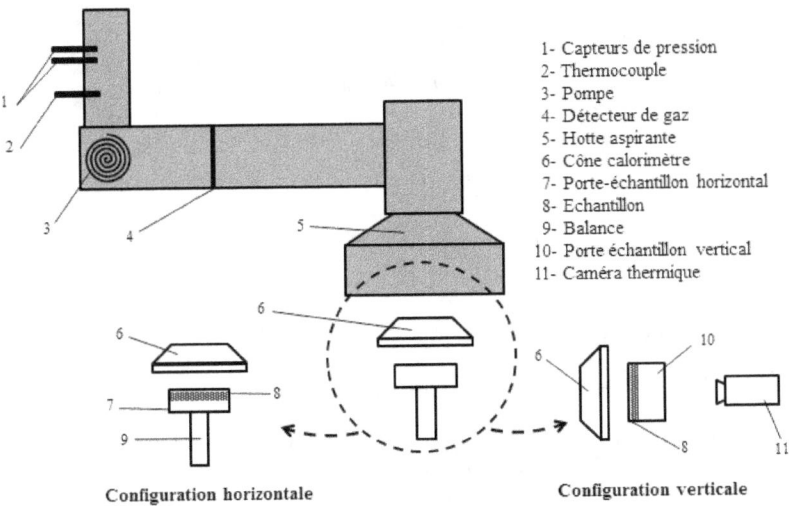

1- Capteurs de pression
2- Thermocouple
3- Pompe
4- Détecteur de gaz
5- Hotte aspirante
6- Cône calorimètre
7- Porte-échantillon horizontal
8- Echantillon
9- Balance
10- Porte échantillon vertical
11- Caméra thermique

Configuration horizontale   **Configuration verticale**

Figure III-2. Schéma du cône calorimètre et des différentes configurations expérimentales.

III.3.   Modélisation numérique à moyenne échelle : Pyrolyse 1D

III.3.1.   Modélisation de la pyrolyse

La présente étude vise à modéliser la pyrolyse d'un échantillon de composite exposé à un flux de chaleur élevé et fixe (100 kW.m^{-2}) correspondant à celui étudié expérimentalement au cône calorimètre. Les simulations numériques sont réalisées en utilisant le modèle de pyrolyse unidimensionnelle inclus dans la version de développement de FireFOAM [16]. FireFOAM est un solveur de l'ensemble CFD OpenFOAM. Le solveur fireFOAM est développé par FM Global [20]. Le modèle de pyrolyse unidimensionnelle utilisé dans FireFOAM est basé sur les principes décrits par Lautenberger et Fernandez-Pello [21] et présentés dans le chapitre 1 de ce manuscrit. Ce modèle résout le bilan énergétique d'un solide exposé à un flux thermique externe et peut s'exprimer comme suit :

$$\frac{\partial}{\partial t}\left(\rho_s C_{p,s} T\right) = \frac{\partial}{\partial x}\left(\lambda_s \frac{\partial T}{\partial x}\right) + \frac{\partial}{\partial x}\left(\dot{m}_g'' \cdot \Delta H_g\right) + \frac{\partial \dot{q}_r''}{\partial x} + \sum_i \dot{m}_i''' \cdot \Delta H_{v,i} \qquad \text{(II.24)}$$

Dans la relation ci-dessus, $\rho_s = \sum Y_j \rho_j$ correspond à la densité moyenne du matériau étudié où Y_j et ρ_j sont respectivement la fraction volumique et la densité de chaque espèce condensée (comme par exemple les fibres ou la résine).

La même approche est utilisée pour la chaleur spécifique $C_{p,s}$ ainsi que la conductivité thermique λ_s. $\frac{\partial}{\partial x}\left(\dot{m}_g'' \cdot \Delta H_g\right)$ représente les transferts thermiques dus à la diffusion des volatils à travers le solide avec $\dot{m}_g''$ et ΔH_g respectivement le débit volumique de la consommation de matière et la chaleur de pyrolyse. $\frac{\partial \dot{q}_r''}{\partial x}$ correspond à l'absorption dans le solide et peut être exprimé de la façon suivante :

$$\frac{\partial \dot{q}_r''}{\partial x} = -\varepsilon \dot{q}_{ext}'' \kappa(z) \exp\left(-\int_0^z \kappa(\xi)\,\mathrm{d}\xi\right) \tag{II.25}$$

Avec ε l'émissivité, $\dot{q}_{ext}''$ le flux de chaleur externe, κ le coefficient d'absorption radiative.

Le terme $\sum_i \dot{m}_i''' \cdot \Delta H_{v,i}$ représente l'énergie nécessaire à la décomposition de la pyrolyse. Le débit massique de consommation d'une espèce est alors calculé par l'intermédiaire d'une loi d'Arrhenius d'ordre n de la manière suivante :

$$\dot{m}_i''' = \left[\frac{\rho_i Y_i}{\left(\rho_i Y_i\right)_0}\right]^n \left(\rho_i Y_i\right)_0 A_i \exp\left(\frac{-E_{a,i}}{RT}\right) \tag{II.26}$$

Où n est l'ordre de réaction, A_i est le facteur pré-exponentiel, E_a est l'énergie d'activation et R la constante universelle des gaz parfaits. L'indice 0 indique les conditions initiales avant la phase de chauffage.

L'ablation du matériau lors de la pyrolyse est prise en compte grâce à une option de maillage mobile. Cette dernière calcule la taille de chaque cellule afin de maintenir une fraction constante de la phase condensée égale à 1. Dans cette étude, les gaz de pyrolyse sont supposés être en équilibre thermique avec le solide et s'échapper immédiatement une fois qu'ils sont formés, $\dot{m}_g'' = 0$ (c.-à-d. aucune accumulation de pression dans le solide) [22].

L'absorption du flux radiatif, en profondeur dans le solide, n'est pas prise en compte puisque la surface des matériaux composites est considérée comme opaque dans ce travail [22, 23].

III.3.2.　Domaine de calcul et conditions limites

Dans ce travail un mécanisme cinétique à trois étapes réactionnelles, comme cela est suggéré par Mouritz et Gibson [24] est utilisé. Ce mécanisme correspond également à celui rencontré lors de l'étude de la dégradation thermique à petite échelle présentée dans le chapitre 2 de ce manuscrit. La première réaction est associée à la décomposition de la résine, la seconde représente l'oxydation du char (résidus de décomposition de la résine), tandis que la troisième réaction décrit la combustion des fibres de carbone. Le domaine de calcul considéré pour cette étude ne comprend que la phase solide et est représentatif des matériaux composites testés dans les expériences de cône calorimètre décrites dans la section 2. Une fraction initiale de fibre de carbone et de résine correspondant aux matériaux vierges est imposée dans le solide. Pour le carbone-phénolique le rapport volumique de fibre étant de 60% tandis que pour le carbone-PEKK ce dernier est de 51%. Un maillage structuré unidimensionnel avec *n* cellules dans l'épaisseur du matériau (voir figure III-3) est utilisé.

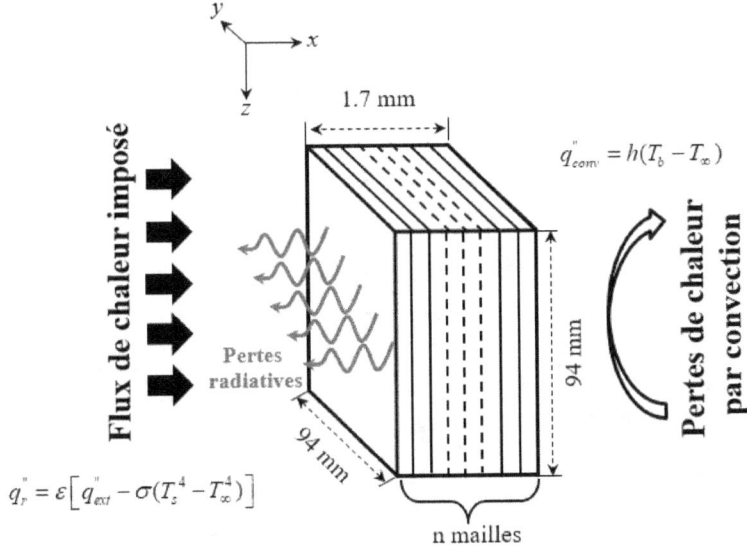

Figure III-3. Schéma des différents phénomènes de transferts thermiques considérés.

Une analyse de sensibilité au maillage est réalisée en faisant varier le nombre de cellules *n* de 5 à 100 (10, 20, 40 et 75 cellules). L'erreur relative entre deux profils de température successifs ne dépasse pas 5% pour $n \geq 40$, avec une légère augmentation du temps de calcul lorsque le nombre de cellules augmente. Par conséquent un maillage de 40 mailles dans l'épaisseur est sélectionné. La zone externe est fixée à la pression atmosphérique (P_{atm} = 101325 Pa). Un flux de chaleur homogène et constant de 100 kW.m^{-2} est appliqué sur la surface exposée du solide. Une perte de chaleur radiative est considérée sur cette même surface avec une émissivité de surface constante (pour les deux matériaux) extraite des données de la littérature [25]. De plus, une émissivité constante pour chaque composant du matériau est définie comme étant égale à l'émissivité de surface. Sans tenir compte des pertes par convection et en considérant un matériau opaque,

$$q_r^{"} = \varepsilon \left[q_{ext}^{"} - \sigma(T_s^4 - T_\infty^4) \right]$$

(II.27)

Le flux de chaleur est absorbé en fonction de l'émissivité effective ε, et la condition limite résultante est fonction de la température de surface, T_s et de la température atmosphérique environnante, T_∞.

Étant donné le flux de chaleur radiatif incident (100 kW.m^{-2}), le flux de chaleur résultant de la combustion des substances volatils est négligé par rapport au flux de chaleur incident [26]. Les faces latérales de l'échantillon sont définies comme une condition limite adiabatique car elles sont isolées dans l'expérience. Une condition limite autorisant les pertes de chaleur par convection est utilisée sur la face arrière du matériau qui se traduit par l'expression suivante :

$$q_{conv}^{"} = h(T_b - T_\infty)$$

(II.28)

Avec T_b la température arrière, T_∞ la température de l'air ambiant et $h = 20$ W.m^{-2}.K^{-1} considérant un mode de convection mixte [27]. De plus, aucune perte thermique radiative n'est considérée pour cette face du matériau.

III.4. Résultats et discussion

III.4.1. Observations expérimentales

Les deux composites étudiés dans ce travail de thèse présentent des comportements très différents lorsqu'ils sont soumis à une agression thermique. La figure III-4 présente des captures réalisées au cours d'un essai en configuration horizontale pour un échantillon de carbone-phénolique (à gauche) ainsi que pour un échantillon de carbone-PEKK (à droite). Les quatre captures correspondent à différents temps caractéristiques rencontrés au cours des essais. Ces temps caractéristiques sont le temps initial (t= 0 s) ou l'essai débute, le temps d'inflammation (t = t_{ig}) et le temps où le taux de dégagement de chaleur est maximum (t = MAX$_{HRR}$) ainsi que le temps au bout duquel la réaction de dégradation est terminée. Ainsi, Pour l'échantillon de carbone-phénolique, du début du test jusqu'à t=tig, aucune flamme n'est visible à la surface de l'échantillon et sa température augmente progressivement. Une fois la température de dégradation de la résine atteinte, cette dernière commence à se décomposer produisant ainsi des volatils venant s'accumuler à la surface du matériau. Une fois que la concentration des gaz de pyrolyse à la surface est suffisante et que la température atteint la température d'auto-inflammation, le mélange s'auto-enflamme de manière plus ou moins brutale.

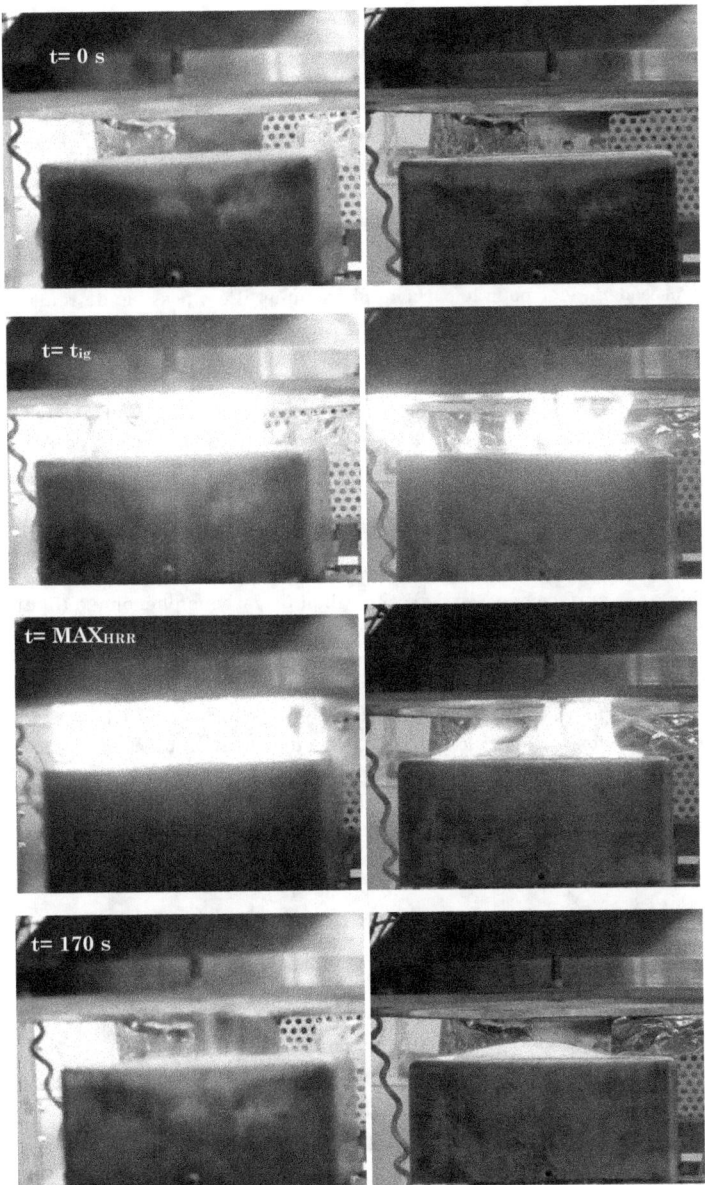

Figure III-4. Photographies réalisées lors d'essais au cône calorimètre pour différent temps caractéristiques pour le carbone-phénolique (gauche) et le carbone-PEKK (droite).

Finalement, à partir d'un certain temps (environ 120 secondes pour le carbone-phénolique et 140 secondes pour le carbone-PEKK), plus aucune flamme n'est visible sur la surface des deux matériaux. Cette extinction peut être provoquée par l'accumulation de char à la surface de l'échantillon empêchant la diffusion des gaz de pyrolyse [24]. Il est également possible d'observer un léger gonflement de l'échantillon au niveau de sa surface. Cela est probablement dû à l'accumulation de gaz entre les plis du composite, provoquée par la dégradation de la résine. Une fois que la résine est suffisamment dégradée dans le pli supérieur (donc poreuse), ces gaz sont transportés jusqu'à la surface.

Pour l'échantillon de carbone-PEKK, en comparant les photographies avec celles présentées précédemment pour le carbone phénolique, il est possible de remarquer une différence importante au moment de l'ignition (t=t_{ig}). En effet, avec le carbone phénolique et au moment de son inflammation, une flamme intense apparait à la surface de l'échantillon. Cette dernière est beaucoup plus grande que celle visible sur la surface de l'échantillon de carbone-PEKK. De plus l'échantillon de carbone-PEKK présente un ensemble de petites flammes situé à différentes positions de la surface de l'échantillon, contrairement au carbone-phénolique où une flamme unique recouvre la totalité de la surface de l'échantillon.

La figure III-5 présente quant à elle les surfaces exposées des échantillons de carbone-phénolique et de carbone-PEKK après leurs dégradations au cône calorimètre. Sur la photographie de la surface exposée de l'échantillon de carbone-phénolique (figure III-5 à gauche), une consommation importante de la résine est visible au niveau des premiers plis du matériau. Sur ces plis de surface, les fibres de carbone sont donc directement exposées au flux thermique. La présence de résidus charbonneux à la surface est difficilement quantifiable. Néanmoins, le léger gonflement visible lors des essais (voir figure III-4) est encore présent une fois l'échantillon refroidi. Cela démontre la présence d'une structure résiduelle de matrice dans les plis de fibre de carbone permettant d'assurer la tenue structurelle. Dans la partie inférieure gauche de l'échantillon, il est possible de noter qu'une petite proportion de fibres de carbone est également dégradée laissant de cette manière une ouverture dans le premier pli de l'échantillon.

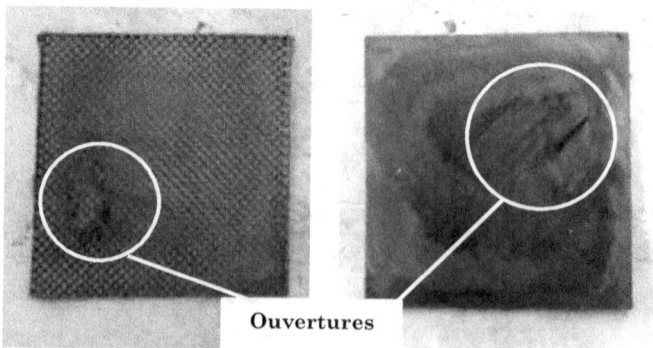

Ouvertures

Figure III-5. Photographies d'un échantillon de carbone-phénolique (gauche) et d'un échantillon de carbone-PEKK (droite) après dégradation au cône calorimètre.

De manière similaire, pour l'échantillon de carbone-PEKK une fraction importante de la résine est dégradée dans les premiers plis du matériau. De plus, dans certaines zones de la surface, et en particulier au centre de l'échantillon, les fibres de carbone ont également commencé à se dégrader lentement, laissant apparaitre une ouverture dans le premier pli. Néanmoins, cette consommation de fibre est moins importante que pour le carbone-phénolique.

III.4.2. Comparaison simulations numériques et résultats expérimentaux

Comme mentionné précédemment, les valeurs expérimentales du MLR, HRR et TFA obtenues à l'aide d'un cône calorimètre sont comparées aux résultats numériques du code de calcul FireFOAM pour les deux matériaux composites étudiés dans ce travail de thèse. La figure III-8 présente l'évolution de la perte de masse obtenue numériquement et expérimentalement pour les échantillons de carbone-PEKK et de carbone-phénolique.

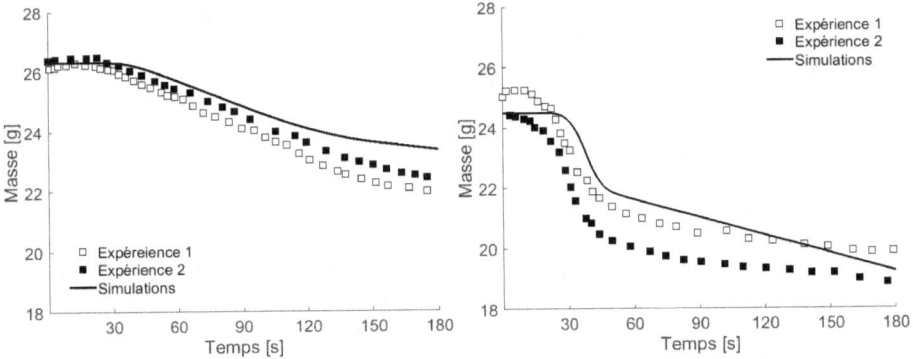

Figure III-6. Évolution de la perte de masse des échantillons de carbone-PEKK (gauche) et de carbone-phénolique (droite).

Pour le carbone-PEKK, les deux courbes expérimentales mettent en évidence la même évolution avec une masse quasi-constante jusqu'à environ 30 secondes. Ce temps traduit le fait que le matériau ait atteint sa température de début de dégradation (environ 500 °C d'après les mesures à petite échelle présentées dans le chapitre I). Ce temps correspond approximativement au temps nécessaire à l'auto-inflammation des produits de pyrolyse à la surface du composite. Cette phase quasi-constante est ensuite suivie d'une phase où la perte de masse suit une décroissance monotone jusqu'à environ 160 secondes. À partir de ce moment, la masse commence à se stabiliser. À la fin de l'expérience, la perte de masse représente environ 15% de la masse initiale de l'échantillon.

Concernant les résultats numériques, ces derniers sont en accord avec les données obtenues expérimentalement puisqu'une valeur quasi-constante est également observable sur la courbe correspondant à la simulation numérique jusqu'à 30 secondes. Cette phase est ensuite suivie d'une diminution de la masse similaire à celle obtenue expérimentalement, conduisant à une perte de masse finale légèrement inférieure aux résultats expérimentaux. Une perte de masse totale de 13% environ est obtenue.

Expérimentalement, l'échantillon carbone-phénolique (voir à droite de la figure III-8) présente un comportement relativement différent de celui du carbone-PEKK. En effet, trois étapes différentes sont visibles sur les deux courbes de perte de masse. Dans un premier temps, et de manière similaire à ce qui a été observé pour le carbone-PEKK, la masse reste constante (cependant sur une durée plus courte), jusqu'à 20 secondes environ. S'en suit alors une perte de masse importante et rapide (de 20 s à 50 s) puis finalement, après 50 secondes, une diminution progressive de la perte de masse. La perte de masse constatée expérimentalement à la fin de l'expérience est alors de 23%. La perte de masse obtenue avec la simulation numérique présente également un comportement avec trois étapes différentes. Cependant, la deuxième étape est plus courte que celle observée expérimentalement. Ainsi, une pente plus raide est donc visible sur la courbe représentant les données numériques : sur la période entre 50 secondes et 180 secondes. La perte de masse finale obtenue est alors de 21%, ce qui est légèrement inférieure à la perte de masse obtenue expérimentalement. La différence visible dans le comportement de la perte de masse entre les deux matériaux est fondamentalement due à la nature de leurs résines respectives. Comme cela a été démontré dans le chapitre II de ce manuscrit, la résine thermoplastique PEKK présente une très bonne stabilité thermique ainsi qu'une température de fusion élevée (de l'ordre de 388 °C [28]). De plus, la décomposition de la résine PEKK est caractérisée par une production importante de résidus charbonneux stable appelé char (environ 60% de la masse d'origine). Cette production importante de char conduit à une plus grande résistance à l'inflammabilité [29], en empêchant les produits de la dégradation de la résine dans les couches internes du matériau de se diffuser jusqu'à la surface de l'échantillon (comme cela est présenté dans le chapitre I de ce manuscrit). La décomposition du composite à base de résine phénolique thermodurcissable, implique une perte de masse significative autour de 300 °C (ce qui correspond à la deuxième étape de la perte de masse sur la figure III.8). Cela est principalement dû aux réactions de scission entre les unités de dihydroxydiphénylméthane le long de la chaîne du monomère comme cela est décrit par Knop et Pilato. [30]. La troisième étape de la perte de masse de la résine phénolique thermodurcissable, correspond, quant à elle, à la phase de fusion des anneaux aromatiques en char ou résidus charbonneux. Encore une fois, ce comportement induit une amélioration des performances au feu, diminuant la combustion de la résine à la surface du matériau. Cela contribue à la réduction du taux de perte de masse en comparaison à celui observé au cours de la deuxième phase. Un phénomène similaire a été observé par Trick et al. [31].

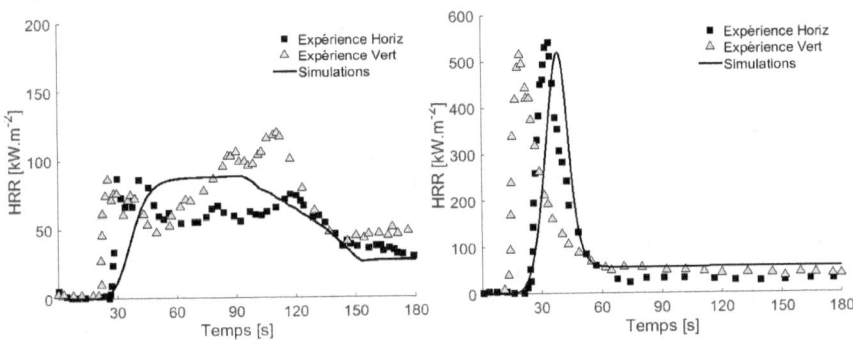

Figure III-7. Évolution du taux de dégagement de chaleur des échantillons de carbone-PEKK (gauche) et de carbone-phénolique (droite).

Les différents comportements de dégradation des deux matériaux, démontrés sur les courbes de perte de masse (figure III-6), sont encore plus nets sur les courbes de dégagement de chaleur obtenu expérimentalement en utilisant une méthode de mesure par déplétion d'oxygène (figure III-7).

Expérimentalement et pour les deux configurations, les deux matériaux démontrent une augmentation rapide de la valeur du taux de dégagement de chaleur (HRR) avant d'atteindre une valeur maximale d'environ 100 kW.m^{-2} pour le carbone-PEKK et de 540 kWm^{-2} pour le carbone-phénolique. L'apparition de cette augmentation rapide de la valeur de HRR correspond à l'auto-inflammation des produits de pyrolyse et donc à l'apparition d'une flamme sur la surface des échantillons composites. Ce phénomène correspondant également au début de la perte de masse. Ceci est suivi d'une diminution rapide jusqu'à une valeur constante de 60 kWm^{-2} pour le composite carbone-phénolique, tandis que pour le carbone-PEKK, les valeurs HRR oscillent dans une plage de 20 kWm^{-2} autour de la valeur maximale. Cette plage d'oscillation peut être attribuée aux impulsions de la flamme sur la surface ou bien à des extinctions et ignitions locales à la surface du matériau. Ultérieurement, le HRR diminue à 35 kW.m^{-2} à 160 secondes environ et semble rester constant par la suite. Après ce temps, expérimentalement, plus aucune flamme n'est visible sur la surface du composite carbone-PEKK (voir figure III-5), indiquant qu'un processus de génération de chaleur a lieu à l'intérieur de l'échantillon [32]. Ce processus est probablement associé à la décomposition de la résine dans les couches internes du composite ou bien à une faible combustion, sans flamme, des résidus charbonneux à la surface de l'échantillon. Les évolutions de HRR obtenues expérimentalement pour les échantillons de carbone-phénolique après le pic montrent également une valeur constante de HRR. Celle-ci peut, elle aussi, être associée à la combustion de résidus charbonneux ou bien à celle des fibres de carbone, sans qu'aucune flamme ne soit observable à la surface du composite. Les valeurs numériques de dégagement de chaleur sont visibles sur la figure III-9. Elles sont obtenues à partir de la valeur de perte de masse calculée dans la simulation numérique ainsi que de la chaleur de combustion tirée de la littérature [33], pour les deux matériaux. Pour le carbone-PEKK, ces dernières ne tiennent pas compte de l'oscillation de flamme ainsi que de la diffusion des volatils à travers le solide. Néanmoins, la tendance générale des courbes obtenues expérimentalement est respectée. De plus, les valeurs quantitatives et la dynamique de l'évolution du HRR avec le temps sont acceptables, avec un écart relatif maximal de 20%.

De plus, il est possible de distinguer que les valeurs calculées de HRR sont plus proches des résultats expérimentaux obtenus avec l'orientation horizontale. Comme observé expérimentalement, les valeurs numériques de dégagement de chaleur présentent une diminution de la valeur après 150 secondes, représentant l'extinction se produisant à la surface des échantillons. En effet, le taux de production élevé de char par le carbone-PEKK implique une diminution des substances volatiles inflammables [34], conduisant à une valeur plus faible de HRR. Les résultats numériques obtenus pour le carbone-phénolique sont en meilleur accord en raison de sa chimie de dégradation plus simple. Le pic du HRR mesuré pour l'échantillon carbone-phénolique met en évidence une forte réaction due aux scissions dans la chaîne principale, comme observé sur la figure III-6 pour la courbe de perte de masse. Cette réaction génère une production élevée de substances volatiles inflammables telles que le méthane, l'éthane, le monoxyde de carbone et l'hydrogène [35]. Cette production importante de volatils entraine une augmentation de l'inflammabilité du composite. Après cela, la fusion des cycles aromatiques conduit à la formation d'une couche de résidus carbonés sur la surface de l'échantillon, le rendant moins inflammable comme démontré par Trick et al. [35]. De plus, une fois la résine décomposée, le HRR diminue jusqu'à une valeur résiduelle, ce qui correspond à la combustion du char et des fibres [34].

L'effet de flottabilité joue un rôle important dans le cas des expériences au cône calorimètre car ce dernier modifie significativement la convection des produits de pyrolyse ainsi que de la flamme au niveau de la surface de l'échantillon. Ainsi, la comparaison entre les configurations horizontales et verticales, pour les deux matériaux est nécessaire. Cette dernière montre qu'un plus grand pic de dégagement de chaleur est obtenu dans le cas de la configuration verticale, comme cela a été observé par Babrauskas précédemment [19]. De plus, des différences dans la dynamique du dégagement de chaleur sont observées entre les deux configurations. En effet, comme l'indique Tsai [36], dans la configuration verticale, la flottabilité générera l'apparition d'une couche limite au niveau de la surface du spécimen conduisant la majeure partie du flux vers la partie supérieure de l'échantillon, provoquant alors une différence de température entre le haut et le bas de l'échantillon en cours de dégradation. Les valeurs du temps d'auto-inflammation et du dégagement de chaleur total (THR) ont donc été déterminées pour ces deux configurations ainsi que pour les deux matériaux afin de pouvoir les comparer. Ces dernières sont présentées sur le tableau III-1.

Tableau III-1. Comparaison des temps d'auto-inflammation (T_{ig}) et du dégagement de chaleur total pour les deux configurations.

		Carbone-phénolique		Carbone-PEKK	
		Expérience 1	Expérience 2	Expérience 1	Expérience 2
Configuration Verticale	t_{ig} [s]	16	21	21	24
	THR [MJ.m^{-2}]	11	16	11	12
Configuration Horizontale	t_{ig} [s]	22	23	20	24
	THR [MJ.m^{-2}]	12	12	9	8

Sur ce tableau, il est possible d'observer que les deux configurations conduisent à des temps d'auto-inflammation très proches. Ce phénomène est probablement provoqué par la valeur élevée du flux thermique du cône calorimètre à laquelle sont exposés les échantillons des deux matériaux (100 kW.m^{-2}). En effet, ce flux de chaleur important peut conduire à une réduction du rôle des transferts thermiques convectifs ayant lieu à la surface de l'échantillon dans la configuration verticale en comparaison au rôle des transferts thermiques radiatifs. Pour des valeurs de flux thermiques inférieures, en particulier entre 30 kW.m^{-2} et 70 kW.m^{-2}, un comportement inverse a été observé par Shields *et al.* [37]. Concernant les résultats de dégagement de chaleur totale sur la durée de l'essai (THR), l'orientation verticale présente des valeurs plus élevées que la configuration horizontale et cela pour les deux matériaux. Ce phénomène est vraisemblablement provoqué par une combustion plus importante dans cette configuration, représentée par un pic HRR plus grand et plus large.

Les profils de température sur la surface du matériau ont été obtenus en calculant la moyenne des températures mesurées par thermographie infrarouge sur une surface de 40 mm x 40 mm située sur la face arrière des échantillons. Cette dernière étant recouverte d'une peinture de graphite ayant une émissivité connue de 0,9. Les profils de températures obtenus sont présentés sur la figure III-8. La tendance générale observée pour les deux matériaux peut être divisée en deux phases : une phase transitoire avec une augmentation de la température suivie d'une phase où l'augmentation de la température est plus lente, voire nulle. Le calcul du nombre de Biot[1] à partir du flux de chaleur radiatif et de la différence de température entre les surfaces avant et arrière de l'échantillon (obtenues à partir des simulations numériques) démontre la présence d'une épaisseur thermique variable, dépendant du temps. Cette dernière passe d'une épaisseur thermiquement fine à une épaisseur thermiquement épaisse. Pour le carbone-PEKK, la période transitoire peut, elle, être séparée en deux phases distinctes. La première phase présente une augmentation rapide de la température entre 0 seconde et 30 secondes. Elle est suivie d'une courte stabilisation à environ 300 °C avant de suivre une seconde augmentation de température d'environ 100 °C, entre 30 secondes et 90 secondes. Une augmentation d'environ 100 °C à finalement lieu entre 90 secondes et 180 secondes. Cette dernière peut être associée à la phase de HRR stable observée sur la figure III-7. Concernant

---

[1] Nombre adimensionnel caractérisant le rapport des transferts thermiques à la surface sur les transferts à l'intérieur du solide. Un nombre de Biot petit devant 1 indique que le champ de température dans le solide peut être considéré comme quasi-uniforme. Un nombre de Biot grand devant 1 indique au contraire que le fluide impose sa température au solide.

l'échantillon de carbone-phénolique (voir à droite de la figure III-8), la température atteint d'abord 450 °C dans les 30 premières secondes avant de remonter jusqu'à 650 °C et de se stabilise après 50 secondes jusqu'à la fin de l'essai. Ce comportement plus simple des profils de température du carbone-phénolique est bien prédit par les calculs, contrairement au comportement plus complexe du carbone-PEKK. En effet, il existe une différence significative entre les températures obtenues expérimentalement et celles obtenues numériquement. La légère surestimation numérique du HRR pour le carbone-PEKK peut causer la grande divergence sur le profil de température (voir à gauche de la figure III-8) où la température atteint 600°C après 40 secondes tandis qu'expérimentalement, elle n'est que de 370 °C environ. Cette différence observée dans les résultats numériques, notamment entre 60 secondes et 120 secondes, peut également être expliquée par la température de fusion élevée de la résine PEKK (Tm = 338 °C). En effet, cette température, atteinte tardivement, conduit à une absorption importante d'énergie causée par la réaction endothermique de fusion de la résine une fois cette température franchie. Ainsi, le palier observé aux environs de 30 secondes (qui pourrait être associé à ce phénomène de fusion, juste avant l'inflammation observée expérimentalement et qui n'est pas pris en compte dans la simulation numérique) générerait l'écart important sur la température en fin d'essai. La surestimation de la température dans les simulations numériques pourrait également être provoquée par la non prise en compte des pertes radiatives sur cette face. Néanmoins, des calculs réalisés avec une perte radiative sur la face arrière (en considérant un coefficient d'échange radiatif $h_{rad} = 4\varepsilon\sigma T_m^3$) ont démontré une faible réduction de la température.

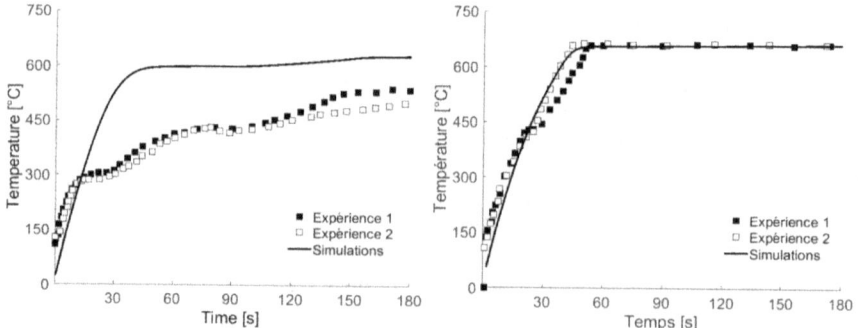

Figure III-8. Évolution de la température de la face arrière des échantillons de carbone-PEKK (gauche) et carbone-phénolique (droite).

III.5. Analyse de sensibilité des paramètres d'entrée du modèle de pyrolyse 1D

L'analyse de sensibilité est un outil précieux permettant d'étudier la réponse et la réaction d'un modèle en fonction de ses variables d'entrée [38]. Ce type d'analyse permet alors de déterminer :

- **Si un modèle est bien fidèle au processus qu'il tente de modéliser.** Si un modèle traduit une forte dépendance à une variable d'entrée connue alors que cette dernière n'est pas connue comme étant influente, le modèle numérique ne reflétera pas correctement le processus modélisé.

- **Quelles sont les variables qui contribuent le plus à la variabilité de la réponse du modèle.** Connaissant les variables d'entrée les plus influentes, les erreurs sur la sortie du modèle pourront être moindres en diminuant les erreurs sur les entrées les plus influentes.

- **Quelles sont les variables les moins influentes.** De cette façon il sera possible de rendre le modèle plus léger en diminuant les nombres de variables d'entrée.

- **Quelles variables, ou groupes de variables interagissent avec quelles autres variables.** De cette manière l'analyse de sensibilité peut permettre d'appréhender et comprendre plus précisément le phénomène modélisé.

Afin d'évaluer l'influence des différents paramètres sur les courbes de température, de perte de masse du modèle de pyrolyse, une analyse de sensibilité du modèle de pyrolyse est réalisée. Ce type d'analyse permet d'évaluer l'influence des variables d'entrée sur les variables de sorties et en conséquence le meilleur paramètre permettant de valider les simulations numériques. Plusieurs techniques d'analyse de sensibilité existent et d'après Saltelli *et al.* [39], elles peuvent être divisées en trois catégories principales :

- Les méthodes de criblage ou screening
- Les analyses de sensibilité locales
- Les analyses de sensibilité globales

Les méthodes de criblage ou screening, sont des méthodes d'analyse de sensibilité qualitative. Elles permettent d'explorer rapidement le comportement des sorties en faisant varier un grand nombre de ses entrées. Elles s'apparentent à des plans d'expériences classiques. Dans le cas d'un modèle coûteux en temps d'exécution ou bien avec un très grand nombre de paramètres (quelques dizaines), ce type de méthode est un moyen simple de faire un premier tri parmi les facteurs. Elle ne constitue donc que la première étape d'une analyse plus poussée.

Les analyses de sensibilité locales sont des méthodes quantitatives qui vont faire varier les paramètres d'un modèle numérique un par un autour d'une valeur nominale. De manière semblable aux méthodes de screening, ce type d'analyses examine les petites perturbations d'une variable à la fois. Ces méthodes utilisent les dérivées partielles, calculées numériquement, et font ainsi varier (avec un petit intervalle) un à un les paramètres du modèle autour d'une valeur nominale, en gardant les autres paramètres constants.

Enfin, les analyses de sensibilité globales sont des méthodes quantitatives visant à étudier l'effet global des variables d'entrée sur les variables de sortie d'un modèle. Ces méthodes vont ainsi faire varier tous les paramètres simultanément en considérant une large gamme de variation pour chacun d'eux. Il existe de nombreuses méthodes permettant de calculer les facteurs de sensibilité globaux d'un modèle comme par exemple les méthodes Sobol, FAST/FAST étendu, ANOVA, *etc.* L'avantage notable de ce type d'analyses est qu'elles permettent notamment d'évaluer les interactions entre les différents paramètres d'un modèle. Néanmoins ces méthodes nécessitent de connaitre l'ordre de grandeur de l'incertitude sur les différents paramètres [40], nécessitant une analyse de sensibilité locale du modèle comme première approche.

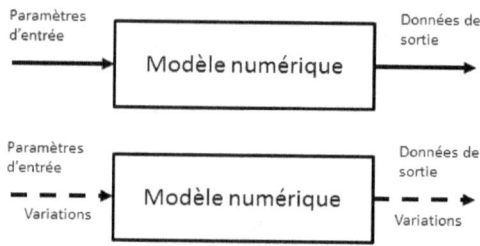

Figure III-9. Schéma de principe de l'analyse de sensibilité.

Dans ce travail, une analyse de sensibilité locale a été réalisée sur les différents paramètres d'entrée utilisés dans le modèle de pyrolyse de FireFOAM en suivant la méthodologie proposée par Chaos [22]. Les techniques d'analyses de sensibilité locales permettent de révéler l'effet des faibles variations des valeurs nominales de chaque variable d'entrée sur la sortie du modèle [40] indépendamment les unes des autres.

Les variations sur les données de sorties provoquées par des modifications imposées aux données d'entrées sont comparées à un cas nominal sans variation sur les données d'entrée, comme schématisé sur la figure III-11. En raison de la nature transitoire du processus de pyrolyse étudié dans ce chapitre, l'analyse de sensibilité locale a été utilisée car elle fournit des coefficients de sensibilité dynamiques ; les valeurs de sensibilité sont données en fonction du temps lors de la dégradation de l'échantillon. En effet, pour un paramètre d'entrée donné β_j, le coefficient de sensibilité locale transitoire $S_j(t)$ correspondant à la sortie de modèle $f(t,\beta)$ (par exemple le MLR ou température de la face arrière) est donné par l'équation suivante :

$$S_j(t) = \frac{\partial f(t,\boldsymbol{\beta})}{\partial \beta_j}\bigg|_{\boldsymbol{\beta}^0} \quad ; \quad j = 1, 2, ..., n_p \tag{II.29}$$

Avec $\boldsymbol{\beta}^0$ la valeur nominale du vecteur de paramètres d'entrée.

Cependant, le coefficient de sensibilité présenté ci-dessus est dimensionnel. Il empêche par conséquent une comparaison directe des différents paramètres obtenus. En introduisant le logarithme népérien sur $f(t,\boldsymbol{\beta})$ et β_j, une forme sans dimension du coefficient de sensibilité peut alors être obtenue :

$$S_j = \frac{\partial\{\ln[f(t,\boldsymbol{\beta})]\}}{\partial[\ln(\beta_j)]}\bigg|_{\boldsymbol{\beta}^0} = \frac{\beta_j}{f(t,\boldsymbol{\beta}^0)} \frac{\partial f(t,\boldsymbol{\beta})}{\partial \beta_j}\bigg|_{\boldsymbol{\beta}^0} \quad ; \quad j = 1, 2, ..., n_p \tag{II.30}$$

Dans le cas considéré, il n'existe pas de forme analytique pour exprimer $f(t,\boldsymbol{\beta})$ en raison de la complexité du modèle de pyrolyse et de sa résolution. Pour estimer le facteur de sensibilité, le terme de droite $\partial f(t_k, \boldsymbol{\beta})/\partial \beta_j$ est donc calculé en utilisant un schéma central de différenciation pour chaque paramètre. Par conséquent, le coefficient de sensibilité sans dimension peut être écrit de la manière suivante :

$$S_j = \frac{\beta_j}{f(t, \boldsymbol{\beta}^0)} \frac{f(t, \boldsymbol{\beta}_j^0 + \Delta) - f(t, \boldsymbol{\beta}_j^0 - \Delta)}{2\Delta} \quad ; \quad j = 1, 2, ..., n_p \tag{II.31}$$

Où le $\boldsymbol{\beta}_j^0$ est le vecteur de paramètres dans lequel le $j^{\text{ième}}$ composant est perturbé avec une valeur (prise égale à 5%) du paramètre nominal (vecteur $\boldsymbol{\beta}^0$).

Dans ce travail, la sensibilité du modèle de pyrolyse aux propriétés radiatives (ε), thermophysiques (ρ, λ, Cp) et cinétiques a été étudiée pour chaque composant ainsi que leurs réactions associées (résine, fibre et char), le tout pour les deux matériaux composites étudiés. Dans les résultats obtenus, une valeur positive du coefficient de sensibilité indique qu'une augmentation de la valeur du paramètre d'entrée étudié entraîne une augmentation de la valeur de la variable de sortie (MLR ou TFA dans ce travail) et donc de la même manière, une diminution de la valeur du paramètre d'entrée entraîne une diminution de la valeur de la donnée de sortie.

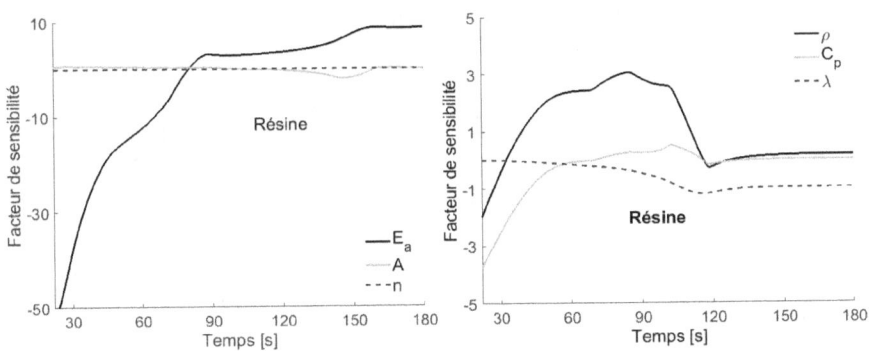

Figure III-10. Évolution des facteurs de sensibilité de la résine pour le MLR : Paramètres cinétiques (gauche) et Propriétés thermophysiques (droite) pour le carbone-PEKK

La figure III-10 présente un exemple de l'évolution obtenue, pour le facteur de sensibilité en fonction du temps, des propriétés thermophysiques et cinétiques de la résine sur la perte de masse du carbone-PEKK. Sur cette figure, le caractère transitoire du facteur de sensibilité est bien visible. Ainsi, le facteur de sensibilité de la perte de masse du carbone-PEKK aux propriétés cinétiques et thermophysiques de la résine, présente une évolution importante. En particulier pour l'énergie d'activation et la masse volumique, respectivement, entre 0 et 90 secondes et entre 0 et 120 secondes. Cela montre d'une part que la dégradation de la résine dans les simulations numériques à lieu au cours des 90 premières secondes et d'autre part que l'énergie d'activation et la masse volumique de la résine jouent un rôle majeur dans le calcul de la perte de masse obtenue numériquement. Les autres figures représentant les évolutions des facteurs de sensibilité pour les différents paramètres sur le taux de perte de masse ainsi que la température de la face arrière sont disponibles dans l'annexe III-B.

Afin de pouvoir comparer l'impact des différents paramètres pour les deux matériaux, les valeurs des différents facteurs de sensibilité sans dimension, évaluées sur la base du taux de perte de masse et de la température de la face arrière, sont comparées pour deux temps caractéristiques. Le choix de ces paramètres est directement basé sur les différentes phases identifiables lors de leurs dégradations. Ainsi, les facteurs de sensibilité sont comparés au moment du pic de MLR, ce dernier correspondant au moment où le taux de dégradation de l'échantillon est maximum. Les facteurs de sensibilité sont également comparés après 170 secondes de test, cette période correspondant à celle où les réactions de dégradations majeures du matériau sont terminées. Les phénomènes rencontrés pendant cette période sont donc probablement différents de ceux observés au moment du pic de MLR mettant ainsi en avant les différents processus de dégradation.

Sur la figure III-11, les facteurs de sensibilité sur le taux de perte de masse sont comparés pour les deux temps définis précédemment. Il est possible de remarquer que le carbone-PEKK présente une sensibilité élevée de sa perte de masse aux valeurs de masse volumique (ρ) et d'énergie d'activation des différentes réactions (E_a). De plus, il est possible de noter que le facteur de sensibilité présente une influence opposée pour la résine (valeur positive) et le char (valeur négative). Ce comportement signifie que, pendant la dégradation de la résine, qui produit à la fois du char et des gaz de pyrolyse (combustibles), une augmentation de la masse volumique de la résine entraîne une augmentation de la production de gaz combustibles. A l'inverse, une augmentation de la masse volumique du char entraîne une diminution de la quantité de gaz combustibles produite lors de la dégradation.

En regardant plus en détail la figure III-11, la haute sensibilité sur la masse volumique des différents constituants caractérise également la forte dépendance du modèle aux fractions des différents composants dans le matériau. De plus, au moment du pic de réaction (figures de gauche), la sensibilité de la masse volumique de la résine et du char sur la perte de masse est plus élevée pour le carbone-PEKK que pour le carbone-phénolique, probablement en raison de la dégradation rapide de la résine phénolique. Cette différence dans le processus de décomposition est également observable après 170 secondes. En effet, une sensibilité significative de l'énergie d'activation de la résine et des fibres peut être observée pour le carbone-PEKK. La présence de ce phénomène, non visible pour le carbone-phénolique, marque non seulement que la résine PEKK a toujours une influence sur la perte de masse, donc qu'elle continue à se dégrader, mais également que la réaction de décomposition des fibres de carbone débute. La sensibilité du composite carbone-phénolique à l'énergie d'activation associée à la dégradation du char à ce même moment démontre de la même manière que la décomposition de ce composé a lieu tardivement. Cette dégradation tardive du char peut donc être la raison du ralentissement de la décomposition de la fibre (faible sensibilité aux paramètres cinétiques).

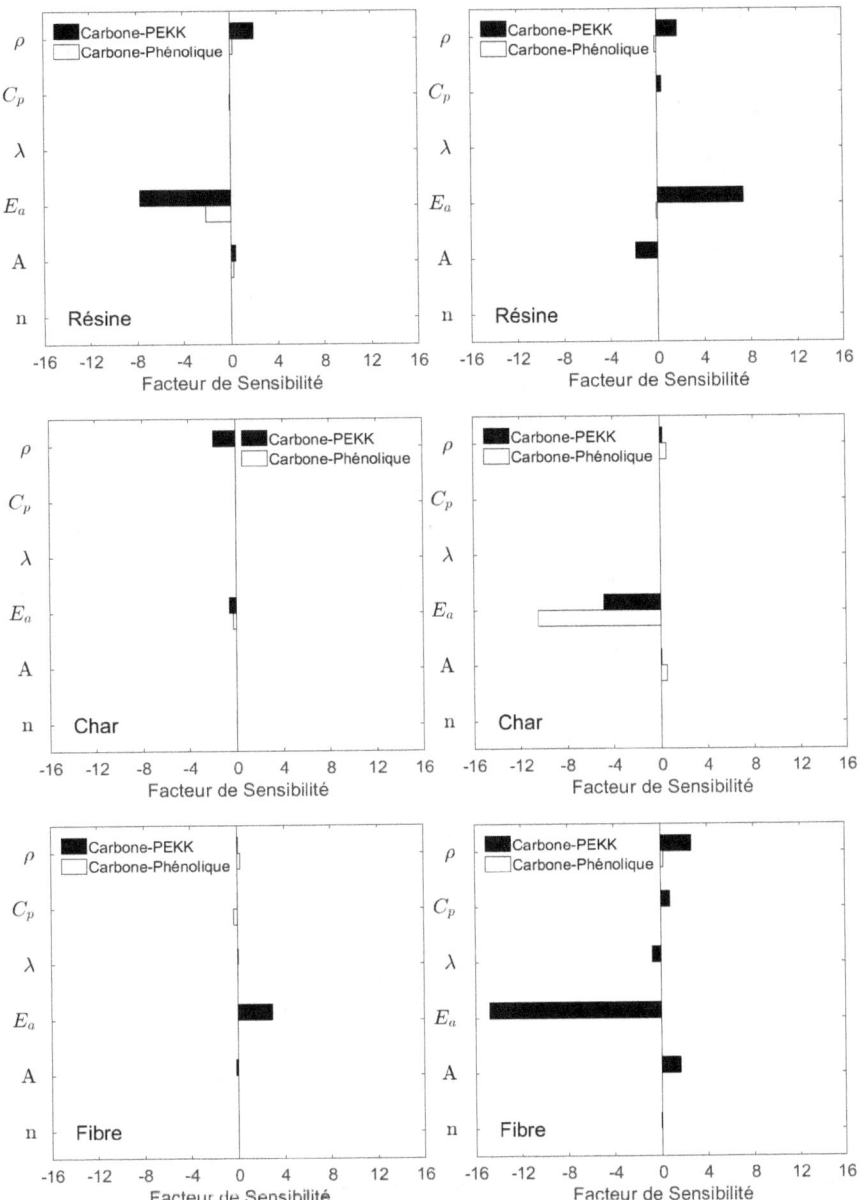

Figure III-11. Comparaison des coefficients de sensibilité du taux de perte de masse au moment de son pic (gauche) et après 170 secondes (droite).

Le tableau III-2 présente les fractions des différents facteurs de sensibilité des paramètres étudiés par rapport aux autres paramètres, à un instant donné et pour un matériau donné. Ces derniers sont calculés de la façon suivante :

$$\eta_t = \frac{\left|S_j^t\right|}{\sum_j \left|S_j^t\right|}$$ (II.32)

Avec η_t la fraction du facteur de sensibilité et S_j^t le facteur de sensibilité du paramètre j au temps t.

Il est ainsi possible de voir sur ce tableau que la masse volumique de la résine et du char ainsi que l'énergie d'activation associée à la réaction de dégradation de la résine ont un impact similaire au moment du pic, avec un impact autour de 25% pour la masse volumique et 30 % pour l'énergie d'activation.

Tableau III-2. Rapport des facteurs de sensibilité des différents paramètres sur le taux de perte de masse.

	t_{pic}		t_{170}	
	Carbone-PEKK [%]	Carbone-phénolique [%]	Carbone-PEKK [%]	Carbone-phénolique [%]
$\rho_{résine}$	**25,9**	5,8	0,7	1,4
ρ_{char}	**23,7**	0,5	2,0	4,8
ρ_{fibre}	1,6	7,5	1,7	1,8
$\lambda_{résine}$	2,2	0	4,8	0,0
λ_{char}	0	0	0	0,0
λ_{fibre}	0,2	0,5	4,7	0,0
$Cp_{résine}$	0,1	1,1	0	0,0
Cp_{char}	0,2	0,1	4,9	0,0
Cp_{fibre}	0	8,9	0,1	0,2
$Ea_{résine}$	**30,8**	**61,7**	**11,2**	0,7
Ea_{char}	0,3	7,9	7,9	**86,7**
Ea_{fibre}	0	0	**48,2**	0,0
$A_{résine}$	3,0	5,5	0,1	0,0
A_{char}	0	0,4	0,7	4,3
A_{fibre}	0	0,0	3,1	0,0
$n_{résine}$	0	0,0	0	0,0
n_{char}	0,2	0,0	4,8	0,0
n_{fibre}	0,2	0,0	5,0	0,0

Après 170 secondes, seules les énergies d'activations associées aux dégradations de la résine et de la fibre présentent une sensibilité significative. Ces dernières représentant près de 60 % à elles deux. Pour le carbone-phénolique, le modèle ne présente une sensibilité qu'à l'énergie d'activation. Au moment du pic de MLR, l'énergie d'activation associée à la réaction de la résine représente près de 62 % de la sensibilité. Tandis qu'après 170 secondes, l'énergie d'activation associée à l'oxydation du char est majoritaire et représente environ 87 % de la sensibilité.

Sur la figure III-12, contrairement aux valeurs de facteurs de sensibilité obtenus pour le MLR, seulement un nombre restreint de paramètres semble influencer la température de la face arrière du matériau. De plus, les valeurs des coefficients de sensibilité sont significativement inférieures pour la température. Cela traduit la forte dépendance de la valeur du MLR face aux paramètres d'entrée du modèle. Au moment du pic de MLR, la température de la face arrière du carbone-PEKK semble être majoritairement sensible à l'énergie d'activation de la résine et des fibres uniquement, démontrant le faible impact du char. Une faible sensibilité à la masse volumique et à la conductivité des fibres de carbone est également visible. Pour le composite carbone-phénolique, la température de la face arrière semble sensible à la masse volumique des trois composants, à la chaleur spécifique des fibres ainsi que légèrement à celle de la résine.

Concernant l'impact des paramètres cinétiques, la température présente uniquement une sensibilité à l'énergie d'activation de la réaction de décomposition de la résine et à l'énergie d'activation de la réaction d'oxydation du char. Après 170 secondes, comme observé sur la figure III-11 pour le MLR, la température de la face arrière du carbone-PEKK est sensible principalement à l'énergie d'activation des réactions associées à la décomposition des fibres, de la résine et plus légèrement du char. En revanche, pour le carbone-phénolique, seule l'énergie d'activation associée à la réaction d'oxydation du char semble influencer significativement la température de la face arrière. Pour le carbone-PEKK, il est également possible de voir que la température est sensible aux trois paramètres thermophysiques (principalement à la masse volumique).

Les résultats actuels mettent ainsi encore une fois en évidence les deux comportements différents des composites lors de leur dégradation, en particulier pour la consommation des résidus charbonneux (char). Les deux matériaux produisent une quantité élevée de char au cours de la dégradation de leurs résines respectives, comme cela est présenté dans la littérature [41] ainsi que dans le chapitre 1 de ce manuscrit. Pour le carbone-PEKK, le char se décompose à plus basse température que le carbone-phénolique où une couche de char, ne se décomposant pas, semble apparaître à la surface de l'échantillon. Ce type de comportement rend l'utilisation d'un composite carbone-phénolique comme bouclier thermique intéressante. En effet, la couche de char créée à la surface du matériau lors de la dégradation de la résine permettrait de le protéger, limitant ainsi sa décomposition dans l'épaisseur. Néanmoins, au vu de l'épaisseur des échantillons (environ 1,5 mm) considérés dans ce travail, il est possible que la réponse thermique soit uniforme dans le matériau, rendant ce phénomène non significatif. En effet, un très faible impact du char sur le comportement de décomposition est observable avec un facteur de sensibilité presque nul sur l'intervalle considéré, malgré le rendement élevé de production de char rapporté dans la littérature [24].

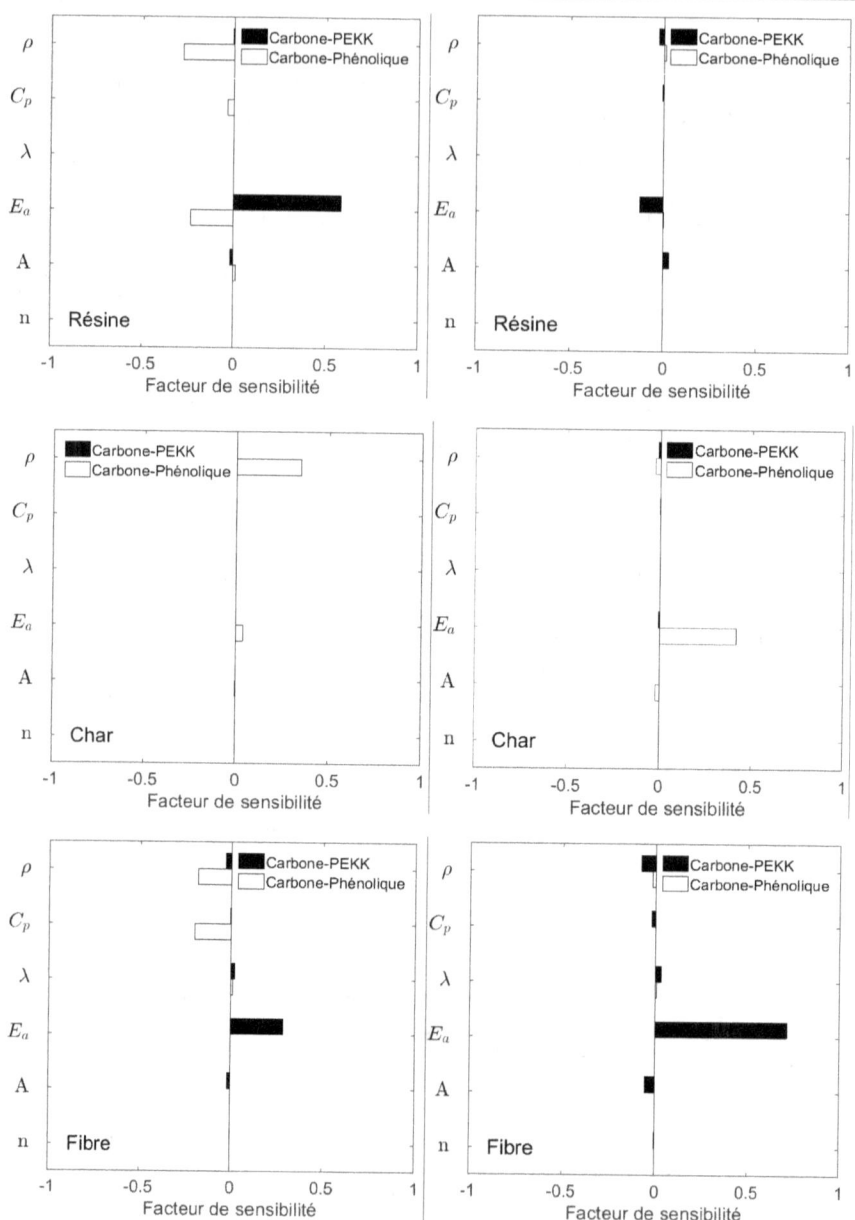

Figure III-12. Comparaison des coefficients de sensibilité de la température au moment du pic (gauche) et après 170 secondes (droite).

La température de la face arrière du composite présente également une très faible sensibilité à la conductivité thermique, cela étant probablement dû à la faible valeur de la conductivité thermique elle-même, impliquant seulement de faibles variations de la valeur nominale. Ces résultats révèlent également les différences considérables en termes de sensibilité entre le MLR et la température de la face arrière. Les valeurs du coefficient de sensibilité pour la perte de masse sont beaucoup plus élevées, ce qui démontre l'importance de considérer d'abord le MLR puis la température de la face arrière lorsqu'on veut valider un modèle de pyrolyse. Comme pour le taux de perte de masse, le tableau III-3 présente la fraction du facteur de sensibilité de chaque paramètre par rapport aux autres. Néanmoins contrairement à la sensibilité sur le taux de perte de masse, celle sur la température de la face arrière du carbone-PEKK présente uniquement une valeur significative pour l'énergie d'activation associé à la dégradation de la résine (au moment du pic de MLR) avec près de 89 %. Après 170 secondes, l'énergie d'activation associée à la réaction de la résine présente une sensibilité importante (environ 37 %) conjointement avec l'énergie d'activation de la réaction d'oxydation des fibres de carbone (autour de 48 %). Pour le carbone-phénolique, la masse volumique de la résine et celle du char jouent un rôle équivalent au moment du pic de MLR avec des valeurs de 21 % et de 26 % respectivement. Après 170 secondes, la sensibilité à l'énergie d'activation de la réaction d'oxydation du char est très importante avec une fraction de 83 % environ. Il est également possible de remarquer que, hormis ce paramètre, seulement un faible nombre de paramètres présente une sensibilité de quelques pourcents.

Tableau III-3. Rapport des facteurs de sensibilité des différents paramètres sur la température de la face arrière.

	t_{pic}		t_{170}	
	Carbone-PEKK [%]	Carbone-phénolique [%]	Carbone-PEKK [%]	Carbone-phénolique [%]
$\rho_{résine}$	0,9	**20,7**	0,9	1,8
ρ_{char}	0,0	**26,1**	1,4	5,4
ρ_{fibre}	4,1	**13,7**	4,3	3,6
$\lambda_{résine}$	0,0	0,0	0,5	0,0
λ_{char}	0,1	0,0	0,0	0,0
λ_{fibre}	1,3	8,0	1,2	1,2
$Cp_{résine}$	0,1	2,5	0,2	0,0
Cp_{char}	0,0	0,0	0,7	0,0
Cp_{fibre}	0,4	**15,0**	0,7	0,2
$Ea_{résine}$	**88,6**	**17,2**	**36,7**	0,4
Ea_{char}	0,0	2,8	0,9	**83,3**
Ea_{fibre}	0,0	0,0	**48,2**	0,0
$A_{résine}$	4,3	1,0	0,2	0,0
A_{char}	0,0	4,0	0,1	4,0
A_{fibre}	0,0	0,0	3,1	0,0
$n_{résine}$	0,0	0,0	0,0	0,0
n_{char}	0,0	0,0	0,5	0,0
n_{fibre}	0,0	0,0	0,4	0,0

III.6.   Conclusion et perspectives

La simulation numérique de la dégradation thermique des matériaux composites est encore aujourd'hui un défi difficile à aborder en raison de sa complexité due à leur structure fortement hétérogène.

Les calculs présentés dans ce chapitre ont été effectués en utilisant le solveur de FireFOAM et les résultats ont été comparés aux données obtenues expérimentalement à l'aide d'un cône calorimètre. Ce travail vise à générer une connaissance qualitative et une estimation quantitative des paramètres et de leurs effets afin de fournir une simulation fiable de la pyrolyse unidirectionnelle des composites étudiés. Les deux matériaux (carbone-phénolique et carbone-PEKK) ont été testés afin d'assurer la validité de l'outil qui pourrait être utilisé pour des applications d'ingénierie ultérieures dans le cadre des règles de certification aérospatiale. Les mesures et les calculs de perte de masse et de taux de dégagement de chaleur sont en bon accord pour les deux matériaux. Le carbone-PEKK présente un pic large avec une valeur HRR plus faible (environ 110 kW.m^{-2}) en raison d'une faible émission de volatils par rapport au matériau carbone-phénolique, qui a un pic étroit avec une valeur maximale plus élevée (environ 580 kW.m^{-2}). Ce pic unique (du carbone-phénolique) reflète la consommation lente des résidus charbonneux, avec une décomposition rapide de la résine, ce qui est intéressant pour les applications nécessitant un bouclier thermique d'une certaine épaisseur. En regardant la température obtenue sur la face arrière, cette dernière présente une différence importante entre la simulation numérique et l'expérience pour le carbone-PEKK. En effet, au cours des premières secondes du test, une augmentation plus rapide est visible sur les températures obtenues numériquement, par rapport aux températures mesurées expérimentalement. Cet écart étant probablement dû à la fusion de la résine PEKK aux alentours de 380°C. En effet, cette réaction endothermique qui absorbe une grande quantité d'énergie dans le matériau n'est pas prise en compte dans le modèle numérique. D'autre part, les résultats numériques et expérimentaux pour le composite carbone-phénolique présentent eux un bon accord, avec une modélisation correcte du profil de température dans le temps. Sur la base de cet accord, le modèle de pyrolyse utilisé dans ces calculs peut donc être étendu à des agressions thermiques réalisées à grande échelle en les couplant à une flamme sur des échantillons d'environ 500 mm x 500 mm correspondant à ceux utilisés avec le brûleur NexGen et comparer les résultats aux données obtenues expérimentalement.

En utilisant une analyse de sensibilité locale et normalisée, l'influence de différents paramètres pour chaque composant (thermophysiques et cinétiques) a été évaluée au cours des différentes simulations numériques. Cette analyse de sensibilité montre tout d'abord la sensibilité importante du taux de perte de masse aux différents paramètres en comparaison avec la température de la face arrière. Elle confirme également la différence de comportement des deux matériaux lors de leur pyrolyse comme cela a été observé expérimentalement. En outre, l'analyse de sensibilité a permis de mettre en évidence l'importance de l'influence de la masse volumique et de l'énergie d'activation des différentes réactions sur les calculs de taux de perte de masse et de température de la face arrière pour les deux matériaux. En effet ces paramètres représentent parfois près de deux tiers de la sensibilité totale du modèle. Contrairement au carbone-PEKK (pour lequel la consommation du char semble être rapide étant donnée la faible influence de ce dernier sur les simulations), le carbone-phénolique présente sur la température de la face arrière une sensibilité importante aux paramètres du char, en particulier après 170 secondes. Ce comportement montre l'importance d'utiliser des propriétés de char correctes, malgré la difficulté de les mesurer et de les estimer, en particulier lorsque l'on souhaite modéliser la décomposition de matériaux composites produisant de grandes quantités de char. Ces résultats pourraient néanmoins d'être complétés à l'aide d'une analyse de sensibilité globale permettant de mettre en avant les interactions entre les différents paramètres du modèle, en particulier, l'interdépendance des paramètres cinétiques.

Bibliographie

[1] Z. Wang, F. Jia, E. Galea et J. Ewer, Computational fluid dynamics simulation of a post-crash aircraft fire test, *Journal of Aircraft*, vol. 50 (1), pp. 164-175, 2012.

[2] T. Fateh, T. Rogaume et F. Richard, Multi-scale modeling of the thermal decomposition of fire retardant plywood, *Fire Safety Journal*, vol. 64, pp. 36-47, 2014.

[3] J. Zhang, X. Wang, F. Zhang et A. Horrocks, Estimation of heat release rate for polymer-filler composites by cone calorimetry, *Polymer Testing*, vol. 23(2), pp. 225-230, 2004.

[4] F. Hshieh et H. Beeson, Flammability testing of flame-retarded epoxy composites and phenolic composites, *Fire and Materials*, vol. 21(1), pp. 41-49, 1997.

[5] A. Genovese et R. Shanks, Fire performances of poly(dimethyl siloxane) composites evaluated by cone calorimetry, *Composites Part A: Applied Science and Manufacturing*, vol. 36(2), pp. 398-405, 2009.

[6] International Standards, Heat release , smoke production and mass loss rate (cone calorimetry method), 2002.

[7] R. Yuen, G. Yeoh, G. Vahl Davis et E. Leonardi, Modelling the pyrolysis of wet-wood part II: Three-dimensional cone calorimeter simulation, *International Journal of Heat ad mass transfer*, vol. 50(21), pp. 4387-4399, 2007.

[8] International Standrard, Aircraft environmental test procedure for airborne equipment resistance to fire in designated fire zones, 1998.

[9] Federal Aviation administration, Powerplant installation and propulsion system component fire protection test methods standard and criteria, US Department of transportation, 1990.

[10] C. Lautenberger, Gpyro-A Generalized pyrolysis model for combustible solids. Technical reference, 2009.

[11] K. McGrattan, S. Hostikka, R. McDermott, J. Floyd, C. Weinschenk et K. Overholt, Fire Dynamics Simulator user's guide, vol. 6th Edition, NIST Special Publication, 2013.

[12] S. Stoliarov et R. Lyon, Thermo-kinetic model of burning for pyrolyzing materials, *Fire Safety Science*, vol. 9, pp. 1141-1152, 2008.

[13] O. Grexa et H. Lübke, Flammability parameters of wood tested on a cone calorimeter, *Polymer degradation and stability*, vol. 74(3), pp. 427-432, 2001.

[14] B. Schartel et T. Hull, Development of fire-retarded materials - Interpretation of cone calorimeter data, *Fire and Materials* , vol. 74(3), pp. 327-354, 2007.

[15] M. Chaos, M. Khan, N. Krishnamoorthy, J. De Ris et S. Dorofeev, Evaluation of optimization schemes and determination of solid fuel properties for CFD fire models using bench-scale pyrolysis tests, *Proceedings of the Combustion Institute* , vol. 33(2), pp. 2599-2606, 2011.

[16] FireFOAM, [En ligne]. Available: http://code.google.com/p/firefoam-dev.

[17] H. Weller, G. Tabor, H. Jasak et C. Fureby, A tensorial approach to computational continuum mechanics using object-oriented techniques, *Computers in physics,* vol. 12(6), pp. 620-631, 1998.

[18] OpenCFDLtd, [En ligne]. Available: http://www.opencfd.co.uk.

[19] V. Babrauskas, Development of the cone calorimeter - A bench scale heat release rate apparatus based on oxygen consumption, *Fire and Materials,* vol. 8(2), pp. 81-95, 1984.

[20] FM Global, Open Source CFD fire Modeling Workshop, [En ligne]. Available: http://sites.google.com/site/fireodelingworkshop.

[21] C. Lautenberger et C. Fernandez-Pello, Generalized pyrolysis model for combustible solids, *Fire Safety Journal,* vol. 44(6), pp. 819-839, 2009.

[22] M. Chaos, Application of sensitivity analyses to condensed-phase pyrolysis modeling, *FireSafety Journal,* vol. 61, pp. 254-264, 2013.

[23] M. El Houssami, J. Thomas, A. Lamorlette, D. Morvan, M. Chaos, R. Hadden et A. Simeoni, Experimental and numerical studies characterizing the burning dynamics widlkand fuels, *Combustion and flames,* vol. 168, pp. 113-126, 2016.

[24] A. Mouritz et A. Gibson, Fire properties of polymer composite materials, Dordrecht: Springer Science & Business media$, 2007.

[25] P. Berlin, O. Dickman et F. Larsson, Effects of heat radiation on carbon/PEEK, carbon/epoxy and glass/epoxy composites, *Composites,* vol. 23 (4), pp. 235-243, 1992.

[26] S. Stoliarov, S. Crowley, R. Walters et R. Lyon, Prediction of the burning rates of charring polymers, *Combustion and Flame,* vol. 157(11), pp. 2024-2034, 2010.

[27] J. Holman, Heat Transfer, Soythern Methodis University: Mc Gran-Hill Book, 1986.

[28] P. Patel, T. Hull, R. McCabe, D. Flath, J. Grasmeder et M. Percy, Mechanism of thermal decomposition of poly(ether ether ketone)(PEEK) from a review of

decomposition studies, *Polymer Degradation and Stability,* vol. 95(5), pp. 709-718, 2010.

[29] H. Lochte, E. Strauss et R. Conley, The Thermo-oxidative degradation of phenol-formaldehyde polycondensates: Thermogravimetric and elemetal composition studies of char formation, *Journal of Applied Polymer Science ,* vol. 9(8), pp. 2799-2810, 1965.

[30] A. Knop et L. Pilato, Phenolic resins: Chemistry, applications and performance, Springer Science & Business Media, 2013.

[31] K. Trick, L. Saliba et S. Sandhu, A kinetic model of the pyrolysis of phenolic resin in a Carbon/phenolic composite, *Carbon,* vol. 35(3), pp. 393-401, 1997.

[32] D. Macaione, Flammability characteristics of fiber-reinforced epoxy composites for combat vehicle applications, U.S. Army Materials Technology Laboratory.

[33] R. Walters, S. Hackett et E. Lyon, Heats of combustionof high temperature polymers, *Fire and Materials,* vol. 24(5), pp. 245-252, 2000.

[34] P. Patel, A. Stec, T. Hull, M. Naffakh, A. Diez-Pascual, G. Ellis et R. Lyon, Flammability properties of PEEK and carbon nanotube composite, *Polymer degradation and stability ,* vol. 97(12), pp. 2492-2502, 2012.

[35] K. Trick et T. Saliba, Mechanism of the pyrolysis of phenolic resin in a carbon/phenolic composite, *Carbon,* vol. 33(11), pp. 1509-1515, 1995.

[36] K. Tsai, Orientation effet on cone calorimeter test results to assess fire hazard of materials, *Journal of Hazardous Materials,* vol. 172, pp. 763-772, 2009.

[37] T. Shields, G. Silcock et J. Murray, The effects of Geometry and Ignition Mode on Ignition Times Obtained Using a cone calorimeter and ISO Ignitability Apparatus, *Fire and Materials ,* vol. 17, pp. 25-32, 1993.

[38] J. Jacques, Contributions à l'analyse de sensibilité et à l'analyse discriminante généralisée, Grenoble: Université Joseph Fourier - Grenoble 1, 2005.

[39] A. Saltelli , K. Chan et E. Scott, Sensitivity analysis, Wiley, 2000.

[40] W. Ramroth, P. Krysl et R. Asaro, Sensitivity and uncertainty analyses for FE thermal model of FRP panel exposed to fire, *Composites Part A: Applied Science and Manufacturing ,* vol. 37(7), pp. 1082-1091, 2006.

[41] E. Oztekin, S. Crowley, R. Lyon, S. Stoliarov, P. Patel et T. Hull, Source of variability in fire test data: A case study on poly(aryl ether ether ketone)(PEEK), *Combustion and Flame,* vol. 159(4), pp. 1720-1731, 2012.

Annexe III-A : Principe de la calorimétrie par déplétion d'oxygène.

La mesure du taux de dégagement de chaleur ou débit calorifique (Heat Release Rate en anglais) présente un intérêt majeur dans le domaine de la sécurité incendie. En effet, cette mesure apparue dans la seconde moitié du 20ème siècle permet de déterminer l'influence possible d'un matériau lors du développement du feu. En 1917, l'étude de Thornton [1] a mis en évidence que pour la majorité des composés organiques liquides et gazeux, une quantité plus ou moins constante de chaleur est dégagée par unité de masse d'oxygène consommé si l'on se place dans le cas d'une combustion complète. De plus, il a mis en évidence que l'étude de la consommation d'oxygène est un moyen relativement précis (environ 5%) et simple pour évaluer la puissance d'un feu dans des conditions réalistes.

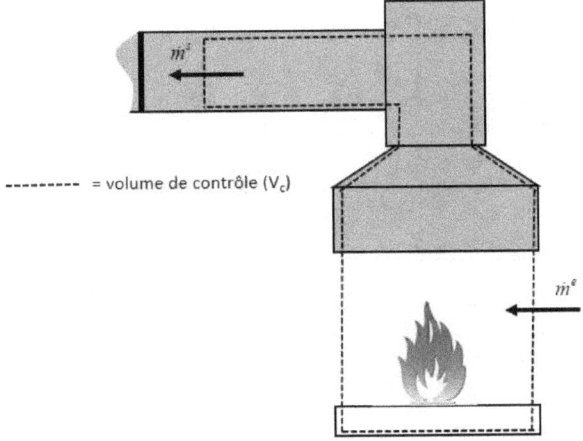

Figure III-A-1. Schéma d'un test au feu à l'aide d'un cône calorimètre (d'après [2]).

Le principe de la mesure du taux de dégagement de chaleur (HRR) repose sur la calorimétrie par déplétion d'oxygène. Cette méthode a été développée à la fin des années 60 par Hinkley *et al.* [3]. Ils ont émis l'hypothèse que la concentration en oxygène des produits de combustion pouvait permettre de calculer le taux de dégagement de chaleur. Pour ce type de mesure, la totalité des gaz issus de la combustion doit être collectée et analysée, à l'aide d'une hotte par exemple. Un analyseur de type paramagnétique[1] ou à sonde zircone[2] est ensuite utilisé pour déterminer la quantité d'oxygène consommée et donc, de calculer la quantité d'énergie libérée par unité de surface de la manière décrite

---

[1] Mesure de concentration réalisée en attirant les molécules d'oxygène à l'aide d'un champ magnétique. L'accumulation des molécule d'oxygène venant modifier la réponse du capteur.
[2] L'oxyde zirconium conduit l'électricité grâce au déplacement d'ions d'oxygène. Un disque d'oxyde de zirconium est monté entre le gaz à mesurer et un gaz de référence (en général de l'air) à l'intérieur d'un élément chauffant. Des électrodes sont reliées à chaque face du disque. Toute différence de concentration en oxygène entre les deux faces du disque fait apparaître une tension transmise par les électrodes.

dans les travaux de Huggett **[4]**. La puissance dégagée par la réaction de combustion est alors obtenue en considérant un régime quasi-stationnaire dans un volume de contrôle V_c (voir figure III-A.1) de la manière suivante :

$$\dot{Q} = \Delta h_{O_2} \left(\dot{m}_{O_2}^e - \dot{m}_{O_2}^s \right)$$ (III.B.1)

Avec Δh_{O_2} la chaleur de combustion par unité d'oxygène consommée. $\dot{m}_{O_2}^e$ et $\dot{m}_{O_2}^s$ les débits massiques d'oxygène entrant et sortant du volume de contrôle V_C.

Le débit massique d'oxygène entrant est directement calculé à partir du débit et de la composition de l'air entrant de la façon suivante :

$$\dot{m}_{O_2}^e = \dot{m}^e \frac{M_{O_2}}{M_e} \left(1 - X_{H_2O}^e - X_{CO}^e \right) X_{O_2}^e$$ (III.B.2)

Avec X, la fraction volumique, M la masse molaire, $\dot{m}^e$ le débit massique d'air entrant dans le volume de contrôle et M_e la masse molaire de l'air ambiant.

Il est possible de définir le facteur de consommation d'oxygène par :

$$\phi = \frac{\dot{m}_{O_2}^e - \dot{m}_{O_2}^s}{\dot{m}_{O_2}^e}$$ (III.B.3)

où ϕ est la fraction d'air entrant dans le volume de contrôle dont l'oxygène est consommé par la combustion de l'échantillon.

Ainsi l'équation (III.1) devient :

$$\dot{Q} = \Delta h_{O_2} \phi \dot{m}^e \frac{M_{O_2}}{M_e} \left(1 - X_{H_2O}^e - X_{CO}^e \right) X_{O_2}^e$$ (III.B.4)

La mesure du débit d'air entrant dans le volume de contrôle reste tout de même difficile à évaluer. En effet, l'apport d'air n'est pas contrôlé et le débit d'air entrant est régi par la convection naturelle liée au gradient de température généré par le feu. Cependant, dans le cas où tous les produits de combustion sont collectés par la hotte, le débit de gaz est connu. Il est donc nécessaire d'évaluer le débit de gaz entrant en fonction du débit de gaz sortant. Les réactions chimiques de la combustion conservent la matière. Ainsi, le nombre de mole de la fraction d'air sans l'oxygène consommé par la combustion correspond au nombre de moles d'air des produits de combustion dans le débit de gaz sortant. Afin de traduire le rapport des quantités molaires ci-dessus, un facteur d'expansion γ est introduit. Il est alors possible de relier les débits molaires totaux entrant et sortant de la manière suivante :

$$\frac{\dot{m}^s}{M_s} = \frac{\dot{m}^e}{M_e} \left(1 - \phi \right) + \frac{\dot{m}^e}{M_e} \gamma \phi$$ (III.B.5)

Ce facteur d'expansion dépend de la composition du combustible et de la stœchiométrie. La valeur moyenne de γ utilisée dans la littérature correspond à la valeur d'une réaction de combustion du méthane ($\gamma = 1,10$). D'après Marquis [5], l'erreur qui résulte de ce choix sur la valeur du débit calorifique est relativement faible.

En considérant que M_s ; M_e, il est alors possible d'obtenir :

$$\dot{m}^e = \frac{\dot{m}^s}{1+\phi(\gamma-1)} \tag{III.B.6}$$

Finalement, le taux de dégagement de chaleur par déplétion d'oxygène peut s'écrire comme suit :

$$\dot{Q} = \Delta h_{O_2} \frac{\phi}{1+\phi(\gamma-1)} \dot{m}^s \frac{M_{O_2}}{M_e} \left(1 - X_{H_2O}^e - X_{CO}^e\right) X_{O_2}^e \tag{III.B.7}$$

Dans les années 1990, de nombreuses études ont tenté d'appliquer cette méthode dans des conditions réelles et variées. Ainsi Parker [6] a proposé une méthode permettant de prendre en compte la combustion du CO et a ainsi présenté un modèle s'appliquant à un plus grand nombre d'applications. Par la suite, Janssens et al. [2] ont eux présentés une méthode similaire mais orientée vers les études à échelle réelle et n'utilisant pas de mesures de débit volumiques. Ces dernières impliquent souvent de grandes confusions dans les calculs.

Ces différentes études ont alors permis d'introduire dans le calcul du taux de dégagement de chaleur, un facteur de correction venant prendre en compte le caractère incomplet de la combustion. Ainsi, la détermination de l'enthalpie de formation du monoxyde de carbone (CO) et celle du dioxyde de carbone (CO_2) permet de développer une forme de calorimétrie basée sur la présence de ces espèces dans les fumées issues de la combustion dans le volume de contrôle [7]. Dans ce cas, un facteur de correction peut être défini à partir de la composition des différents gaz mesurés par l'analyseur. L'expression évoluant en fonction des espèces considérées peut être donnée sous la forme :

$$\dot{m}_{O_2} = \frac{X_{O_2} M_{O_2}}{X_{N_2} M_{N_2}} \dot{m}_{N_2} \tag{III.B.8}$$

Si l'on considère que l'azote n'intervient pas dans la réaction de combustion, il est possible d'obtenir :

$$\phi = \frac{\dfrac{X_{O_2}^e M_{O_2}}{X_{N_2}^e M_{N_2}} \dot{m}_{N_2}^e - \dfrac{X_{O_2}^s M_{O_2}}{X_{N_2}^s M_{N_2}} \dot{m}_{N_2}^s}{\dfrac{X_{O_2}^e M_{O_2}}{X_{N_2}^e M_{N_2}} \dot{m}_{N_2}^e} = \frac{\dfrac{X_{O_2}^e}{X_{N_2}^e} - \dfrac{X_{O_2}^s}{X_{N_2}^s}}{\dfrac{X_{O_2}^e}{X_{N_2}^e}} = \frac{X_{O_2}^e X_{N_2}^s - X_{O_2}^s X_{N_2}^e}{X_{O_2}^e X_{N_2}^s} \tag{III.B.9}$$

Des travaux ont donc été effectués par Janssens et ses collaborateurs [2] visant à tenir compte du caractère incomplet de la combustion. Ils ont montré qu'il n'était pas concevable de prendre en compte tous les gaz dégagés. Néanmoins, il est possible de mesurer les concentrations de CO et CO₂. Ainsi si l'on considère uniquement ces trois produits, les fractions molaires d'azote peuvent s'écrire :

$$X_{N_2}^e = 1 - X_{O_2}^e - X_{CO_2}^e \text{ et } X_{N_2}^s = 1 - X_{O_2}^s - X_{CO_2}^s - X_{CO}^s \tag{III.B.10}$$

Il s'en suit donc :

$$\phi = \frac{X_{O_2}^e (1 - X_{CO_2}^s - X_{CO}^s) - X_{O_2}^s (1 - X_{CO_2}^e)}{X_{O_2}^e (1 - X_{CO_2}^s - X_{O_2}^s - X_{CO}^s)} \tag{III.B.11}$$

où X_i^0 est la fraction molaire initiale de l'oxygène déterminée comme la moyenne mesurée pendant une ligne de base d'une minute avant l'essai. X_i est la fraction molaire de l'espèce gazeuse i dans le conduit d'échappement pendant la durée de l'essai. L'indice i désigne ici les différentes espèces mesurées (c'est-à-dire O₂, CO₂, CO).

La prise en compte de la correction de CO implique la détermination de la quantité d'oxygène nécessaire pour oxyder le CO formé $\Delta \dot{m}_{O_2}$

$$CO + \frac{1}{2}O_2 \xrightarrow{\Delta h_{CO}} CO_2 \tag{III.B.12}$$

Il est donc possible d'écrire la relation suivante :

$$\Delta \dot{m}_{O_2} = \frac{1}{2}(1 - \phi) \frac{X_{CO}^s}{X_{O_2}^s} \frac{M_{O_2}}{M_e} \frac{\dot{m}_s}{1 + \phi(\gamma - 1)} X_{O_2}^e \tag{III.B.13}$$

Ainsi, le taux de dégagement de chaleur total $\dot{Q}_t$ en utilisant l'équation III-B.7 et en prenant en compte la quantité d'O₂ consommée pour la formation du CO devient :

$$\dot{Q}_t = \Delta hO2\left(\dot{m}_{O_2}^0 - \dot{m}_{O_2} + \Delta \dot{m}_{O_2}\right) \tag{III.B.14}$$

De plus, le taux de dégagement de chaleur correspondant à la réaction du CO en CO₂ peut s'écrire :

$$\dot{Q}_{CO \to CO_2} = \Delta h_{CO} \Delta \dot{m}_{O_2} \tag{III.B.15}$$

Avec Δh_{CO} l'énergie dégagée lors de la combustion du CO en CO₂ par unité de masse d'O₂ consommée (environ 17,6 M.J.kg⁻¹ d'O₂ consommé). Finalement conformément à la loi de Hess qui mentionne que la chaleur produite ou absorbée par une réaction ne dépend que des états finaux et initiaux et non du chemin suivi, le taux de dégagement de chaleur peut alors s'écrire de la façon suivante :

$$\dot{Q} = \dot{Q}_t - \dot{Q}_{CO \to CO_2} = \Delta h_{O_2}\left(\dot{m}_{O_2}^e - \dot{m}_{O_2}^s\right) - \left(\Delta h_{CO} - \Delta h_{O_2}\right)\Delta \dot{m}_{O_2} \tag{III.B.16}$$

L'expression du taux de dégagement de chaleur corrigé devient donc :

$$\dot{Q} = \left[\Delta h_{O_2} \phi - \left(\Delta h_{CO} - \Delta h_{O_2} \right) \frac{1-\phi}{2} \frac{X_{CO}^s}{X_{O_2}^s} \right] \frac{\dot{m}^s}{1+\phi(\gamma-1)} \frac{M_{O_2}}{M_e} \left(1 - X_{H_2O}^s \right) X_{O_2}^e \qquad (III.B.17)$$

Références

[1]. Thornton, W. M. XV. The relation of oxygen to the heat of combustion of organic compounds. The London, Edinburgh, and Dublin Philosophical Magazine and Journal of Science, 33(194), 196-203. 1917

[2]. Janssens, M. L. Measuring rate of heat release by oxygen consumption. Fire technology, 27(3), 234-249. 1991

[3]. Hinkley, P., Wraight H., Wadley A., Rates of Heat Output and Heat Transfr in the Fire Propagation Test. Fire Research Note N°709, Fire Research Station, Borehamwood, England. 1968

[4]. Huggett, C. Estimation of the Rate of Heat Release by Means of Oxygen Consumption, Journal of Fire and Flammability, 12, 61-65. 1980

[5]. Marquis, D. Caractérisation et modélisation multi-échelle du comportement au feu d'un composite pour son utilisation en construction navale. Thèse de doctorat. Nantes. 2010

[6]. Parker, W. J. Calculations of the heat release rate by oxygen consumption for various applications. Journal of Fire Sciences, 2(5), 380-395. 1984

[7]. Tewarson, A. Generation of heat and chemical compounds in fires. SFPE handbook of fire protection engineering. 2002

Annexe III-B : Évolution des facteurs de sensibilité en fonction du temps

Les différents coefficients de sensibilité estimés à partir du taux de perte de masse et de la température de la face arrière ont été calculés pour les trois composants (résine, char et fibre) utilisés pour modéliser la pyrolyse des deux composites étudiés. Les courbes sont présentées ci-dessous :

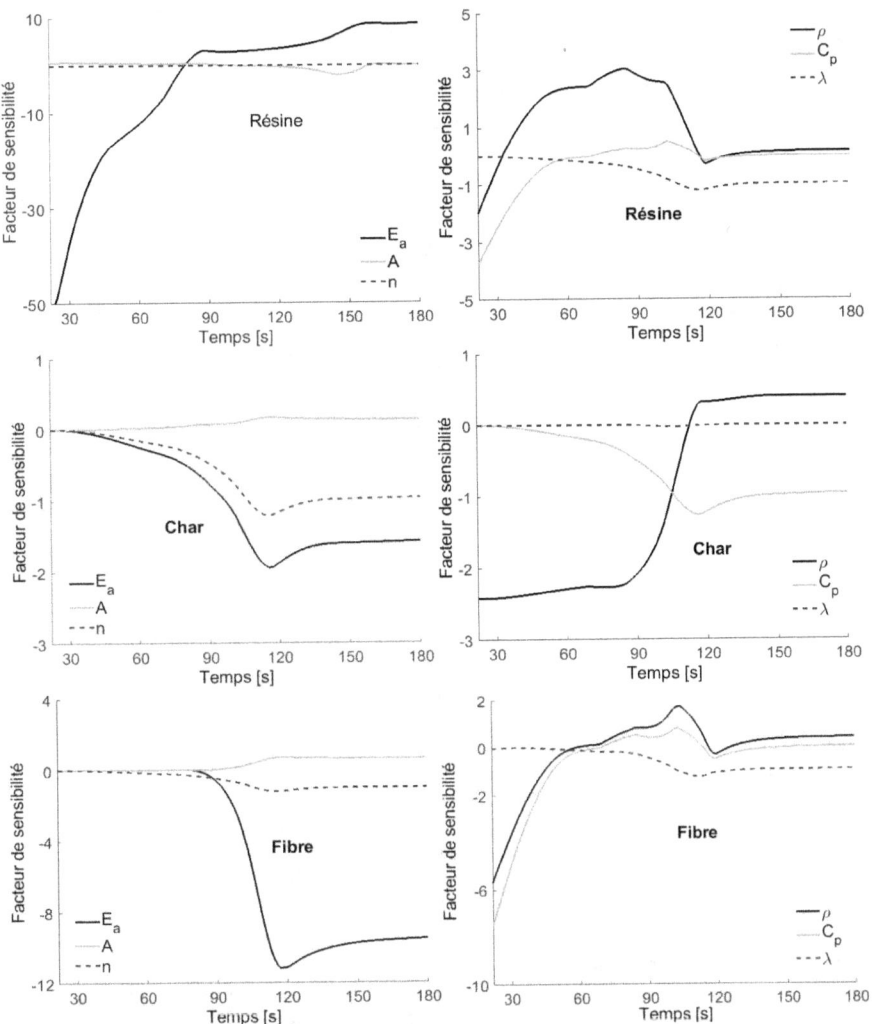

Figure III-C-1. Évolution des facteurs de sensibilité estimés à partir du taux de perte de masse pour les différents paramètres des composants du carbone-PEKK.

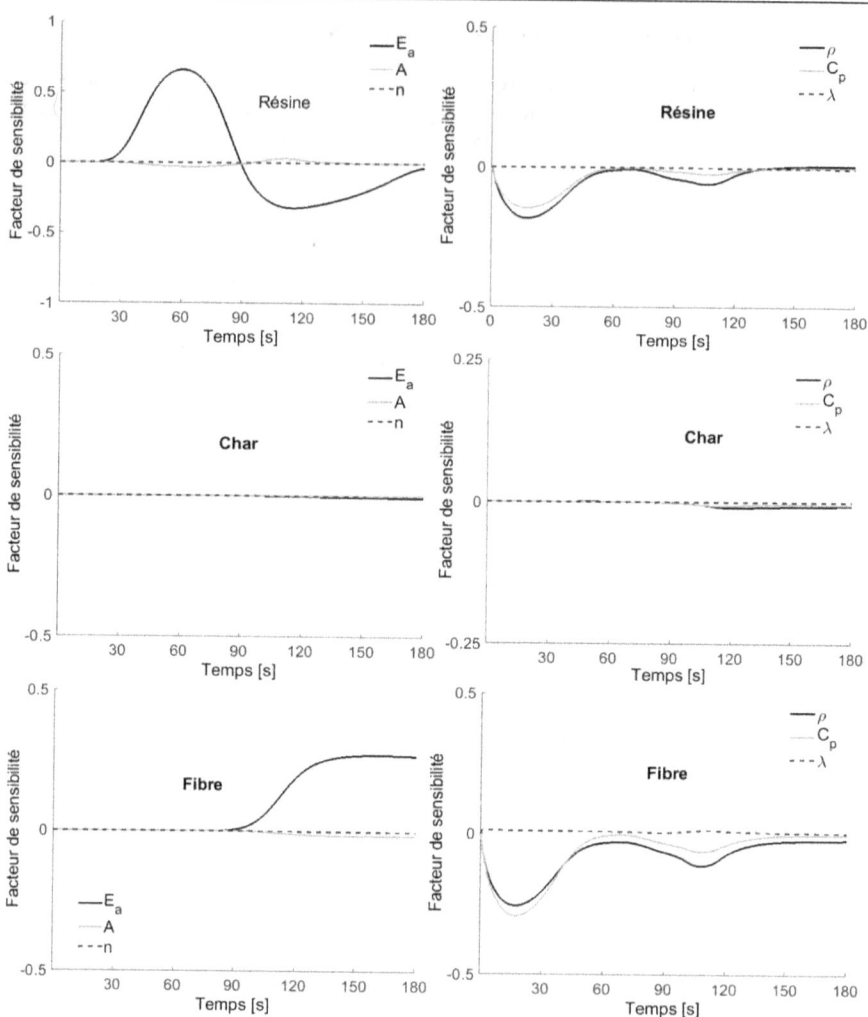

Figure III-C-2. Évolution des facteurs de sensibilité estimés à partir de la température de la face arrière pour les différents paramètres des composants du carbone-PEKK.

Les courbes visibles sur la figure III-C-1 représentent la sensibilité du taux de perte de masse aux propriétés thermophysiques et aux paramètres cinétiques des différents constituants du carbone-PEKK. La figure III-C-2 présente, quant à elle, la sensibilité de la température en face arrière à ces mêmes paramètres d'entrée du modèle de pyrolyse 1D. Sur la figure III-C-1, il est possible d'observer l'influence majeure de la densité (ρ) et de la chaleur spécifique (C_p) pour les trois composants pendant la phase transitoire entre

0 et la valeur maximale de MLR (environ 120 secondes). Il est également possible de remarquer que l'énergie d'activation est le paramètre le plus sensible au cours de la phase de décomposition. De plus, la valeur élevée du facteur de sensibilité est obtenue pour la résine au début de l'essai, tandis que vers la fin uniquement la fibre présente une sensibilité importante (voir à gauche de la figure III-C-1). Pour le char, la sensibilité du taux de perte de masse à la valeur de l'énergie d'activation augmente de plus en plus tout au long du test, cette augmentation de l'activation de l'énergie augmentant au fur et à mesure de la décomposition de la résine.

La figure III-C-2 présente l'évolution des facteurs de sensibilité obtenue pour la température de la face arrière. Ces courbes présentent des valeurs significativement plus faibles comparées à celles visibles sur la figure III-C-1. Il est également possible de distinguer que les propriétés du char présentent un très faible impact sur la dégradation du carbone-PEKK, avec des coefficients de sensibilité quasi-nuls jusqu'à environ 90 secondes. Ces derniers montrent néanmoins ensuite une faible sensibilité, en particulier pour la masse volumique et la chaleur spécifique. Ce comportement est observé malgré la production importante de char lors de la dégradation de la résine dû à sa forte concentration en anneaux aromatiques. Une tendance similaire est également visible sur les courbes associées aux facteurs de sensibilité des propriétés thermophysiques de la résine et des fibres. Les courbes présentent deux pics, le premier aux environs de 30 secondes, caractérisant la réaction de la résine et le second à environ 120 secondes, probablement associé à la réaction d'oxydation des fibres de carbone. Ce comportement signale l'impact majeur des paramètres thermophysiques sur la température de la face arrière pendant la période transitoire. Une faible influence de la conductivité thermique de la résine est également observée. Concernant les paramètres cinétiques, comme pour les propriétés thermophysiques, la température ne présente pas de variations à la suite de la modification de ces paramètres. En effet, le facteur de sensibilité reste quasi-nul tout au long de l'essai. Pour la résine, l'énergie d'activation varie quant à elle positivement entre 0 et 90 secondes puis négativement au-delà tandis que la constante pré-exponentielle suit un comportement inverse sur ces deux périodes. Pour la fibre, l'énergie d'activation joue un rôle important à partir de 90 secondes annonçant l'apparition de la réaction d'oxydation des fibres de carbone.

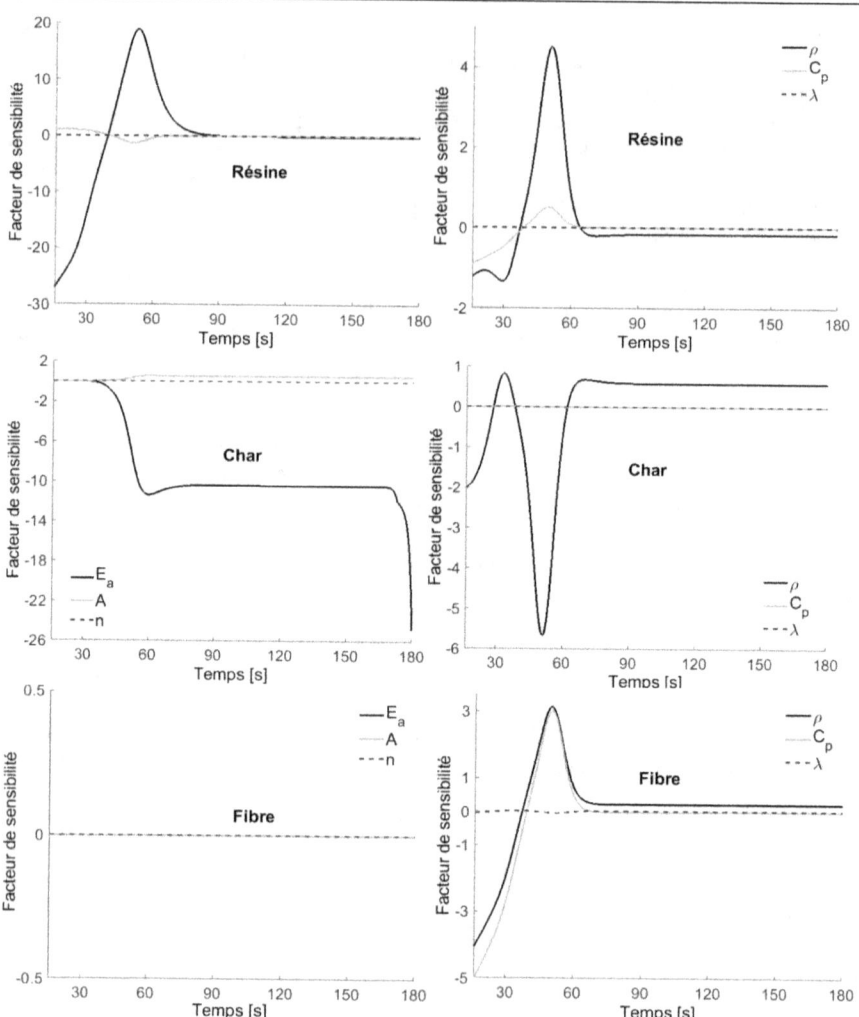

Figure III-C-3. Évolution des facteurs de sensibilité estimés à partir du taux de perte de masse pour les différents paramètres des composants du carbone-Phénolique.

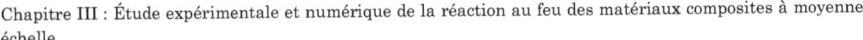

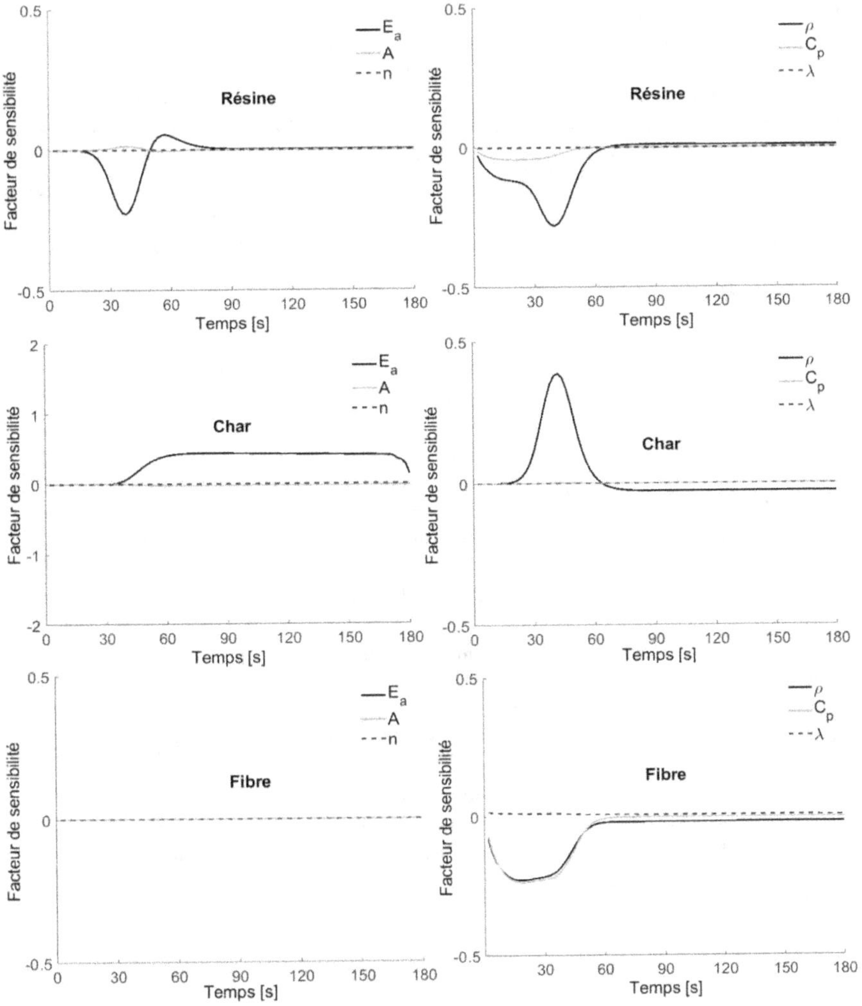

Figure III-C-4. Évolution des facteurs de sensibilité estimés à partir de la température de la face arrière pour les différents paramètres des composants du carbone-Phénolique.

Les courbes de la figure III-C-3 représentent les facteurs de sensibilité des paramètres thermophysiques et cinétiques des différents constituants du carbone-phénolique estimés à partir du taux de perte de masse. Tandis que celles de la figure III-C-4 représentent ceux déterminés à partir de la température en face arrière.

Le facteur de sensibilité, aux paramètres thermophysiques et cinétiques (Figure III.C-3), du taux de perte de masse du carbone-phénolique présente une fois de plus une valeur plus élevée que celui obtenu pour la température de la face arrière (voir Figure III.C-4) ; comme cela a été observé pour le carbone-PEKK. De plus, les facteurs de sensibilité obtenus pour la variation des paramètres thermophysiques, visibles sur la figure III.C-3, présentent des variations similaires à celles visibles pour le carbone-PEKK avec un changement de signe au cours de la période transitoire. Cependant, ce changement de signe se fait sur une période plus courte, en partant d'une valeur négative pour devenir positive. Encore une fois, la masse volumique semble être le paramètre thermophysique le plus sensible conduisant à la même conclusion que celle donnée pour le carbone-PEKK. En observant l'impact des paramètres cinétiques, comme noté précédemment, l'énergie d'activation est une nouvelle fois le paramètre d'entrée présentant l'impact le plus important de taux de perte de masse.

Néanmoins, contrairement au carbone-PEKK, dans le cas du carbone-phénolique, le taux de perte de masse ne présente aucune sensibilité au paramètre cinétique lié à la réaction d'oxydation des fibres de carbone. Ce résultat démontre l'impact négligeable de cette réaction au cours du processus de décomposition du composite. Le taux de perte de masse semble dans le même temps présenter une sensibilité tardive à l'énergie d'activation associée à la réaction d'oxydation du char. Avec une valeur diminuant à partir de 40 secondes. Cette augmentation tardive du facteur de sensibilité démontre que le char produit ne se décompose pas directement après sa production, contribuant ainsi à la protection thermique de la surface du matériau. La valeur négative du facteur de sensibilité indique également qu'une augmentation de l'énergie d'activation conduira à une diminution du taux de perte de masse, confirmant ainsi cette hypothèse. Ce comportement permet également d'expliquer l'impact plus important des paramètres thermophysiques et cinétiques sur la valeur de température de la face arrière, visible sur la figure III.C-4. En effet, en observant l'évolution du facteur de sensibilité obtenu pour les autres composés, les valeurs sont également significativement plus basses pour la température que pour le taux de perte de masse. Cependant, comme observé sur la figure III.C-3, la même phase de transition courte entre 0 et 60 secondes est visible sur les facteurs de sensibilité. Cette variation rapide peut être associée à la réaction de pyrolyse rapide et intense observée sur la courbe MLR entre 30 et 60 secondes, conduisant expérimentalement au pic de dégagement de chaleur

Chapitre IV.
Étude de la réaction au feu de matériaux composites à grande échelle

Table des matières

IV.1. Introduction et objectifs

À partir des caractérisations conduites à petite échelle (*cf.* chapitre II) ainsi que des mesures réalisées sur des échantillons de taille moyenne lors des essais au cône calorimètre (*cf.* chapitre III), une comparaison des deux matériaux étudiés dans ce travail de thèse a été possible précédemment. Cette approche a permis de mettre en avant la nature différente du comportement des deux matériaux. Le carbone-PEKK possède une température de dégradation très élevée (500 °C environ), une faible émission de volatils ainsi qu'une température en face arrière relativement basse [1-3]. Le carbone-phénolique présente, lui, une dégradation lente mais débutant pour des températures plus faible (250 °C), avec une quantité importante de volatils émise et une température pouvant augmenter rapidement sur la face arrière [1,2]. Au moyen d'essais à grande échelle, l'impact de ces comportements va être ici évalué sur la dégradation d'échantillons de grande dimension, représentatifs d'une pièce industrielle.

Au cours du processus de certification, les différents matériaux, composants et ensemble de pièces, complets, doivent subirent une succession de tests avant de pouvoir être installés et d'exercer leurs fonctions sur un aéronef. Parmi tous ceux-ci, la démonstration de conformité face à une agression thermique est l'une des plus sévères ; en particulier lorsque les pièces sont majoritairement constituées de matériaux composites [4]. Ces essais doivent être réalisés à l'aide d'un banc d'essai normalisé permettant de soumettre un échantillon de grande échelle (représentatif de la taille d'une pièce réelle) à une flamme standard, reconnue par les autorités de certification [5,6].

Néanmoins, il est très difficile de prédire le résultat de ce type d'essais. En effet, l'utilisation d'échantillons de grande échelle peut conduire à l'accentuation des phénomènes de dégradation ou bien l'apparition de zone confinés. Cela conduit, dans certains cas, à la multiplication des essais afin de pouvoir valider une configuration ou le choix d'un type de matériaux. Ces essais feux à grande échelle sur plaque ou pièce complète peuvent alors représenter un coût important lors de la phase de développement. C'est pourquoi, ces dernières années, l'intérêt pour les simulations numériques s'est renforcé afin de développer des modèles permettant de fournir une information quant à la probabilité d'échec ou de réussite d'un tel essai [7, 8]. La finalité est à long terme de pouvoir utiliser ce type de simulation afin de démontrer la conformité d'une pièce ou d'un matériau vis-à-vis des réglementations de tenue au feu. Néanmoins, l'utilisation des simulations numériques à grande échelle nécessite la compréhension des phénomènes à cette même échelle. En effet, à partir des résultats obtenus à petite échelle, il est difficile de modéliser directement le comportement de matériaux composites [4]. De plus, la grande hétérogénéité des matériaux composites nécessite tout de même l'utilisation d'une plateforme expérimentale adéquate permettant de fournir des résultats pour des configurations de référence et ainsi de valider les simulations numériques [9-11].

Après avoir réalisé la validation du modèle de pyrolyse à moyenne échelle à partir de mesure au cône calorimètre (*cf.* chapitre III), la simulation numérique CFD présentée dans ce chapitre vise à reproduire l'agression thermique reçue par le matériau et à modéliser la flamme ainsi que son interaction directe avec la paroi du matériau. Cependant, la complexité du couplage entre les multiples phénomènes rencontrés dans la modélisation des interactions entre écoulement réactif et dégradation thermique, en particulier pour les matériaux composites, rend ce type de simulation particulièrement complexe à mettre en place pour cette configuration.

Dans la section suivante, la plateforme expérimentale Feux VESTA de l'INSA Centre Val de Loire – campus de Bourges (laboratoire PRISME EA 4229) et les différents éléments constituant le système permettant de tester au feu des échantillons de grande échelle (brûleur NexGen) sont présentés avec l'instrumentation mise en place spécifiquement pour l'évaluation de la dégradation des composites.

Comme pour la pyrolyse monodimensionnelle des deux matériaux présentés dans le chapitre III, le code de calcul CFD FireFOAM est utilisé pour la modélisation de la flamme. La section 2 présente les calculs CFD utilisés pour la modélisation de l'agression thermique. Les équations de bilans et les modèles utilisés pour la représentation de la turbulence et de la combustion sont décrits. Deux cas tests du code de calcul FireFOAM sont ensuite présentés. Ces simulations visent à assurer la modélisation de deux configurations de référence : une flamme de panache, ainsi que l'agression thermique d'une plaque d'aluminium par une flamme de kérosène en vue de la modélisation des essais feu à grande échelle.

Enfin, dans une dernière section, les résultats expérimentaux obtenus pour les échantillons de grande échelle sont présentés et interprétés en tenant compte des mesures réalisées à petite échelle. À partir de ces résultats, il est ainsi possible de comparer le comportement au feu des deux composites étudiés et de mesurer l'effet d'échelle en les comparant aux résultats obtenus à moyenne échelle à l'aide du cône calorimètre.

IV.2.   Plateforme expérimentale Feux VESTA

Dans cette section, le brûleur NexGen disponible sur la plateforme expérimentale Feux VESTA ainsi que l'instrumentation spécifique développée pour l'étude de la dégradation des matériaux sont présentés.

IV.2.1.   Banc d'essai pour la tenue au feu à grande échelle

IV.2.1.1. Éléments constitutifs du banc d'essai à grande échelle

Le banc d'essai expérimental a pour objectif d'évaluer la dégradation thermique de matériaux exposés à une flamme de kérosène/air ayant une température et un flux donnés (voir figure IV-1). Ce type de banc d'essai est utilisé pour les essais de certification et se veut représentatif des conditions de feux réalistes et proches de celles rencontrées lors d'accidents réels, en particulier lorsque ces derniers ont lieu dans les zones autour des moteurs des aéronefs. Les différents éléments présentés sur ce banc d'essai et les systèmes auxiliaires nécessaires au bon fonctionnement du brûleur, tels que les systèmes d'approvisionnement en air et en carburant, sont détaillés dans la suite de cette section.

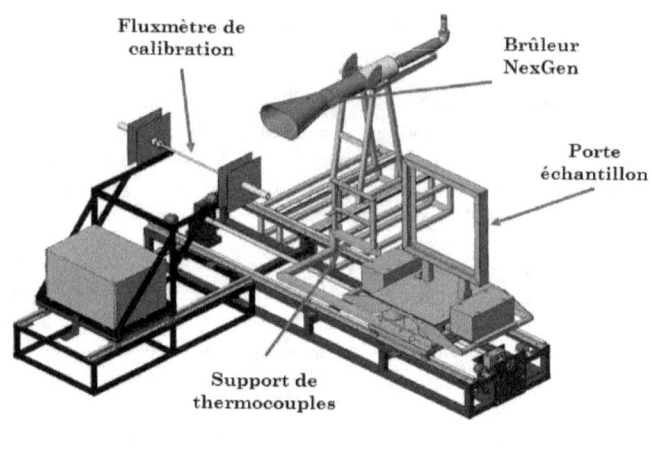

Figure IV-1. Vue schématique du banc d'essais.

Le circuit d'alimentation en air (voir figure IV-2) permet de fournir au brûleur une pression d'air allant de 1,90 à 4,5 bars à l'aide d'un compresseur. La régulation de l'air est assurée à l'aide d'une vanne manuelle. L'air passe ensuite dans un échangeur à eau permettant son premier refroidissement. Il circule ensuite dans une bobine stockée dans un congélateur permettant d'assurer une température d'entrée dans le brûleur située entre 5 et 15 °C.

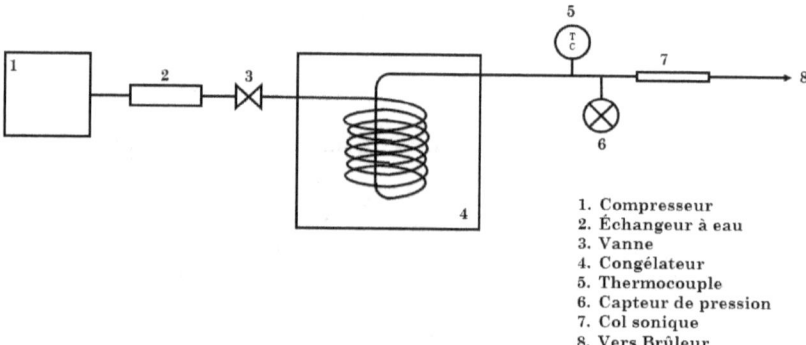

Figure IV-2. Schéma du circuit d'alimentation en air.

L'air passe ensuite dans un col sonique. Le débit d'air réel alors disponible pour la combustion est obtenu à l'aide d'une courbe de calibration fournie par la FAA présentée sur la figure IV-3 (débit d'air donné en SCFM[1] en fonction de la pression d'entrée en bar). Le col sonique permet d'assurer une pression atmosphérique en sortie et limite également les variations de pression en amont du brûleur [12]. Enfin, avant d'entrée dans le brûleur, l'air circule à travers un tube faisant office de silencieux, permettant ainsi de réduire les nuisances sonores.

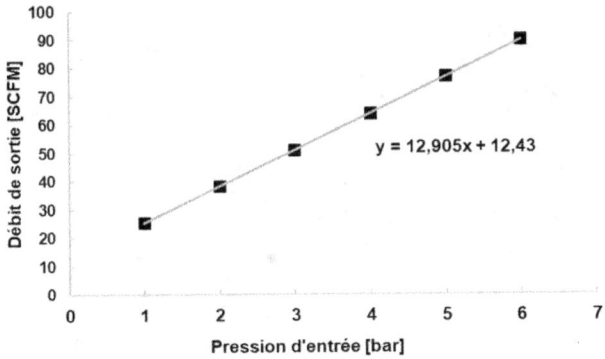

Figure IV-3. Courbe de calibration du col sonique.

Le carburant utilisé est un kérosène de type Jet A-1. Ce kérosène est le carburant de référence utilisé pour les turboréacteurs et turbopropulseurs des aéronefs commerciaux [14]. Il possède une énergie minimale de combustion de 42,8 MJ.kg^{-1}, une masse volumique à 15°C comprise entre 775 et 840 kg.m^{-3} [14]. Il est composé majoritairement d'un mélange d'hydrocarbures allant du C8 au C16 [15]. Le circuit d'alimentation en carburant est quant à lui constitué d'un jerrican de stockage de 25 L conservé à froid dans un congélateur (voir figure IV-4). Cela permet ainsi de fournir une température de carburant entre 0 et 10 °C au niveau de l'injecteur. Le débit du kérosène est assuré à l'aide d'une pompe fournissant un débit variable.

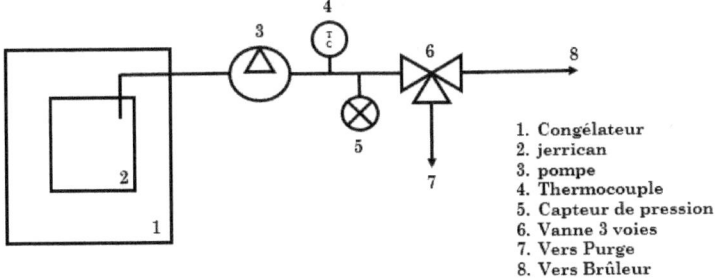

Figure IV-4. Schéma du circuit d'alimentation en carburant.

---

[1] SCFM pour Standard Cubic Feet Meter

Le kérosène est vaporisé dans le cône du brûleur à l'aide d'un injecteur de marque Delavan. L'injecteur permet d'assurer un débit approximatif de sortie du kérosène de 2,5 GPH[1] soit $15,77.10^{-2}$ l.s^{-1} avec un angle de vaporisation de 80 °. Pour éviter de perturber l'injection par des résidus présents dans le kérosène, l'injecteur est équipé d'un filtre. Le débit de sortie du kérosène dans l'injecteur étant amené à varier en fonction de la pression en amont, ce dernier est fixé en imposant une pression stable de kérosène.

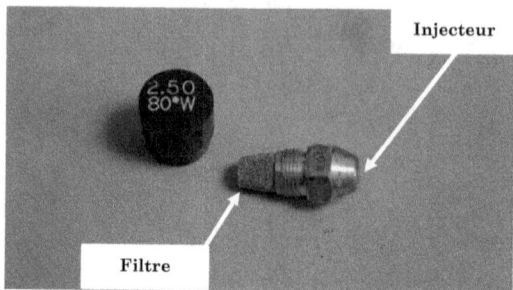

Figure IV-5. Injecteur kérosène Delavan (type W, 80°, 2,5 GPH).

L'allumage du mélange kérosène/air est assuré à l'aide d'une bougie fixée sur la partie supérieure du cône située à la sortie du brûleur. Cette bougie est alimentée par un courant de 10 kV pendant 3 secondes au début de la procédure d'essai. La mesure de la température de la flamme est assurée par un peigne de sept thermocouples chemisés de type K avec un diamètre de 1/8 de pouce. Comme mentionné dans le chapitre I de ce manuscrit, les thermocouples sont positionnés à 100 mm du cône du brûleur et sont installés à 20 mm les uns des autres, 25,4 mm de au-dessus de l'axe central (voir figure IV-6)

---

[1] GPH pour Gallons Par Heure

TC1 TC2 TC3 TC4 TC5 TC6 TC7

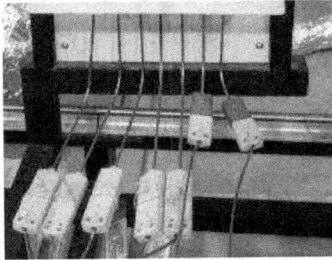

Figure IV-6. Photographie du peigne de sept thermocouples utilisé pour la calibration en température.

Contrairement aux essais réalisés avec l'ancien brûleur recommandé par les autorités de certification, la calibration de flux thermique n'est plus requise pour les essais de tenue au feu avec les nouveaux brûleurs de type NexGen, étant donnée la répétabilité requise sur les paramètres d'entrée (pression et température d'air et de carburant). Néanmoins, dans la configuration installée au laboratoire PRISME (INSA Centre Val de Loire – Campus de Bourges), un calorimètre à eau est installé sur le brûleur de la plateforme Feux VESTA pour mesurer le flux thermique moyen de la flamme et ainsi s'assurer de la continuité des résultats par rapport à l'ancienne version du brûleur. Comme décrit dans le chapitre I, l'élévation de la température d'un écoulement d'eau est mesurée en amont et en aval d'un tube de cuivre exposé à la flamme. Pour cela, deux thermocouples de type K sont installés de part et d'autre de la zone de mesure (échauffement de l'ordre de 5,5 °C sur la longueur du tube). Un débit d'eau fixe de 225 l.h^{-1} est imposé dans ce tube de cuivre (voir figure IV-7).

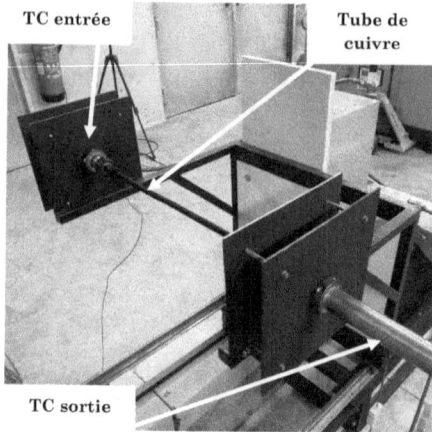

Figure IV-7. Calorimètre à eau pour la calibration du flux de chaleur moyen de la flamme.

L'échantillon à tester est disposé dans un porte échantillon équipé d'un déflecteur (voir figure IV-8). Il est maintenu en place dans le porte échantillon par pincement. Le déflecteur permet de s'assurer que la flamme ne contourne pas la plaque, venant sinon dégrader la face arrière de l'échantillon.

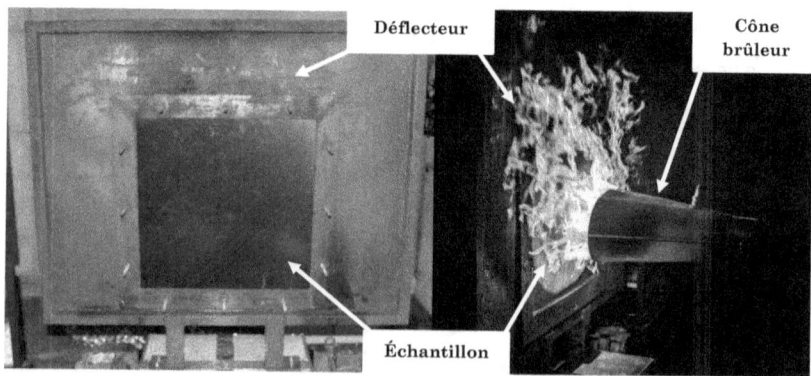

Figure IV-8. Structure du porte échantillon avec déflecteur.

Enfin, sur la partie supérieure du banc d'essai, une hotte est installée. Cette hotte permet d'assurer l'extraction des produits de combustion ainsi que des produits de pyrolyse des matériaux soumis à la flamme. Au cours de l'essai, la hotte est positionnée à son aspiration minimale afin de limiter son effet sur la convection de la flamme à la surface de l'échantillon. Une fois l'essai terminé, l'extraction est poussée à son débit maximum afin de renouveler l'air dans le local d'essai.

Comme indiqué précédemment dans le manuscrit, l'échantillon de composite est positionné à 100 mm de la sortie du cône du brûleur (voir figure IV-9).

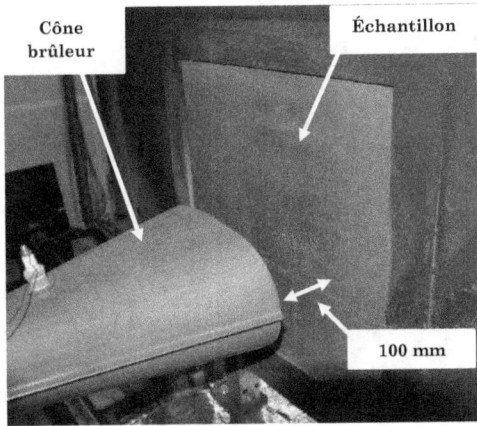

Figure IV-9. Positionnement du brûleur vis à vis d'un échantillon.

Le banc d'essai, quant à lui, est entièrement piloté à l'aide d'une console (voir figure IV-10) ainsi que d'une application spécifique (voir figure IV-11).

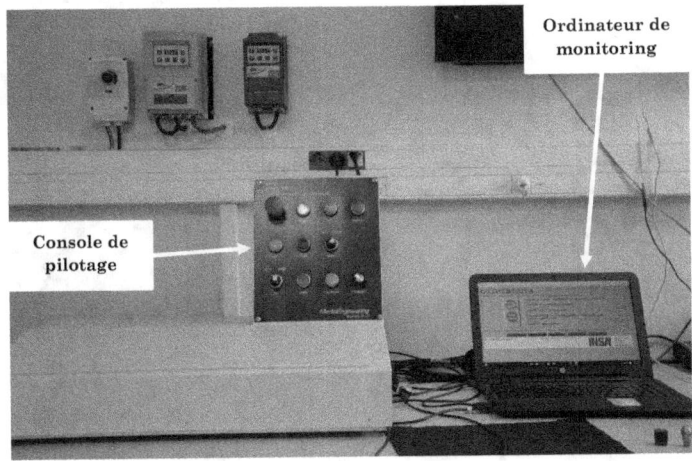

Figure IV-10. Console de pilotage du banc d'essai.

La console de pilotage permet d'enclencher la séquence automatisée du banc d'essai suivant la méthode définie dans l'application spécifique ainsi que de piloter manuellement le banc d'essai. Le pilotage manuel permet de contrôler le déplacement du porte échantillon, d'enclencher l'approvisionnent du brûleur en air et carburant, d'activer la bougie, de déclencher l'ignition de la combustion et d'activer la vibration. L'application de pilotage permet, quant à elle, de visualiser en temps réel le temps d'essai et les niveaux de pression et température dans le circuit d'air et de carburant. Avec ce banc d'essai, il est ainsi possible de réaliser des tests au feu standard de manière quasi-automatique, sans intervention au cours de la procédure de test.

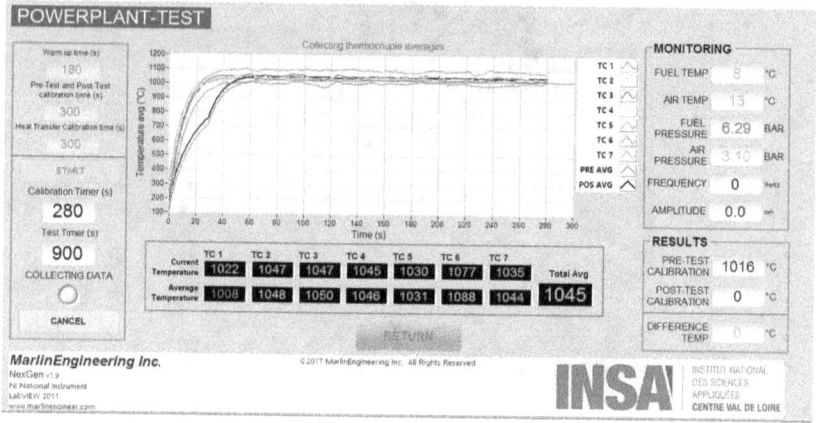

Figure IV-11. Interface de pilotage du banc d'essai.

Deux caméras vidéo sont utilisées afin de filmer le déroulement des essais, directement sur la face avant ainsi que sur la face arrière) des échantillons soumis à la flamme (voir figure IV-12). Il est ainsi possible de procéder à un arrêt instantané de l'essai en cas d'urgence.

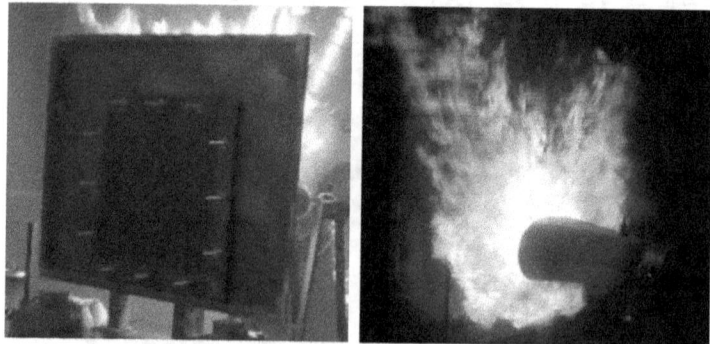

Figure IV-12. Visualisation au cours d'un essai de la face arrière (gauche) et de la face avant (droite)

IV.2.1.2. Métrologie des essais feu

Afin de pouvoir étudier expérimentalement de manière pertinente la dégradation des composites et valider les simulations numériques à grande échelle, une instrumentation adaptée a été mise en place autour du brûleur. Cette métrologie vise à mesurer la perte de masse des échantillons au cours de l'essai et le champ de température de la face arrière.

(i). Instrumentation

La comparaison expérimentale/numérique de la pyrolyse en 1D sur des échantillons de moyenne échelle a mis en avant la nécessite de valider la pyrolyse des matériaux à l'aide de la mesure de perte de masse. De plus, une mesure de perte de masse en cours d'essai permet d'évaluer le niveau de dégradation d'un matériau et son risque de percement lorsqu'il est soumis au feu.

La mesure de perte de masse est obtenue à l'aide d'un capteur de pesage à appui central[1] SCAIME AG3 (voir figure IV-13). La masse maximum supportée par le capteur est de 50 kg avec une incertitude de mesure de 5 g. Le fonctionnement du capteur de pesage est détaillé en annexe IV-A.

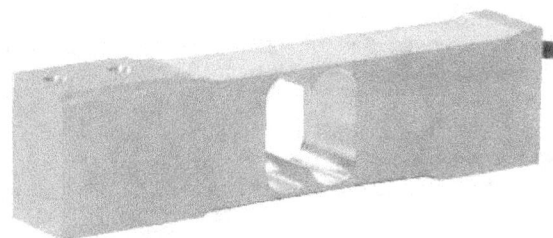

Figure IV-13. Capteur de pesage SCAIME AG3.

Enfin, une caméra thermique Flir ThermCam PM 595 est utilisée pour mesurer la température de la face arrière des échantillons de composite au cours des essais. Cette dernière est positionnée à environ 2,5 m de l'échantillon. Cette position permet de visualiser l'intégralité de la face arrière de l'échantillon sur la caméra. L'émissivité de la plaque est considérée comme fixe et égale à 0,9 pour toute la durée de la mesure. Malgré l'évolution de l'émissivité au cours de l'essai, cette valeur a été mesurée sur les fibres de carbone [16] et le char [17].

(ii). Centrale d'acquisition de données

Le contrôle et le suivi des mesures lors des études expérimentales ainsi que l'acquisition des données est réalisée à l'aide d'une centrale National Instrument PXI (PCI eXtension for Instrumentation). Ce dispositif permet de mettre en communication des instruments de contrôle et de mesure avec la carte mère d'un ordinateur. Elle est constituée de trois éléments :

- Un châssis NI PXIe-1073
- Une carte d'acquisition NI PXI-6229
- Une carte d'acquisition pour thermocouple NI PXIe-4353

Le châssis NI PXIe-1073 est un contrôleur qui permet de mettre en communication la carte mère de l'ordinateur (utilisée pour contrôler le banc d'essai) avec des modules appelés

---

[1] Single point load cell

cartes d'acquisition qui sont utilisés comme interface de communication entre l'ordinateur et l'instrumentation ou bien des modules de contrôle (vannes, etc.). La carte d'acquisition NI PXI-6229 est un module multifonction permettant l'acquisition de données à l'aide de 32 entrées analogique à 16 bits avec une tension maximale allant de +10 à -10 V et une gamme minimale de tensions allant de -200mvV à +200 mV. La carte est également équipée de 4 sorties analogiques 16 bits avec une gamme de tension de +10 à -10 V. Enfin 48 entrées/sorties numériques, avec une gamme maximale de tension de 0 à 5V, sont également disponibles. Les applications permettant la visualisation ainsi que l'enregistrement des données ont quant à elles été créés à l'aide du logiciel LabVIEW.

IV.3.   Présentation du code de calcul FireFOAM

Le code de calcul FireFOAM est un code de calcul CFD Open Source développé par FM Global et basé sur la plateforme OpenFOAM. Ce code de calcul CFD permet la simulation d'écoulements réactifs entraînés par la flottabilité, la combustion non pré-mélangée, la pyrolyse de matériaux solides, la propagation du feu, etc. Il permet de simuler les écoulements aux grandes échelles (LES) pour la modélisation de la propagation et de l'extinction des incendies. FireFOAM est un solveur dit « volumes finis » de second ordre avec une intégration temporelle implicite. Il permet de réaliser des simulations numériques à la fois avec un maillage structuré ou un maillage non structuré.

IV.3.1.   Équations de bilan

FireFOAM utilise un jeu d'équation de bilan filtrées spatialement, et moyennées suivant la méthode de Favre[1] et présente une formulation dite « low Mach » compressible. Cette formulation engendre un découplage de la pression dynamique et thermodynamique. Les équations de bilans permettant de représenter les phénomènes sont donc les suivantes :

Équation de conservation de la masse

$$\frac{\partial \overline{\rho}}{\partial t} + \frac{\partial \overline{\rho}\tilde{u}_j}{\partial x_j} = 0 \tag{IV.1}$$

Équation de conservation de la quantité de mouvement

$$\frac{\partial \overline{\rho}\tilde{u}_i}{\partial t} + \frac{\partial \overline{\rho}\tilde{u}_i\tilde{u}_j}{\partial x_j} = -\frac{\partial \overline{p}}{\partial x_j} + \frac{\partial}{\partial x_j}\left(\overline{\rho}\left(\upsilon + \upsilon_t\right)\left(\frac{\partial \tilde{u}_i}{\partial x_j} + \frac{\partial \tilde{u}_j}{\partial x_i}\right)\right) + \overline{\rho}g_i, \, i = 1, 2, 3 \tag{IV.2}$$

La pression totale est elle-même décomposée de la manière suivante :

$$P_t = P_d + \overline{\rho}g_j x_j \tag{IV.3}$$

Où P_t est la pression totale, P_d la pression dynamique.

---

[1] La moyenne de Favre est une moyenne pondérée par la masse $\tilde{u} = \dfrac{\rho u}{\overline{\rho}}$

Équation de transport de l'enthalpie totale

$$\frac{\partial \overline{\rho} \tilde{h}_s}{\partial t} + \frac{\partial \overline{\rho} \tilde{u}_j \tilde{h}_s}{\partial t} = \frac{Dp_t}{Dt} + \frac{\partial}{\partial x_j}\left(\overline{\rho}\left(D + \frac{\nu_t}{\Pr_t} \right)\frac{\partial \tilde{h}_s}{\partial x_j} \right) - \frac{\partial \dot{q}''}{\partial x} + \overline{\dot{\omega}}_{h_s}'' \qquad (IV.4)$$

Dans FireFOAM, l'équation de transport pour l'enthalpie totale h_t est résolue et la relation entre enthalpie sensible et celle chimique est définie de la manière suivante :

$$h = \int_{T_0}^{\tilde{T}} \sum_k \left(Cp_k(\tau) \tilde{Y}_k \right) d\tau + \sum_k h_{f,k}^0 \tilde{Y}_k \qquad (IV.5)$$

Où $h_{f,k}^0$ et Y_k sont respectivement la chaleur de formation et la fraction massique de l'espèce k.

Équation de transport de la fraction massique

$$\frac{\partial \overline{\rho} \tilde{Y}_k}{\partial t} + \frac{\partial \overline{\rho} \tilde{u}_j \tilde{Y}_k}{\partial t} = \frac{\partial}{\partial x_j}\left(\overline{\rho}\left(D_k + \frac{\nu_t}{\Pr_t} \right)\frac{\partial \tilde{Y}_k}{\partial x_j} \right) + \overline{\dot{\omega}}_{Y_k}'' \qquad (IV.6)$$

Équation d'état

$$\overline{p} = \overline{\rho} R \tilde{T} \qquad (IV.7)$$

La solution en temps est obtenue à l'aide d'un schéma de Crank-Nicholson de second ordre. Un schéma PIMPLE[1], combinaison de l'algorithme PISO[2] décrit par Issa [18] et de l'algorithme SIMPLE[3] (décrit en détail par Ferziger et Peric [19]) est utilisé pour résoudre les équations.

IV.3.2. Modèles de turbulence et thermophysique

La turbulence est résolue à l'aide d'un modèle LES SGS (SubGrid-Scale[4]). Le modèle de turbulence SGS a été initialement proposé par Schuman en 1975 [20].

Dans le code de calcul FireFOAM, un modèle de turbulence à une équation sur k, tel que décrit par Menon *et al.* en 1996 [21], est employé pour la fermeture SGS. Ce dernier s'écrit de la manière suivante :

$$\frac{\partial \overline{\rho} k_{SGS}}{\partial t} + \frac{\partial \overline{\rho} \tilde{u}_j k_{SGS}}{\partial x_j} = \frac{\partial}{\partial x_j}\left(\overline{\rho}(\nu + \nu_t)\frac{\partial k_{SGS}}{\partial x_j} \right) + \overline{\rho} P - \overline{\rho} \varepsilon \qquad (IV.8)$$

Où P, ε et k_{SGS} sont respectivement la production, la dissipation et l'énergie cinétique du modèle SGS. La production s'exprimant de la manière suivante :

---

[1] PIMPLE : Pressure Implicit Method for Pressure-Linked Equations
[2] PISO : Pressure Implicit with Splitting of Operator
[3] SIMPLE : Semi-Implicit Method for Pressure-Linked Equations
[4] SubGrid-Scale : modèle de sous-maille

$$P = \tau ij \frac{\partial \tilde{u}_i}{\partial x_j} \tag{IV.9}$$

La viscosité cinématique turbulente (v_t) et la dissipation d'énergie cinétique sont calculées de la manière suivante :

$$v_t = C_k \Delta k_{SGS}^{\frac{1}{2}} \text{ et } \varepsilon_{SGS} = \frac{C_\varepsilon k_{SGS}^{\frac{3}{2}}}{\Delta} \tag{IV.10}$$

Où C_k et C_ε sont des constantes du modèle dont les valeurs par défaut sont 0,07 et 0,158. De plus, le modèle de Smagorinsky implique que la production soit égale à la dissipation. Par conséquent $P - \varepsilon = 0$

Dans FireFOAM, la température et l'enthalpie sensible sont reliées par la base thermodynamique JANAF du NIST :

$$h_k = R \left(\sum_{k=1}^{5} \frac{a_k}{k} T^k + a_6 \right) \tag{IV.11}$$

La viscosité dynamique des gaz est calculée à l'aide de la loi de Sutherland :

$$\mu = \frac{A_s \sqrt{T}}{1 + T_s \sqrt{T}} \tag{IV.12}$$

Les chaleurs spécifiques des différents gaz sont calculées à l'aide des polynômes à 7 coefficients de la NASA (Base de données de Burcat [22])

$$Cp_k = R \left(\sum_{k=1}^{7} \alpha_k T^k + a_8 \right) \tag{IV.13}$$

La conductivité thermique des gaz frais est calculée à partir de la formule modifiée d'Euchen :

$$\lambda = \mu C_v \left(1,32 + 1,77 \left(\frac{R}{C_v} \right) \right) \tag{IV.14}$$

IV.3.3.   Modèle de combustion

Dans la majorité des cas, les flammes d'incendie sont considérées comme des flammes de diffusion turbulente dans lesquelles le carburant et le comburant brûlent en même temps qu'ils se mélangent. Le taux de combustion est donc contrôlé par le temps caractéristique du mélange turbulent. De plus, le temps caractéristique des réactions chimiques est négligeable en comparaison avec le temps caractéristique turbulent [23]. Par conséquent, dans la majorité des cas, l'utilisation d'un modèle de combustion de type Eddy Dissipation Concept (EDM) est justifiée.

Le modèle EDM est basé sur le modèle Eddy-Break-Up (EBU). Ce modèle a été proposé par Spalding en 1983 [24] afin de modéliser la combustion turbulente pré-mélangée. Il est basé sur l'hypothèse de chimie rapide ; ce qui signifie que le carburant et l'oxydant réagissent immédiatement entre eux à partir du moment où ils sont mélangés. Par conséquent, il est possible d'exprimer le taux de réaction chimique moyen de la manière suivante :

$$\overline{w}_{carb} = -C_{EBU} \frac{\sqrt{Y_{carb}^{"2}}}{\tau_t} \tag{IV.15}$$

C_{EBU} est une constante du modèle, $Y_{carb}^{"2}$ est la variance de la fraction de mélange du carburant. Le taux de réaction est donc directement contrôlé par le temps caractéristique turbulent τ_t qui, dans le cas d'un modèle k-ε, est égal à

$$\tau_t = \frac{\tilde{k}}{\tilde{\varepsilon}} \tag{IV.16}$$

Où $\tilde{k}$ et $\tilde{\varepsilon}$ sont les moyennes de Favre de l'énergie cinétique turbulente et du taux de dissipation.

À partir de ces travaux, Magnussen et Hjertager ont donc introduit un modèle similaire pour à la fois les flammes de pré-mélange et les flammes de diffusion [25]. Ce modèle est appelé modèle EDC ; dans lequel le terme $Y_{carb}^{"2}$ est remplacé par la fraction massique de l'espèce déficiente, à savoir le carburant pour les mélanges pauvres et l'oxygène pour les mélanges riches. Magnussen et Hjertager ont ainsi obtenu l'expression suivante :

$$\omega_{carb} = -C_{EDM} \frac{\min\left[\tilde{Y}_{carb}, \frac{\tilde{Y}_0}{s}, \frac{\tilde{Y}_{pr}}{1+s}\right]}{\tau_t} \tag{IV.17}$$

Où C_{EDM} est une constante du modèle et $\tilde{Y}_f$, $\tilde{Y}_o$ et $\tilde{Y}_{pr}$ sont les moyennes de Favre des fractions massiques du carburant, du comburant et des produits de combustion. s est le rapport stœchiométrique massique du mélange air/carburant.

Ces dernières années, les modèles EBU et EDC ont été largement utilisés dans la simulation d'écoulements turbulents réactifs. Dans FireFOAM, le modèle EDC est utilisé de manière légèrement différente du modèle présenté ci-dessus. La différence se trouve dans la modélisation du temps caractéristique de réaction τ_t. En effet, dans FireFOAM, le modèle EDC est utilisé de la manière suivante :

$$\overline{\omega}_F^{"} = C_{EDC}\overline{\rho} \frac{\min\left[\tilde{Y}_F, \frac{\tilde{Y}_{O_2}}{r_s}\right]}{\tau_t} \tag{IV.18}$$

Avec $\overline{\rho}$ la densité moyenne, τ_t le temps caractéristique de la combustion défini de la comme :

$$\tau_t : \frac{k_{SGS}}{\varepsilon_{SGS}} : \frac{\Delta}{k_{SGS}^{1/2}} \qquad\qquad (IV.19)$$

Le rayonnement thermique des gaz est pris en compte en résolvant l'équation du transfert radiatif (RTE[1]) à l'aide du modèle de rayonnement fvDOM[2]. Ce modèle est basé sur les travaux de Chai *et al.* [26]. Le transport radiatif est implémenté comme étant la divergence du flux de chaleur de la façon suivante :

$$-\nabla\bullet\dot{q}_r^{"} = \kappa(x)\left[U(x) - 4\pi I_b(x)\right] \qquad\qquad (IV.20)$$

Avec $\kappa(x)$ le coefficient d'absorption de la cellule, $U(x)$ l'énergie issue du rayonnement passant dans la cellule et enfin $I_b(x)$ le rayonnement de corps noir émis par la cellule, qui est calculé de la façon suivante :

$$I_b(x) = \frac{\sigma T^4}{\pi} \qquad\qquad (IV.21)$$

Comme pour le transport convectif des gaz, l'équation IV-21 est discrétisée spatialement en utilisant le même maillage. Cette équation de transport radiative est résolue sur toute la bande spectrale afin de fournir une bonne estimation du rayonnement. Néanmoins, ce processus est très coûteux en termes de temps de calcul. C'est pourquoi un coefficient d'absorption moyen est utilisé. Ce coefficient dépendant de la fraction massique de l'espèce et de sa température.

IV.4. Modélisation à grande échelle : Couplage flamme/pyrolyse

IV.4.1. Modèle numérique

IV.4.1.1. Domaine de calcul et maillage

Le domaine de calcul utilisé pour les simulations numériques vise à être représentatif du banc d'essai et du brûleur NexGen ; en particulier en ce qui concerne les dimensions du cône du brûleur, présent sur le banc d'essai, qui sont respectées. Comme le montre la figure IV-14, un domaine libre avec des dimensions de 1m x 1m x 1m est ajouté pour permettre le développement de la flamme. Ce domaine de calcul est utilisé pour la mesure de température dans le cas d'une flamme libre. La discrétisation spatiale utilisée pour ce domaine est un maillage structuré d'environ 750000 mailles.

---

[1] Radiative Transfer Equation
[2] Finite Volume Discrete Ordinates Model

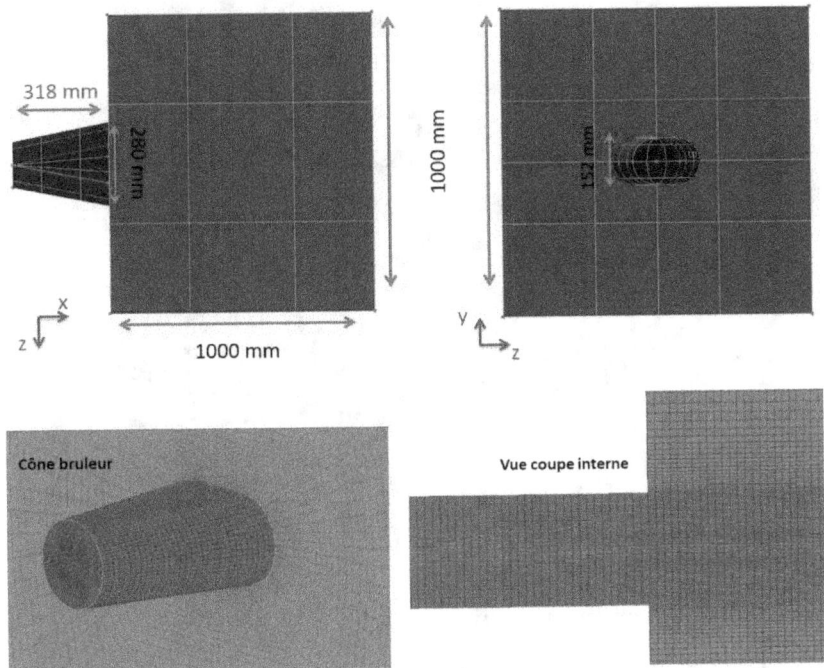

Figure IV-14. Domaine de calcul et maillage structuré associé.

Un second domaine de calcul est utilisé pour les cas de calcul avec une plaque de composite (voir figure IV-15). Dans le but d'être représentatif de la configuration réelle avec le déflecteur, un domaine solide correspondant à la plaque de composite est disposé sur la limite extérieure d'un domaine libre raccourci. Les dimensions du domaine libre étant alors de 1 m x 1 m x 0,1 m. Un maillage structuré de 726 000 mailles avec un raffinement au niveau de l'interface fluide/paroi est utilisé.

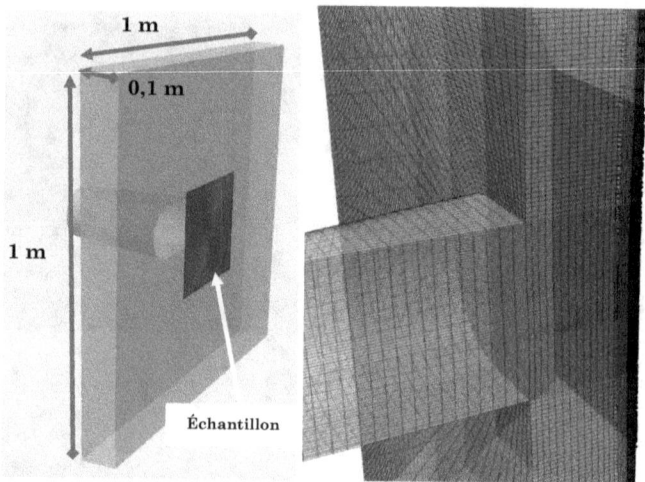

Figure IV-15. Domaine de calcul et maillage associé du cas de flamme impactante.

Cette discrétisation permet d'avoir un compromis entre le temps de calcul et la bonne résolution de la zone de réaction.

IV.4.1.2. Conditions limites

Dans cette section, les différentes conditions appliquées aux limites du domaine étudié précédemment sont présentées. La réaction globale de combustion du kérosène ($C_{12}H_{23}$) utilisé peut s'écrire de la façon suivante :

$$C_{12}H_{23} + 17,75\left(O_2 + \frac{79}{21}N_2\right) \rightarrow 12CO_2 + 11,5H_2O + 66,77N_2 \qquad (IV.22)$$

Afin de pallier l'absence du kérosène dans la base JANAF, les propriétés du n-dodécane (composé majoritaire dans le kérosène utilisé) proposés par Wang [27] sont utilisées. La vaporisation du kérosène utilisé expérimentalement n'est pas prise en compte dans les simulations numériques. Le kérosène et l'air sont injectés séparément et de manière concentrique, sous forme gazeuse. L'injection de carburant est située au centre du cône de manière concourante avec l'air. Des débits massiques de kérosène ($C_{12}H_{23}$) et d'air (composé de 21 % d'O_2 et de 79 % de N_2), respectivement, de 0,003 kg.s^{-1} et 0,0341 kg.s^{-1} sont injectés à une température de 283 K et la pression atmosphérique. Les débits d'air et de kérosène permettent ainsi de respecter les niveaux de richesse rencontrés dans le brûleur et permettent d'assurer des températures de flamme correspondant à celles mesurées expérimentalement.

Sur les parois du cône du brûleur, une condition limite permet de prendre en compte les pertes thermiques (en utilisant un coefficient de transfert thermique et la température ambiante).

$$-\lambda \frac{T_p - T_b}{|d|} = \frac{T_a - T_b}{R_{th}} + q_r \qquad (IV.23)$$

Avec T_p la température du fluide, T_b la température de l'interface fluide/paroi, T_a la température ambiante à l'extérieure et λ la conductivité thermique du fluide. d est l'épaisseur de la paroi. Et enfin q_r le flux radiatif.

R_{th} correspond ici à la résistance thermique du matériau utilisé pour la paroi, et se calcul de la manière suivante :

$$R_{th} = \frac{1}{h} + \sum_{i=1}^{n} \frac{l_i}{\lambda_i} \qquad (IV.24)$$

Où h est le coefficient de convection et l_i et λ sont respectivement l'épaisseur et la conductivité thermique de la i^{eme} couche de matériau.

Concernant les espèces et la pression, une condition limite fixe sans gradient est utilisée. Une loi de paroi est également employée pour la viscosité turbulente ainsi que sur la diffusivité thermique. Sur les limites extérieures du domaine, des surfaces libres sont utilisées, avec une pression totale fixée à une valeur atmosphérique de 101325 Pa pour assurer l'évacuation des produits de combustion.

IV.4.2.   Cas de validation du code de calcul FireFOAM

Dans cette section, deux cas de validation à différentes échelles sont présentés. Ils permettent de préparer la modélisation des essais feux à grande échelle avec l'outil de calculs CFD FireFOAM.

IV.4.2.1. Étude d'une flamme de panache méthane/air

Le premier cas test étudie le panache d'une flamme de diffusion méthane/air suivant les travaux expérimentaux réalisés par Zhou *et al.* [28] dont un schéma est visible sur la figure IV-16. Dans ces travaux, la flamme de diffusion de méthane est générée à l'aide d'un brûleur avec un diamètre de 71 mm, un angle de divergence de 7° et un débit de méthane de 84,3 mg.s^{-1}. Expérimentalement, les températures et vitesse verticales et horizontales de flamme sont mesurées pour différentes positions, en fonction de la distance radiale. Les mesures de vitesses sont réalisées à l'aide d'un montage PIV[1] tandis que la température est obtenue à partir de la mesure des concentrations des différents produits de combustion [29].

---

[1] Particle Image Velocimetry

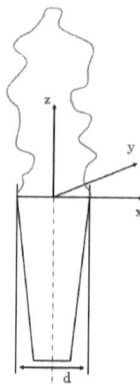

Figure IV-16. Vue schématique du brûleur méthane (d=7,1 cm).

Les dimensions du domaine de calcul utilisé sont de 20 cm x 20 cm x 40 cm. La discrétisation spatiale de ce dernier est réalisée à l'aide d'un maillage structuré uniforme d'environ 250000 mailles (taille uniforme de 4mm). Les conditions limites fixées sur les sorties du domaine sont définies comme libre à pression atmosphérique. Sur la limite correspondant au brûleur, le méthane est injecté avec une vitesse et une fraction massique uniforme (u= 3,14 cm.s^{-1} et Y_F=1). Un pas de temps adaptatif est utilisé. Ainsi, celui-ci est déterminé afin de garantir un CFL[1] maximum de 0,6. De cette manière un pas de temps moyen de 3.10^{-4} seconde est utilisé avec des valeurs maximales et minimales, respectivement de 2.10^{-4} secondes et de 4.10^{-4} seconde. L'objectif de ce calcul est d'évaluer la précision avec laquelle FireFOAM va estimer les distributions de températures et de vitesse dans le panache de la flamme.

---

[1] CFL : Courant–Friedrichs–Lewy.

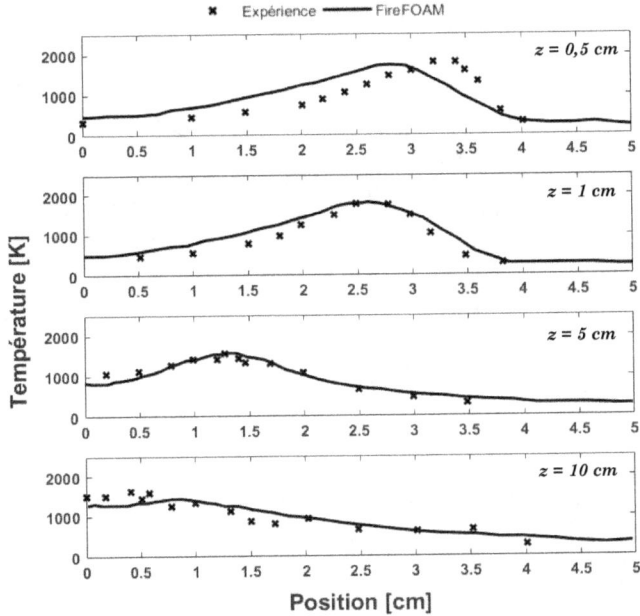

Figure IV-17. Évolution radiale de la température pour différentes hauteurs.

L'évolution radiale de la température est présentée sur la figure IV-17 pour quatre hauteurs différentes (z=0,5, 1, 5 et 10 cm). La comparaison entre les résultats numériques et expérimentaux montre que pour les hauteurs de z=5 cm et z= 10, un très bon accord est obtenu. Pour une hauteur de 1 cm, une légère surestimation de la température obtenue par les simulations numériques est observée entre 1 et 2,3 cm ainsi qu'entre 3,2 et 3,5 cm. Quant à la hauteur proche du brûleur (z=0,5 cm), une surestimation de la température entre 1 et 3 cm est constatée avec un décalage de position de la valeur maximale. En effet, elle est autour de 3,5 cm pour les expériences et 3 cm pour les simulations numériques.

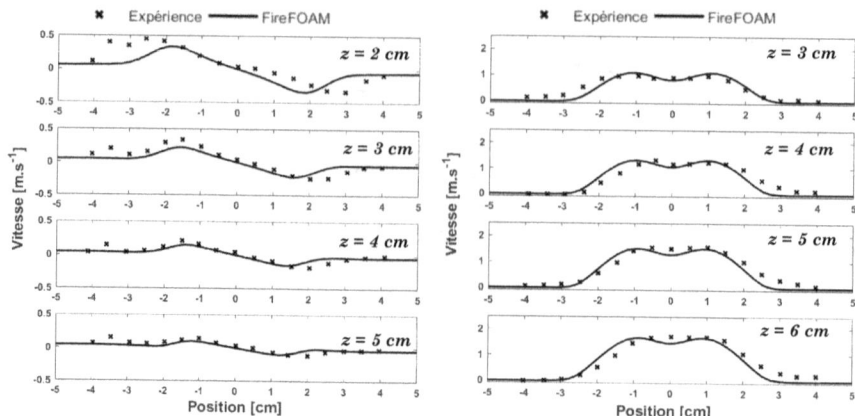

Figure IV-18. Profils de vitesse horizontaux (gauche) et verticaux (droite).

Les profils de vitesse verticale et horizontale sont eux présentés sur la figure IV-18. Les profils de vitesse horizontale présentent un bon accord pour les hauteurs supérieures ou égales à 3 cm. Pour la hauteur $z=2$ cm, une sous-estimation de la vitesse horizontale est observée entre -3,5 et -2 cm et entre 0,5 et 2 cm. Les résultats numériques surestiment cette vitesse pour les positions 2,5, 3 et 3,5 cm. En ce qui concerne les vitesses verticales, les résultats numériques corroborent les données expérimentales pour les différentes hauteurs.

Les résultats ainsi obtenus démontrent la bonne capacité de FireFOAM à représenter les flammes de diffusion. En effet, un accord global jugé tout à fait acceptable a été obtenu sur les températures de flamme ainsi que les vitesses verticales et horizontales.

IV.4.2.2. Étude d'une flamme kérosène/air impactant une plaque d'aluminium

Afin de valider les phénomènes d'interaction entre une flamme de type brûleur NexGen et une plaque, des simulations numériques d'une interaction flamme-paroi sont réalisées dans une configuration type brûleur NexGen, avec un matériau ne se décomposant pas thermiquement (aluminium). Les valeurs numériques de la température de la face arrière sont comparées avec celles obtenues par l'université de Cincinnati (États-Unis) sur une plaque d'aluminium 6061, d'une épaisseur de 6,4 mm [30]. Les propriétés thermiques utilisées sont obtenues à partir de données disponibles dans la littérature [31] et présentées dans le tableau IV-1.

Tableau IV-1. Propriétés thermophysiques de l'aluminium 6061.

	ρ [kg.m^{-3}]	λ [W.m^{-1}.K^{-1}]	Cp [J.kg^{-1}.K^{-1}]
Aluminium 6061	2700	167	896

Le domaine de calcul (voir figure IV-15) utilisé pour les simulations numériques de ce cas est représentatif de la géométrie du brûleur NexGen, en particulier du cône. Le domaine décrit dans la section précédente est donc utilisé pour ces calculs.

Dans les simulations numériques, les propriétés thermiques du kérosène, comme précédemment, sont assimilées à celles du n-dodécane (composé majoritaire dans le kérosène) afin de pouvoir utiliser la base de données JANAF pour les propriétés thermiques des différentes espèces gazeuses. Comme pour le cas de la flamme de panache, un pas de temps adaptatif est utilisé avec un critère CFL de 0,6. Un pas de temps moyen de 3.10^{-5} secondes avec des valeurs minimales de 1.10^{-6} et maximales de 2.10^{-4} secondes sont ainsi choisies.

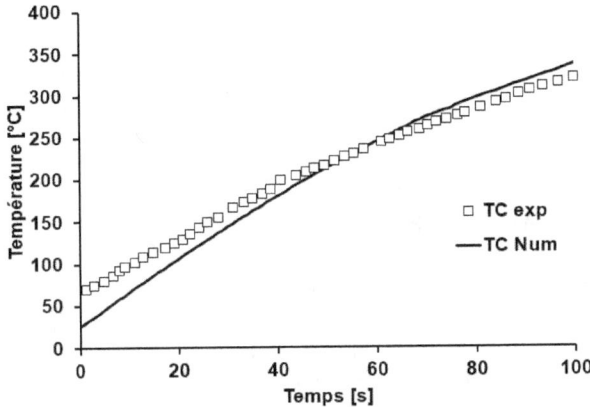

Figure IV-19. Évolution de la température de la face arrière de l'échantillon d'aluminium.

Malgré un écart sur les premières secondes de l'essai, il est possible de remarquer sur la figure IV-19 qu'un accord jugé acceptable est obtenu entre les simulations numériques et les expériences. En effet, l'erreur relative calculée entre la simulation numérique et la mesure expérimentale est d'environ 8 %. Ce résultat confirme donc la capacité de FireFOAM à modéliser l'interaction flamme-paroi pour un cas simple, représentatif de la configuration du brûleur NexGen.

IV.4.3. Résultats et discussion

Dans cette section, les résultats expérimentaux obtenus pour des essais au feu à grande échelle réalisés entre fin avril et début mai 2018 sur les composites carbone-phénolique et carbone-PEKK sont présentés. La procédure de test, utilisée pour réaliser les expériences conduisant aux résultats décrits dans la suite de cette section, est disponible en annexe IV-B. Lors de ces essais, trois échantillons de carbone-phénoliques et deux de carbone-PEKK ont été testés.

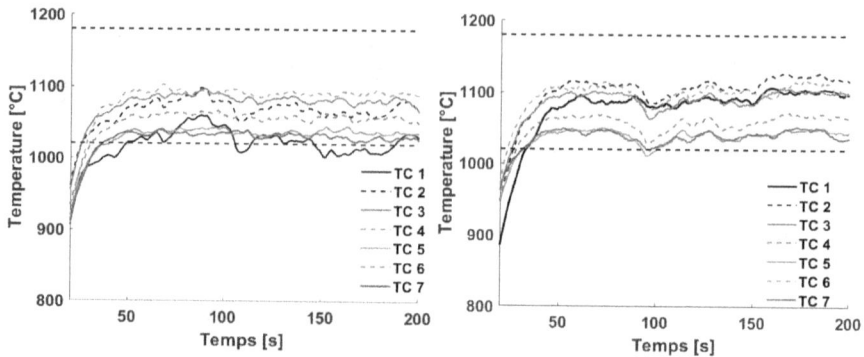

Figure IV-20. Évolution de la température pour les sept thermocouples du peigne de calibration avant (gauche) et après (droite) un test au feu.

La figure IV-20 présente les températures obtenues par le peigne de sept thermocouples pour les phases de calibration avant et après les essais. Les températures moyennes de flamme obtenues étant en accord avec les niveaux de température exigés par les normes sur ce type d'essai ; la dégradation des composites à lieu dans des conditions correspondant à celles demandées lors des tests de certification. Par ailleurs, le faible écart entre les températures moyennes mesurées avant et après l'essai permet de s'assurer de la stabilité des conditions d'essai tout au long des 15 minutes de test.

La figure IV-21 présente une photographie des échantillons de carbone-PEKK et carbone-phénolique avant leurs dégradation thermique (IV-21-a) ainsi que de leurs faces avant, exposées à la flamme (IV-21-b) et arrière (IV-21-c) après avoir été soumis à la flamme du brûleur NexGen pendant 15 minutes dans les conditions de température présentées sur la figure IV-20. La face exposée de l'échantillon de carbone-PEKK présente, au centre du premier pli, une dégradation importante par la flamme. Une zone plus faible sur le second pli semble dégradée. Le même niveau de dégradation a été observé lors des tests au cône calorimètre. Cette consommation importante des fibres de carbone sur les deux premiers plis traduit la présence de phénomène oxydant. Probablement du fait de la présence d'une flamme pauvre (*i.e.* présence d'oxygène dans les produits de combustion). La face avant quant à elle, présente également des zones où la résine, partiellement dégradée, a subi une recristallisation suite au refroidissement de l'échantillon (solidification de la résine). Ce phénomène est intéressant dans un cas réel car il permet d'assurer une meilleure tenue mécanique après l'incendie, limitant le risque de rupture. Ce type de comportement est un avantage majeur des composites thermoplastiques et il a notamment été mis en avant par Vieille *et al.* [32] ainsi que par Maaroufi *et al.* [33].

Sur la face arrière, si la résine semble faiblement dégradée, la solidité du matériau est conservée. La température de début de dégradation du carbone-PEKK se trouvant autour de 500 °C [1], cette observation laisse supposer que la température maximale rencontrée en face arrière se trouve autour de cette valeur. Un léger gonflement de l'échantillon est également visible sur l'échantillon dégradé, laissant supposer qu'une légère accumulation de gaz issus de la pyrolyse de la résine a eu lieu au cours de l'essai. Pour le carbone-phénolique, la face avant présente une dégradation importante des 3 premiers plis du matériau (le même phénomène étant observé sur les différents échantillons testées). De plus, une grande quantité de résine étant dégradée, la tenue structurelle du matériau se trouve diminuée. Cette grande quantité de fibres de carbone dégradées peut s'expliquer par la quantité importante d'oxygène présente dans la résine phénolique [34]. Ainsi dès la première réaction de dégradation de la résine, correspondant à une déshydratation de la résine (entre 100 et 300 °C) [4, 35], les gaz de pyrolyse oxydant favorisent la combustion des fibres de carbone. Par ailleurs, la couleur grisâtre de la surface du composite semble être associée à la présence importante de char (résidu de dégradation de la résine).

Carbone-PEKK   **Carbone-phénolique**

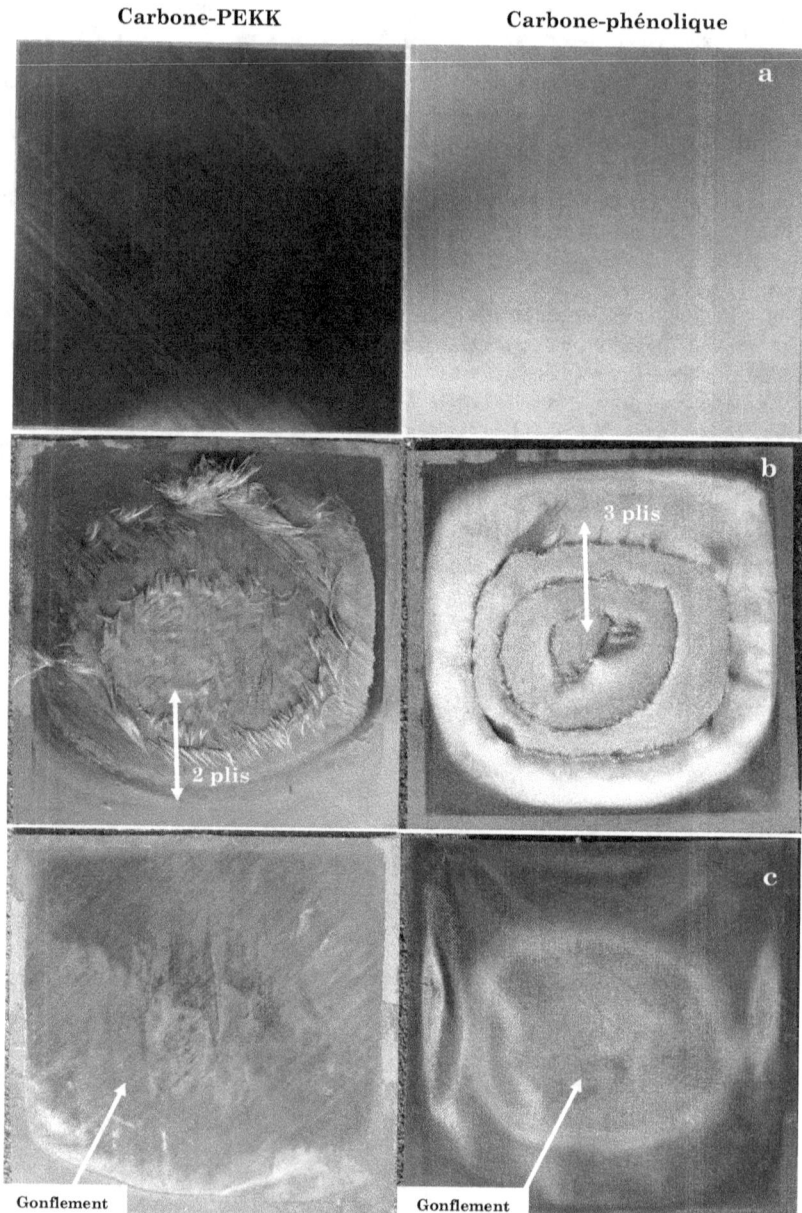

Figure IV-21. Photographies des échantillons de carbone-PEKK et de carbone-phénolique après 15 minutes au brûleur NexGen. (a) vierges, (b) face avant et (c) face arrière.

Sur la face arrière, la dégradation de la résine est plus importante pour le carbone-phénolique que pour le carbone-PEKK. L'échantillon de carbone-phénolique présente également un délaminage important en comparaison avec le carbone-PEKK, ce délaminage traduisant un niveau important de dégradation dans l'épaisseur du matériau. En effet, la dégradation engendre une production importante de gaz, restant piégés à l'intérieur des plis du composite.

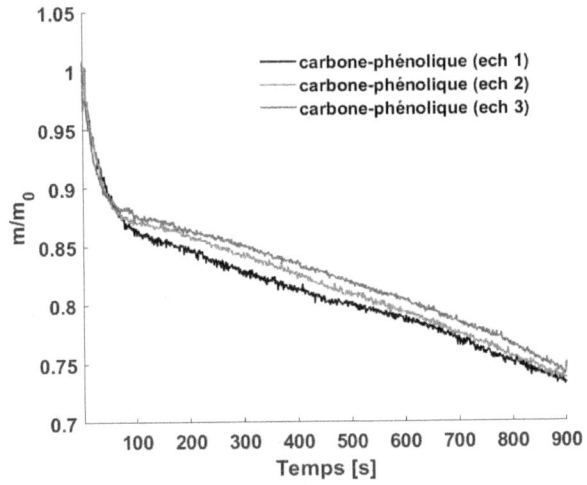

Figure IV-22. Évolution de la perte de masse pour trois échantillons de carbone-phénolique.

La figure IV-22 présente l'évolution de la perte de masse des trois échantillons (essais de répétabilité) de composites carbone-phénolique au cours de leur exposition à la flamme du brûleur NexGen (d'une masse initiale moyenne d'environ 595 g). La mesure de masse est réalisée avec une incertitude de 5g, correspondant à la précision du capteur de pesage. Afin de valider la mesure de perte de masse, les masses initiales et finales de tous les échantillons sont mesurées à l'aide d'une balance différente. Les trois échantillons de carbone-phénolique ont été **testés afin d'évaluer la répétabilité du système de mesure de perte de masse.** D'après les résultats visibles sur la figure IV-21, la perte de masse **ne présente pas de variations importantes entre les trois échantillons. En effet, le même comportement, est obtenu pour les différents échantillons. Les trois échantillons de carbone-phénoliques sont caractérisés par une courbe de perte de masse divisée en deux phases distincte. La première phase, débute dès l'exposition du matériau à la flamme.** Elle se poursuit ensuite pendant environ 100 secondes. Au cours de cette période, une perte de masse d'environ 13 % est atteinte (soit 77 grammes environ). Cette perte de masse importante, dès l'exposition du matériau à la flamme, peut être associée à la dégradation rapide de la résine présente à la surface du matériau, engendrant l'augmentation rapide de la température du matériau sur les premiers plis du composite. En effet, d'après Biasi [36], le temps caractéristique chimique est moins important que le temps caractéristique de conduction thermique pour un composite, ce qui confirme ainsi cette hypothèse. Par la suite, les phénomènes thermiques prennent le dessus et un équilibre thermique se crée entre la face avant et la face arrière du composite, conduisant à une diminution du taux de perte de masse[1], correspondant à la deuxième phase. La masse de l'échantillon décroit alors de manière monotone jusqu'à la fin du test et la perte de masse finale obtenue est alors de l'ordre de 26 % de la masse initiale soit 154 g.

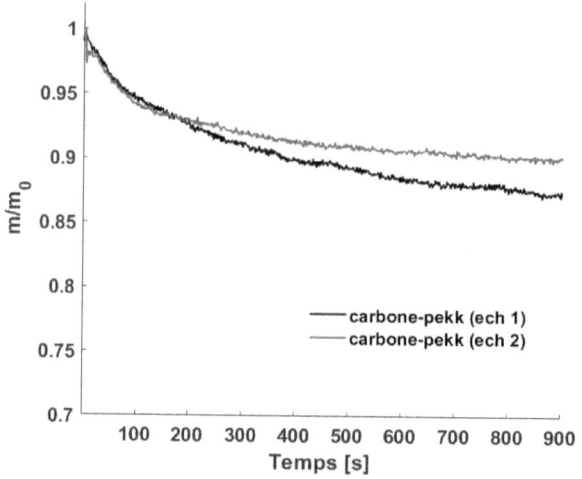

Figure IV-23. Évolution de la perte de masse pour deux échantillons de carbone-PEKK.

Au vu du bon accord obtenu pour les trois échantillons de carbone-phénolique et du coût de la matière première, seulement deux plaques de carbone-PEKK ont été testées à grande échelle (d'une masse initiale moyenne d'environ 720 grammes). Comme pour le carbone-phénolique (entre les plateaux correspondant à la mesure de température) la perte de masse des échantillons de carbone-PEKK peut également se séparer en deux phases distinctes.

Au cours de la première phase, au début de l'essai, une perte de masse de 6% en moyenne, soit environ 45 g, est obtenue (voir figure IV-23). Comme pour les échantillons de carbone-phénolique, cette phase dure environ 100 secondes. Le comportement des deux échantillons diffère pour la suite du test. La perte de masse totale obtenue après 15 minutes pour le carbone-PEKK est d'environ 13 % de la masse initiale pour l'échantillon 1 et 9 % pour l'échantillon 2 de la plaque soit une perte de masse respective de 90 g et de 72 grammes. Ce faible écart entre les deux échantillons, pourrait s'expliquer par des degrés de polymérisation différent des deux échantillons. Néanmoins, à la vue de la masse initiale des échantillons cette écart n'est pas très significatif.

Les plus faibles pertes de masse obtenues pour le carbone-PEKK en comparaison avec celle du carbone-phénolique peuvent s'expliquer par la meilleure stabilité thermique du

---

[1] Le taux de perte de masse correspond à la vitesse de perte de masse. Il se calcul comme la dérivée de la perte de masse en fonction du temps.

carbone-PEKK avec une dégradation thermique débutant aux alentours de 500 °C [22]. De plus, le carbone-PEKK possède une conductivité thermique inférieure à celle du carbone-phénolique, entre la température ambiante et 600 °C [37] limitant ainsi la diffusion de la chaleur dans le matériau, et par conséquent sa dégradation.

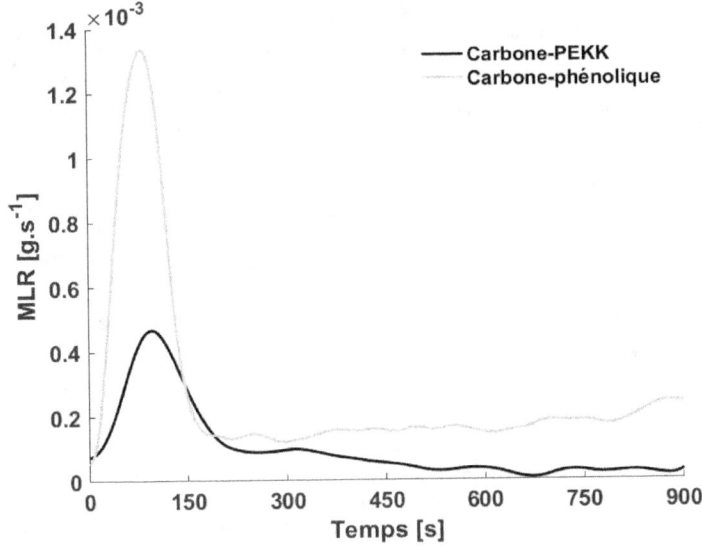

Figure IV-24. Évolution du taux de perte de masse pour les deux matériaux étudiés.

La figure IV-24 présente quant à elle le taux de perte de masse pour les deux composites. La première période de dégradation, rapide, au début de l'essai est visible pour les deux matériaux avec un pic sur la courbe (entre 0 et 100 secondes). Il est intéressant de noter que la valeur maximale du taux de perte de masse pour les deux matériaux est obtenue aux environs de 100 secondes. Ce comportement commun pour les deux matériaux laisse supposer que la dégradation thermique, probablement pilotée par les phénomènes chimiques, n'est pas dépendante du type de résine. Pour la seconde période (entre 100 et 900 secondes), le taux de perte de masse présente une évolution différente entre les deux matériaux. Le taux de perte de masse du carbone-PEKK diminue lentement jusqu'à une valeur proche de zéro, tandis que pour le carbone-phénolique, le taux de perte de masse est quasi-constant jusqu'à la fin du test (expliquant la perte de masse monotone visible sur la figure).

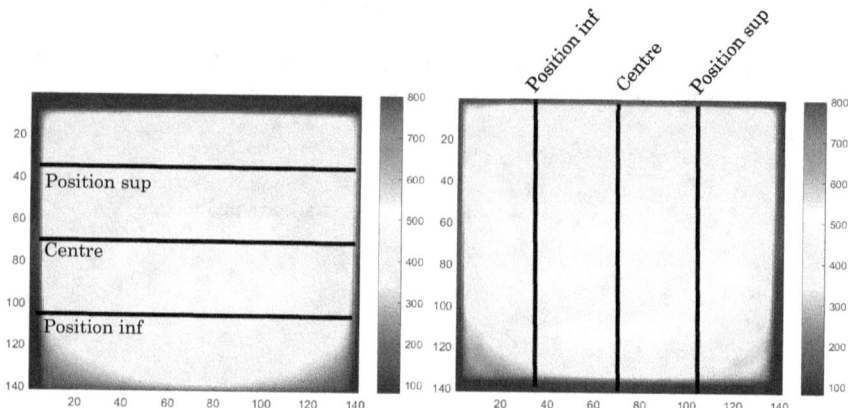

Figure IV-25. Position des profils de température sélectionnés : horizontales (gauche) et verticales (droite).

La figure IV-25 présente des captures de champs de température de la face arrière des deux matériaux composites, après 150 secondes environ d'exposition à la flamme. Les champs de température ont été mesurés à l'aide de la caméra infra-rouge, située à environ 2 m de la face arrière des échantillons. En comparant ces captures avec les photographies de la face arrière des deux matériaux, il est possible de remarquer que les zones les plus chaudes visibles sur la figure correspondent à peu près aux zones les plus dégradées visibles sur la figure IV-21. C'est dans ces zones que les fibres de carbone commencent à s'oxyder conduisant à l'ouverture dans les premiers plis des échantillons. Les températures sur les trois profils de température verticaux et horizontaux (voir figure IV-25) sont affichées sur la figure IV-26 après 150 secondes d'essai, une fois la première phase de dégradation terminée. De manière similaire, la figure IV-27, présente les profils de températures après 800 secondes (soit 100 s avant la fin du test) ; ce temps se situe dans la période stationnaire.

Les profils de températures horizontaux et verticaux présentés (à t=150 s) sur la figure IV-26 démontrent l'homogénéité de la température pour les deux matériaux. En effet, des écarts de température maximum d'environ 75°C sont obtenus entre les différentes positions sur les profils horizontaux, tandis que des écarts de l'ordre de 50 °C sont observés sur les profils verticaux. Sur les profils horizontaux, la différence de température entre les différentes positions est principalement provoquée par l'effet de flottabilité conduisant la flamme vers la moitié supérieure de la plaque. Ce phénomène est bien visible sur les photographies présentées sur la figure IV-21. Sur ces photographies, la moitié inférieure des échantillons de composites est légèrement moins dégradée. Quant aux profils de températures verticaux, une certaine symétrie est visible. Les températures sont plus élevées sur l'axe vertical central et plus faible sur les deux autres axes verticaux. Il est également possible de remarquer que les échantillons de carbone-phénolique présentent des profils de température plus homogène que ceux de carbone-PEKK. D'importantes variations de température sont visibles sur les profils de température à la fois verticaux et horizontaux du carbone-PEKK.

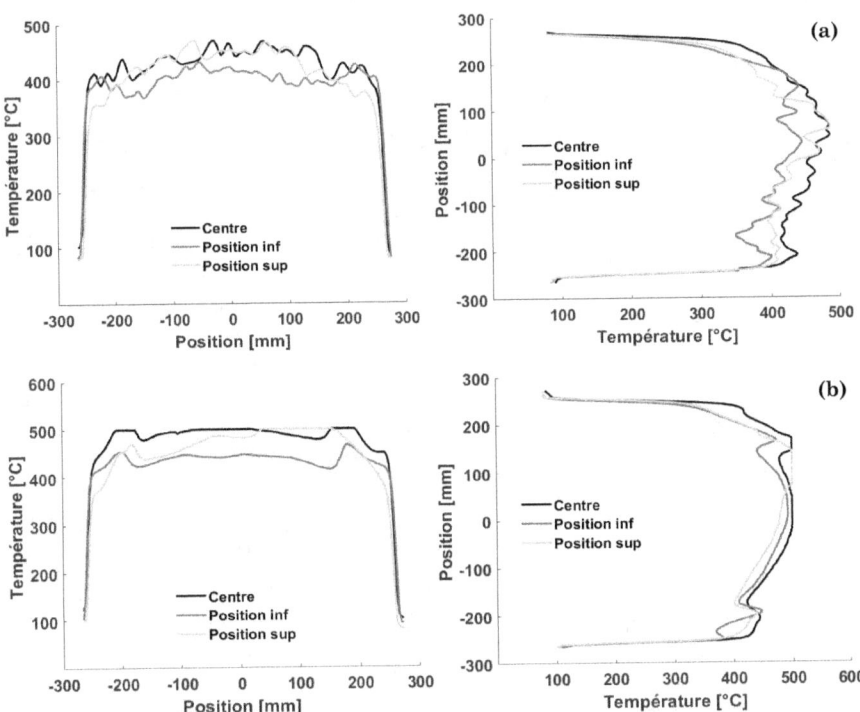

Figure IV-26. Profils de températures horizontaux (à gauche) et verticaux (à droite) à t=150 s : (a) carbone-PEKK et (b) carbone-phénolique.

Comme pour les profils après 150 s d'essai, les profils de température horizontaux obtenus après 800 secondes montrent logiquement des températures plus élevées sur la moitié supérieure des échantillons à cause de la flottabilité entrainant les gaz chauds vers le haut de l'échantillon. L'effet de flottabilité à 800 secondes est par ailleurs beaucoup plus visible qu'après 150 s. Par ailleurs, les profils de température verticaux semblent quant à eux moins homogènes avec des températures au centre des échantillons beaucoup plus élevés. Néanmoins, la symétrie entre les profils latéraux est conservée. Les différences de température visibles sur l'échantillon de carbone-phénolique sont causées par le gonflement de la face arrière de l'échantillon (comme le montre la figure IV-21).

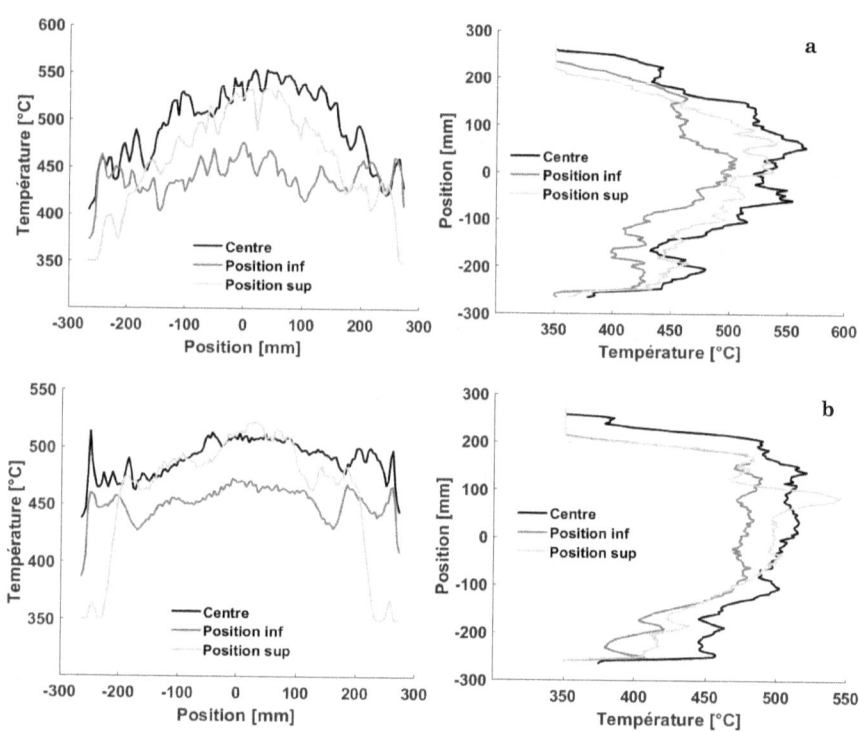

Figure IV-27. Profils de températures horizontaux (à gauche) et verticaux (à droite) à t=800 s : (a) carbone-PEKK et (b) carbone-phénolique.

L'évolution de la température moyenne d'une zone de 1 cm x 1 cm (i.e. un carré de 4 pixel de côté), située au centre de la face arrière des différents échantillons, est présenté sur la figure IV-28 pour la totalité du test (15 minutes). Il est intéressant de remarquer que l'évolution globale de la température pour les deux matériaux est similaire. En effet, cette dernière peut être séparée en deux phases. Une première phase correspondant à la montée en température (entre 0 et 150 secondes) et à l'étape de dégradation importante visible sur la courbe de taux de perte de masse. Ensuite, la deuxième phase correspond quant à elle à une phase stationnaire, où la température reste quasi-constante (entre 150 et 800 secondes).

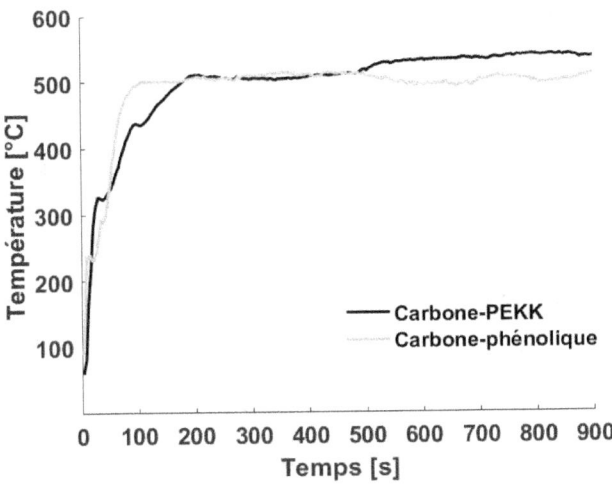

Figure IV-28. Évolution de la température au cours de l'essai pour les deux matériaux.

La très faible évolution de la température au cours de cette 2ème phase est en accord avec l'hypothèse avancée précédemment, indiquant qu'un équilibre thermique se crée dans le matériau entre la face avant exposée à la flamme et la face arrière. Dans le même temps, cette température quasi constante conduit à la dégradation très lente du composite. Contrairement à ce qui a été observé au cône calorimètre, les températures maximales obtenues sur la face arrière des deux matériaux sont à peu près équivalentes, avec des températures comprises entre 500 °C et 550 °C. Pour l'échantillon de carbone-PEKK, dont le début de la dégradation se trouve autour de 500 °C [1], la température maximum de la face arrière d'environ 550 °C, justifie sa faible dégradation de l'échantillon observée sur la photographie de la figure IV-21.

Il est également possible de remarquer que la température de la face arrière du carbone-phénolique diminue légèrement à partir de 400 secondes. Ce phénomène traduisant probablement l'apparition d'une couche de char (issue de la dégradation de la résine, sur la surface du composite) venant isoler thermiquement le matériau. Dans le même temps, la température du carbone-PEKK a tendance à augmenter très légèrement. Cette augmentation de la température est probablement due à l'ouverture d'un pli à la surface du composite, entraînant une diminution de l'épaisseur du matériau et donc une conductivité thermique plus importante. L'évolution de la température pour les 160 premières secondes des essais est quant à elle, visible en détail sur la figure IV-29 pour les deux composites étudiés.

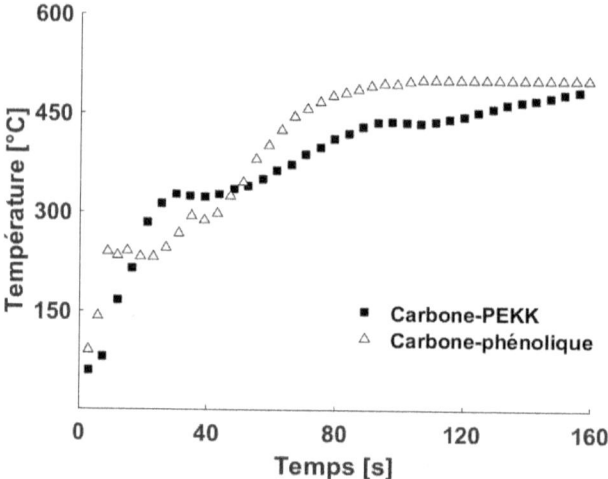

Figure IV-29. Évolution de la température au cours des 160 premières secondes de l'essai pour les deux matériaux étudiés.

Comme observé lors des essais au cône calorimètre, la courbe de température de la face arrière du carbone-PEKK possède deux points d'inflexion. Un premier point est visible aux environ de 330 °C. Cette inflexion de la courbe de température est probablement associée à la fusion de la résine comme rapporté précédemment (*cf.* Chapitre III). Le second point d'inflexion de la courbe est lui visible entre 450 °C et 500 °C. Cette inflexion traduit probablement le début de la dégradation de la face avant des échantillons entrainant la production de char venant isoler la face avant du matériau. Pour le carbone-phénolique, un seul point d'inflexion est visible entre 250 °C et 300 °C. Comme pour le carbone-PEKK, ce point peut correspondre au début de la réaction de dégradation de la résine phénolique [1] conduisant à la production de char venant isoler le composite. Contrairement au carbone-PEKK, ce point d'inflexion n'était pas aussi visible sur les essais au cône calorimètre présentés dans le chapitre précédent. Il est possible que l'atmosphère oxydant de la flamme en comparaison avec l'atmosphère environnement lors des essais au cône calorimètre est mis en avant ce phénomène.

IV.5. Conclusion et perspectives

Dans ce chapitre, l'étude expérimentale et numérique de la tenue au feu des deux composites étudiés, est évaluée à grande échelle à l'aide du brûleur NexGen de la plateforme expérimentale Feux VESTA. La tenue au feu du carbone-PEKK et du carbone-phénolique a ainsi été étudiée sur des échantillons de 500 mm x 500 mm dans des conditions correspondant à celles imposées par les normes de certification ISO-2685 [38] et FAA AC20-135 [39].

Les résultats obtenus ont ainsi permis de montrer l'importance des caractérisations réalisées à petite échelle au préalable. En effet, ces caractérisations à l'échelle de la microstructure ont permis une interprétation des différents phénomènes ici observés à grande échelle sur la perte de masse ou bien la température de la face arrière. L'évolution de la perte de masse ou des températures à moyenne échelle, obtenues avec les essais au cône calorimètre, sont également en accord avec les valeurs mesurées à grande échelle. Ces différentes observations traduisent donc la répétabilité des phénomènes entre les différentes échelles étudiées au cours de ce travail de thèse. Ainsi, l'étude sur des échantillons de plus faibles dimensions, au cône calorimètre par exemple, peut permettre de réaliser une première comparaison, moins coûteuse, des différents matériaux lors des phases de développement avancé. Néanmoins, il sera toujours nécessaire de réaliser des essais à grande échelle d'une part pour confirmer les résultats obtenus à moyenne échelle et d'autre part car il sera toujours nécessaire de certifier les ensembles complets au feu à pour cette échelle dans les années à venir.

Comme dans les chapitres précédents, la très bonne stabilité thermique du carbone-PEKK est encore mise en évidence pour des échantillons de grande échelle. En effet, la perte de masse obtenue pour les échantillons de carbone-PEKK est plus faible que pour le carbone-phénolique. De plus, malgré une température de face arrière légèrement plus importante que pour le carbone phénolique, cette dernière n'est que légèrement supérieure à la température de dégradation d'où la faible dégradation de l'échantillon. Par conséquent, la face arrière de l'échantillon présente un état de décomposition moins avancé que celle de l'échantillon de carbone-phénolique. Enfin, malgré le fait que les deux échantillons ont démontré leur tenue au feu selon les critères imposés par la norme (pas de percement ni d'inflammation sur la face non-exposée), le niveau de dégradation des échantillons de carbone-phénolique est tel que la tenue structurelle de la pièce ne peut être garantie. En effet, l'absence de résine sur la zone centrale de l'échantillon laisse supposer la fragilité de l'échantillon.

Le point de richesse utilisé (environ 0,80), pour la dégradation dans ces essais, correspond à celui recommandé par la norme. Néanmoins, la variation de ce dernier peut avoir des conséquences importantes sur le comportement des composites. En effet, de nombreux travaux de la littérature montrent l'évolution de la température et du flux thermique de la flamme en fonction de la richesse [40-42]. Des mesures préliminaires réalisées sur le brûleur NexGen pour une richesse allant de 0,6 à 1,3 ont démontré une évolution sous forme de « cloche » avec des températures de flamme allant de 900 °C à 1050 °C et des flux de chaleur allant de 90 à160 kW.m^{-2}. L'influence du dépôt de suie sur la face avant des échantillons pourra dans le même temps être étudiée, les flammes de kérosène produisant une grande quantité de suie avec des richesses importantes.

En parallèle, le développement d'une métrologie fine permettant de relier le niveau de la dégradation des composites au comportement de la flamme (champs radial et axial de la température et la vitesse des gaz dans la flamme, fréquence de pulsation, etc.) se poursuit. Dans un futur proche, le banc d'essai sera équipé des systèmes de prélèvements gazeux, de mesures des flux de chaleur (totaux et radiatifs) et de la vitesse des gaz dans la flamme.

Les résultats obtenus à grande échelle doivent maintenant être confrontés aux simulations numériques à grande échelle en utilisant le modèle de pyrolyse validé dans le chapitre III. De cette manière, il sera possible de valider les calculs à partir des mesures de perte de masse et de température obtenue expérimentalement. Dans le futur, ce type de simulations numériques vise à fournir en amont des informations détaillées et précises sur le comportement au feu des matériaux composites. Ces résultats permettront alors d'orienter précisément les campagnes expérimentales limitant le temps de développement et dans le même temps les coûts associés.

Bibliographie

[1] P. Tadini, N. Grange, K. Chetehouna, N. Gascoin, S. Senave et I. Reynaud, Thermal degradation aalysis of innovative PEKK-based Carbon composites for high temperature aeronautical components, *Aerospace Science and technology,* vol. 65, pp. 106-116, 2017.

[2] N. Grange, K. Chetehouna, N. Gascoin, A. Coppalle, S. Senave et I. Reynaud, One-dimensional pyrolysis of carbon based composite materials using FireFOAM, *Fire Safety Journal,* vol. 97, pp. 66-75, 2018.

[3] P. Patel, T. Hull, R. McCabe, D. Flath, J. Grasmeder et M. Percy, Mechanism of thermal decomposition of poly (ether ether ketone)(PEEK) from a review of decomposition studies, *Polymer degradation and stability,* vol. 95(5), pp. 709-718, 2010.

[4] A. P. Mouritz et A. Gibson , Fire Properties of polymer composite materials, Springer, 2007.

[5] International Standard, Aircraft Environmental Test Procedure for Airborne Equipment- Resistance to Fire in Designated Fire Zones, 2nd Edition, 1998.

[6] Federal Aviation Administration, Powerplat installation and propulsion system component for fire protection test methods : Standards and Criteria, US Departement of Transportation, 1990.

[7] N. Grange, K. Chetehouna, N. Gascoin et S. Senave, Numerical investigation of the heat transfer in an aeronautical composite material under fire stress, *Fire safety Journal,* vol. 80, pp. 56-63, 2016.

[8] J. Zheng, K. Ou, Z. Hua, Y. Zhao, P. Xu, J. Hu et B. Han, Experimental and numerical investigation of localized fire test for high-pressure hydrogen storage tanks, *International journal of Hydrogen Energy,* vol. 35 (25), pp. 10963-10970, 2013.

[9] E. Galea, L. Filippidis, Z. Wang, P. Lawrence et J. Ewer, Evacuation Analysis of 1000+ Seat Blended Wing Body Aircraft Configurations: Computer Simulations and Full-scale Evacuation Experiment, Boston, MA, 2011.

[10] T. McGurn, P. DesJardin et A. Dodd, Numerical simulation of expansion and charring of carbon-epoxy laminates in fire environnments, *Internation Journal of Heat and Mass Transfer,* vol. 55, pp. 272-281, 2011.

[11] D. Marquis, M. Pavageau, E. Guillaume et L. Bustamante Valencia, Modélisation du comportement au feu d'un stratifié par calcul de pyrolyse : approche combinée expérience-simulation, chez *19ème congré français de Mécanique* , Marseille, 2009.

[12] V. Maizza et A. Maizza, Working fluids in non-steady flows for waste energy recovery systems, *Applied Thermal Engineering,* vol. 16 (7), pp. 579-590, 1996.

[13] S. Blakey, L. Rye et C. Willam Wilson, Aviation gas turbine alternative fuels: A review, *Proceedings of the Combustion Institute,* vol. 33 (2), pp. 2863-2885, 2011.

[14] ASTM International, Standard Specification for Aviation Turbine Fuels, ASTM D1655 - 18, 1996.

[15] CRC, Handbook of Aviation Fuels, Society of Automotive Engineers, 2004.

[16] M. Balat-Pichelin, J. Robert et J. Sans, Emissivity measurements on carbon-carbon composites at high temperature under high vacuum, *Applied surface Science,* vol. 253 (2), pp. 778-783, 2006.

[17] J. Henderson et T. Wiecek, A mathematical model to predict the thermal response of decomposing expanding polymer composites, *Journal of composite materials,* vol. 24(4), pp. 373-393, 1987.

[18] R. Issa, Solution of the implicity discretised fluid flow equatios by operator splitting, *Journal of computational physics,* vol. 62, pp. 40-65, 1985.

[19] J. Ferziger et M. Peric, ComputationalMethods for Fluid dynamics, Berlin: Springer, 1999.

[20] U. Schumann, Subgrid scale model for finite difference simulations of turbulent flows in plane channels and annuli, *Journal of computational Physics,* vol. 18(4), pp. 376-404, 1975.

[21] S. Menon, P. Yeung et W. Kim, Effect of subgrid modeles on the computed interscale energy transfer in isotropic turbulence, *Computers & fluids,* vol. 25(2), pp. 165-180, 1996.

[22] A. Burcat et B. Ruscic, Third millenium ideal gas and condensed phase thermochemical database for combustion (with update from active thermochemical tables), Argonne National Laboratory (ANL), 2005.

[23] Y. Wang, P. Chatterjee et J. De Ris, Large eddy simulation of fire plumes, *Proceedings of the combustion institute,* vol. 33, pp. 2473-2480, 2011.

[24] D. Spalding, Development of the eddy-break-up model of turbulent combustion, *Numerical Prediction of Flow, Heat Transfer, Turbulence and Combustion,* pp. 194-200, 1983.

[25] B. Magnussen et B. Hjertager, On mathematical modeling of turbulent combustion with special emphasis on soot formation and combustion, *Symposium (International) on Combustion,* vol. 16(1), pp. 719-729, 1977.

[26] J. Chai et P. Rath, Discrete-ordinates and finite volume methods for radiation heat transfer, chez *International workshop on Discrete-ordinates and Finite-volume methods for Radiation Heat transfer*, 2006.

[27] H. Wang, Thermophysics characterization of kerosene combustion, *Journal of Thermophysics and Heat Transfer*, vol. 15 (2), pp. 140-147, 2001.

[28] X. Zhou et J. Gore, Experimental estimation of thermal expansion and vorticity distribution in a buoyant diffusion flame, chez *27th international symposium on combustion*, 1998.

[29] A. Newale, B. Rankin, H. Lalit, J. Gore et R. McDermott, Quantitative infrared imaging of impinging turbulent buoyant diffusion flames, *Poceedings of the Combustion Institute*, vol. 35(3), pp. 2647-2655, 2015.

[30] Y.-H. Kao, Experimental investigation of NexGen and gas burner for FAA fire test, University of Cincinnati, Cincinnati,OH, 2012.

[31] R. Taylor, H. Groot, T. Goerz, J. Ferrier et D. Taylor, Thermophysical properties of molten aluminium alloys, *High Temperatures. High pressures,* vol. 30 (3), pp. 269-275, 1998.

[32] B. Vieille, C. Lefebvre et A. Coppalle, Post fire behavior of carbon fibers Polyphenylene Sulfide- and epoxy-based laminates for aeronautical applications: A comparative study, *Materials & Design,* vol. 63, pp. 56-68, 2014.

[33] M. Maaroufi, Y. Carpier, B. Vieille, L. Gilles, A. Coppalle et F. Barbe, Post-fire compressive behaviour of carbon fibers woven-ply Polyphenylene Sulfide laminates for aeronautical applications, *Composites Part B : Engineering,* vol. 119, pp. 101-113, 2017.

[34] A. Knop et L. Pilato, Phenolic Resins: Chemistry, Applications and Performance, Berlin: Springer-Verlag, 1985.

[35] H. Jiang, J. Wang, S. Wu, Z. Yuan, Z. Hu, R. Wu et Q. Liu, The pyrolysis mechanism of phenol formaldehyde resin, *Polymer degradation and stability,* vol. 97, pp. 1527-1533, 2012.

[36] V. Biasi, Modélisation thermique de la dégradation d'un matériau composite soumis au feu, Toulouse: Université de Toulouse, 2014.

[37] N. Grange, P. Tadini, K. Chetehouna, N. Gascoin, I. Reynaud et S. Senave, Determination of thermophysical properties for carbon-reinforced polymer based composites up to 1000 °C, *Thermochimica Acta,* vol. 659, pp. 157-165, 2018.

[38] International Standrard, Aircraft environmental test procedure for airborne equipment resistance to fire in designated fire zones, 1998.

[39] Federal Aviation administration, Powerplant installation and propulsion system component fire protection test methods standard and criteria, US Department of transportation, 1990.

[40] Kaiser, E. W., Rothschild, G., & Lavoie, G. A. Effect of fuel-air equivalence ratio and temperature on the structure of laminar propane-air flames. *Combustion Science and Technology*, vol. *33*(1-4), PP. 123-134, 1983

[41] Glaude, P. A., Sirjean, B., Fournet, R., Bounaceur, R., Vierling, M., Montagne, P., & Molière, M. Combustion and oxidation kinetics of alternative gas turbines fuels. In ASME Turbo Expo 2014: Turbine Technical Conference and Exposition. American Society of Mechanical Engineers, 2014

[42] Abou-Taouk, A., Farcy, B., Domingo, P., Vervisch, L., Sadasivuni, S., & Eriksson, L. E. Optimized reduced chemistry and molecular transport for large eddy simulation of partially premixed combustion in a gas turbine. Combustion Science and Technology, vol. 188(1), pp. 21-39, 2016

Annexe A : Détails sur la méthode de mesure de masse

La mesure de la masse avec le capteur SCAIME AG3 est obtenue en mesurant l'évolution de la tension aux bornes des résistances de jauges de contrainte ou jauges d'extensiométrie montées en pont de Wheatstone (voir figure IV-A-1). La masse reposant sur le capteur va entraîner une déformation de la poutre, proportionnelle à la force appliquée (donc à la masse pesée). Cette déformation est mesurée par les différentes jauges.

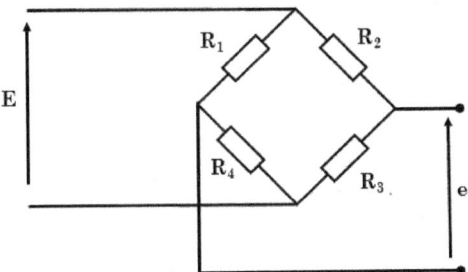

Figure IV-A-1. Schéma du pont de Wheatstone utilisé pour l'évaluation de la masse.

Ensuite la tension ou le signal de sortie du pont de Wheatstone dépend de l'alimentation et de la variation relative de la résistance de chaque jauge de contrainte de la manière suivante :

$$e = \frac{\Delta E}{4} \times \left(\frac{\Delta R_1}{R_1} - \frac{\Delta R_2}{R_2} + \frac{\Delta R_3}{R_3} - \frac{\Delta R_4}{R_4} \right) \qquad \text{(IV-A-1)}$$

Avec e, la tension ou le signal de sortie, E la tension d'alimentation et $\frac{\Delta R_1}{R_1}$ la variation relative de la résistance de chaque jauge.

Lorsque le capteur n'est pas chargé, le pont de Wheatstone est équilibré, la tension de sortie est nulle. Dans le cas contraire, lorsque le capteur est soumis à une masse, il va se déformer et ainsi produire des zones de contrainte positives et négatives sur la surface. Les zones de contrainte font ainsi varier les différentes résistances, créant une tension de déséquilibre du pont.

La mesure de la masse de l'ensemble « échantillon plus porte-échantillon et déflecteur » est ainsi déterminée au cours de l'essai à partir de la flexion de deux poutres (double flexion) du capteur SCAIME. Le capteur de masse est lui-même relié à un conditionneur, alimenté par une tension de 10 V. Ce conditionneur permet de transformer le signal du pont de jauge du capteur en tension électrique.

Un support, de dimension 40 x 40 cm environ, est directement fixé sur le capteur et reste libre de ces mouvements suivant l'axe vertical. Afin de garantir un bon fonctionnement du capteur de masse, le support est recouvert d'une couche d'isolant WDS (Conductivité thermique de 0,008 W.m.K^{-1}). L'ensemble du capteur est également isolé avec ce même type d'isolant. En effet, dans le cas où le capteur n'est pas isolé, la dilatation du pont de jauge provoquée par l'augmentation de la température engendre une déviation trop importante de la mesure. La bonne isolation du capteur est donc vérifiée en mesurant la masse à vide en présence d'une flamme avant chaque test. Une mesure de la masse de l'échantillon avant et après l'essai est également réalisée avec une balance, afin de confirmer la mesure dynamique réalisée au cours de l'essai.

L'étalonnage du capteur de masse est assuré à l'aide d'une série de mesures de masse de référence. La courbe d'étalonnage du capteur reliant le signal en volts à la masse est présentée sur la figure IV.15.

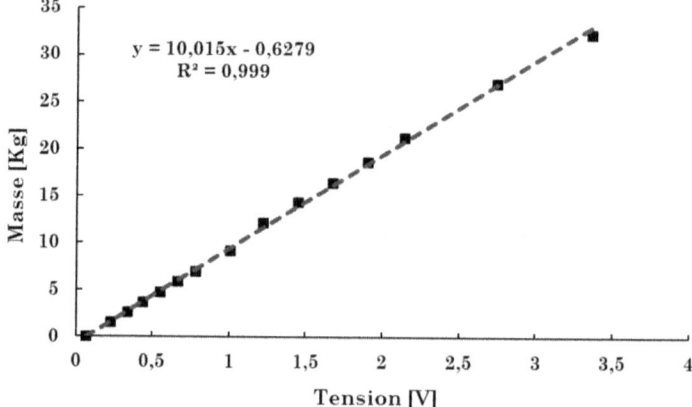

Figure IV-A-2. Courbe d'étalonnage du capteur de pesage.

Annexe IV-B : Détails sur la procédure d'essai utilisée avec le brûleur NexGen

Le schéma présenté sur la figure IV-B-1 présente en détail le déroulé de la procédure utilisée pour la réalisation des essais de dégradation thermique à grande échelle.

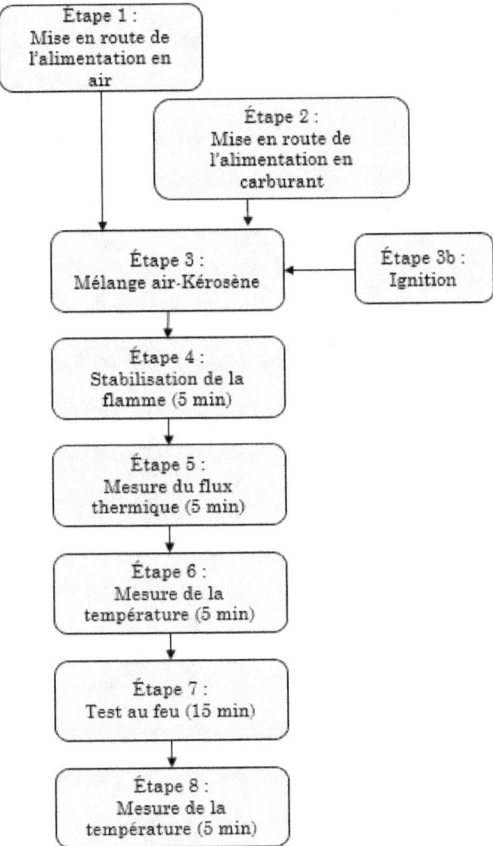

Figure IV-B-1. Diagramme de la procédure d'essai utilisée pour les tests au feu avec le brûleur NexGen.

Chapitre V.
Émissions gazeuses des composites et proposition de classification des matériaux

Table des matières

V.1. Introduction et objectifs

En cas d'incendie, les matériaux composites exposés à un flux thermique important peuvent être amenés à libérer au cours de leur dégradation une quantité importante de composés volatils ainsi que de la fumée, pouvant également être toxique et dangereuse pour l'homme [1]. C'est de cette manière que la pyrolyse de la résine et l'oxydation des fibres de carbone peuvent être amenées à contribuer de manière significative à la croissance d'un feu [2]. Dans ces conditions, les composés volatils émis contiennent alors une variété de gaz et de vapeurs, inflammables tels que le monoxyde de carbone (CO) et le méthane (CH_4) ou bien ininflammables comme le dioxyde de carbone (CO_2) et la vapeur d'eau (H_2O). Dans ce cas, la recherche expérimentale est donc cruciale pour tenter comprendre les phénomènes conduisant à la production de ces espèces, et ainsi développer une capacité de prédire le comportement thermo-structurel des matériaux composites, exposés à une agression thermique dangereuse.

Comme cela a été présenté dans le chapitre 1 de ce manuscrit, les matériaux composites peuvent fournir un apport riche en espèces hydrocarbonées entraînant la croissance et le développement d'un incendie même après que la source de carburant d'origine (carburant, nappe d'huile, etc.) soit épuisée voire éteinte [3]. En effet, lorsqu'un composite est chauffé à une température suffisamment élevée, la matrice polymère et les fibres organiques commencent à se décomposer thermiquement (typiquement entre 350 °C et 600 °C pour les matériaux étudiés dans ce travail). Cette décomposition produit des gaz inflammables comme le benzène ou le dibenzofurane, tels que mesurés sur un échantillon de carbone-PEEK par Perng et al. [4]. Patel et al. [5] ont eux, mis en avant pour cette même résine PEEK, la présence de composés tels que le phénol, ou encore le p-benzoquinone. Lors de la décomposition d'une résine phénolique, Trick et al. [6] ont identifié des composés tels que le méthane, le phénol et le crésol. Evangelopolous et al. [7] ont eux, démontré la présence de styrène, methylstyrene ou encore toluène dans les produits de pyrolyse de PCB[1] en résine phénolique. La production de composés volatils inflammables au cours de la décomposition s'effectue par une série de réactions chimiques qui vont briser les chaînes des polymères en constituants volatils de plus faible masses moléculaires, qui se diffusent ensuite dans le matériau jusqu'à sa surface puis dans la flamme [8]. Les produits de pyrolyse contribuent alors au feu environnant en apportant une quantité non négligeable de carburant. La composition chimique ainsi que la structure moléculaire du polymère influencent également les processus associés à cette décomposition [9]. En effet, la majorité des résines utilisées dans les matériaux composites à base de fibres de carbone (employées le plus couramment pour des applications aérospatiales) commencent à se décomposer thermiquement par un processus de scission de chaîne aléatoire [10] impliquant la décomposition des longues chaînes de polymère (en commençant par les liaisons les plus faibles) en petits fragments. Ainsi, le comportement des matériaux composites dans le feu est largement régi par les processus chimiques impliqués dans la décomposition thermique de la matrice polymère et des fibres organiques [11].

---

[1] Printed Circuit Board (circuits imprimés)

Le risque associé à l'émission de divers produits de pyrolyse est d'autant plus important dans le cas où un incendie apparaît et se développe dans un milieu confiné. Un risque d'auto-inflammation des volatils émis lors de la dégradation de la résine apparaît alors dans l'espace confiné. Les conditions rendant possible l'inflammation du mélange gazeux sont alors les suivantes :

➢ Si le mélange ainsi constitué est mis en présence d'une quantité suffisante d'oxygène et d'une source d'énergie (étincelle, flamme), il peut réagir et s'enflammer. Il y a alors une inflammation pilotée.

➢ Si le mélange atteint une température critique appelée Température d'Auto-Inflammation (TAI) ou une pression d'auto-inflammation, il peut s'enflammer sans source locale d'énergie. Il s'agit alors d'une auto-inflammation.

Cependant le mélange sera inflammable uniquement si les fractions d'oxygène et de combustible sont comprises dans un domaine précis, appelé le domaine d'inflammabilité, qui évolue en fonction de la température (voir figure V-1). Localement, le domaine d'inflammabilité est délimité par une Limite Supérieure d'Inflammabilité, que l'on désigne communément par LSI, et une Limite Inférieure d'Inflammabilité, appelée généralement LII. Ces limites représentent respectivement les concentrations maximale et minimale de combustible nécessaire à la combustion. Par conséquent, en-dessous de la LII, le mélange est trop pauvre en combustible pour brûler et au-dessus de la LSI, le mélange est trop pauvre en comburant pour s'enflammer [12].

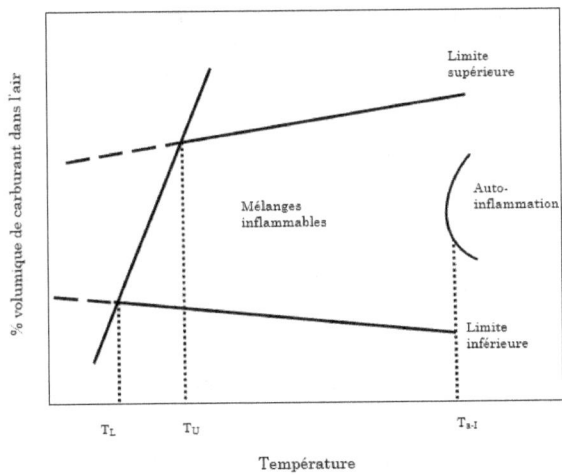

Figure V-1. Évolution du domaine d'inflammabilité en fonction de la température (d'après [13]).

Le phénomène d'auto-inflammation quant à lui correspond à l'inflammation spontanée de l'ensemble d'un mélange combustible-comburant. Comme mentionné précédemment, cette inflammation se produit en l'absence d'une source d'énergie telle qu'une étincelle ou une flamme. Ce phénomène est important, car en l'absence d'une source locale d'énergie, il peut engendrer une inflammation des gaz imbrûlés. Par exemple, lors d'un essai feu sur une pièce complexe de type entrée d'air, lorsque la paroi extérieure d'une zone confinée est soumise à une flamme, l'accumulation de volatils issus de la pyrolyse dans la zone confinée sur la face opposée de celle exposée (cette face étant elle-même le point chaud) à l'agression thermique peut s'enflammer et ainsi provoquer l'échec de l'essai. L'auto-inflammation d'une partie non-soumise à la flamme est rédhibitoire lors d'un essai de certification. Ce phénomène d'auto-inflammation est piloté par différents facteurs tels que le volume du confinement, la nature du combustible, etc.

Dans ce chapitre, l'objectif est donc de caractériser les émissions de volatils au cours de la dégradation thermique des deux matériaux composites (carbone phénolique et carbone PEKK) et ainsi de fournir une évaluation de leurs limites inférieures d'inflammabilité en fonction de la température de décomposition permettant ainsi d'évaluer la concentration minimale nécessaire pour enflammer les produits de pyrolyse et par conséquent le niveau de risque pour chaque matériau. À partir de l'étude de la dégradation de ces deux matériaux, évaluée au moyen d'une analyse thermogravimétrique (présenté dans un travail précédent [14] et également dans le chapitre 2 de ce manuscrit), trois températures de pyrolyse sont définies. Par la suite, pour évaluer ces émissions, un couplage entre un Pyrolyseur flash et un GC/MS est utilisé (appelé Py-GC-MS dans la suite de ce chapitre). En effet, cet appareil est décrit comme un bon outil, polyvalent, par Perng et al. [4] pour l'étude de la pyrolyse en raison de sa haute résolution et sa capacité à proposer des conditions reproductibles pour la pyrolyse de matériaux à des températures spécifiques.

Dans la section suivante, le dispositif expérimental ainsi que le protocole d'essai sont décrits, tandis que dans la section 3, un aperçu du calcul de la limite inférieure d'inflammabilité est proposé. Enfin, dans la section 4, les mesures Py-GC-MS ainsi que les limites inférieures d'inflammabilité obtenues sont présentées et utilisées pour donner une classification au feu des deux matériaux étudiés.

V.2. Évaluation des émissions gazeuses

V.2.1. Procédure expérimentale

Dans cette section sont présentées les différentes procédures expérimentales utilisées afin de déterminer les températures de pyrolyse ainsi que les différents volatils présents dans les gaz de pyrolyse des deux matériaux étudiés.

V.2.1.1. Détermination des températures de pyrolyse

Afin de définir les températures de pyrolyse des deux composites, les mesures thermogravimétriques (TG), réalisées avec une vitesse de chauffe de 15°C.min⁻¹, sous atmosphère inerte (argon) à pression atmosphérique, sont utilisées. Ainsi, à partir des courbes de perte de masse en fonction de la température (voir figure V-2), trois valeurs de température de pyrolyse (450°C, 590°C et 750 °C) ont été sélectionnées. Les deux premières températures correspondent respectivement aux températures de demi-dégradation[1] du carbone-phénolique (450°C) et du carbone-PEKK (590°C). Ces températures de pyrolyse permettent ainsi d'évaluer les émissions de volatils au cours de la dégradation. Les deux matériaux ayant perdu pour ces deux températures respectives la moitié de leurs masses initiales, une troisième température (750 °C) a été choisie et correspond au moment où la décomposition de la résine des deux composites est totale (voir chapitre 2).

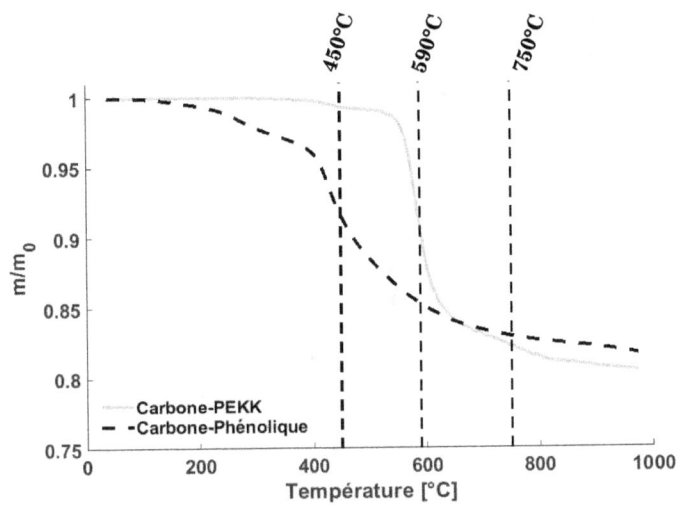

Figure V-2. Courbes de perte de masse et températures de pyrolyse sélectionnées.

V.2.1.2. Dispositif de Pyrolyse flash et d'analyse GC-MS

Le dispositif de pyrolyse flash (voir figure V-3) utilisé dans ce travail de thèse est composé de trois éléments clés : un pyrolyseur flash permettant la dégradation quasi immédiate de l'échantillon de composite, un chromatographe en phase gazeuse assurant la séparation des molécules présentes dans les gaz de pyrolyse et un spectromètre de masse pour détecter, identifier et quantifier ces molécules. Le principe de fonctionnement des différents éléments ainsi que les paramètres utilisés pour les mesures sont détaillés dans la suite de cette section.

---

[1] Le temps de demi-dégradation correspond au temps où la perte de masse aurait atteint la moitié de la perte de masse totale.

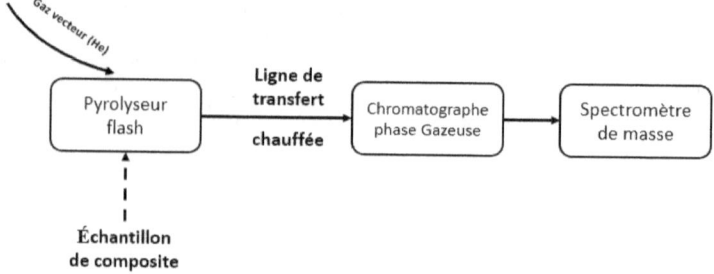

Figure V-3. Schéma du dispositif de pyrolyse flash.

La pyrolyse des polymères a été réalisée avec un pyrolyseur flash Pyroprobe 5150 de la marque CDS. Les échantillons de composite d'environ 1 à 2 mg, directement coupés dans une plaque de composite (afin d'être le plus représentatif possible du matériau industriel), ont ensuite été placés à l'intérieur d'un tube de quartz et maintenus en position dans le tube à l'aide de laine de quartz. Le tube de quartz est alors introduit à l'horizontal dans le pyrolyseur. Il est alors lui-même entouré d'une bobine de filament de platine permettant de le chauffer très rapidement (avec des vitesses de chauffe allant de 0,01°C.min⁻¹ à 20°C.ms⁻¹) jusqu'à des températures élevées (voir figure V-4).

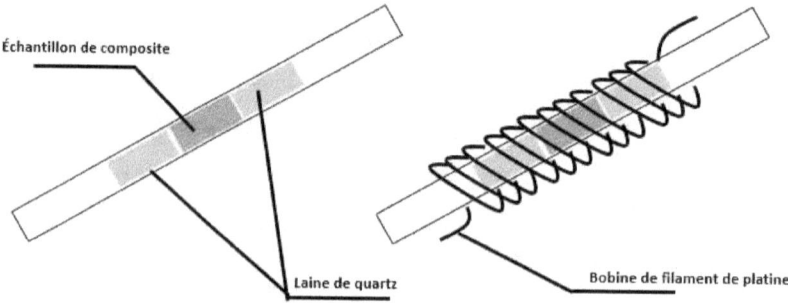

Figure V-4. Photographie du filament de platine permettant la chauffe rapide des échantillons.

Dans ce travail, les échantillons sont chauffés à la température désirée avec une vitesse de chauffage de 5°C.ms⁻¹. Ils atteignent donc la température de pyrolyse très rapidement et y sont maintenus pendant 10 secondes. Cette chauffe très rapide du tube de quartz permet alors d'assurer la pyrolyse instantanée de l'échantillon ainsi qu'un faible impact de la cinétique de dégradation sur les produits de pyrolyse, contrairement à une dégradation thermique plus lente réalisée à l'ATG. Trois échantillons, coupés à différents endroits sur de la plaque de composites, ont été utilisés pour chaque température de pyrolyse. Les produits de pyrolyse sont ensuite transportés vers le chromatographe via une ligne de transfert chauffée (200 °C) évitant la condensation des produits de pyrolyse à l'aide d'un flux constant d'hélium.

Un chromatographe est ensuite utilisé pour réaliser la séparation des molécules présentes dans les produits de pyrolyse. Cette méthode est apparue en 1906 [15]. Elle fut ensuite continuellement développée pendant près de quarante ans. En 1952, la mise au point de la chromatographie en phase gazeuse a permis un essor très important de cette méthode de séparation [16]. Encore aujourd'hui, elle est largement utilisée et possède des caractéristiques intéressantes telles que :

i. Une grande adaptabilité par un grand choix de phases stationnaires, de températures et de débit de phase mobile (azote, argon, hélium, hydrogène) ;

ii. L'emploi de méthodes physiques de détection très sensibles (de l'ordre du picogramme) ;

iii. La possibilité d'être automatisée, simplifiant les analyses de très nombreux échantillons.

De manière pratique, la chromatographie en phase gazeuse permet de séparer les différents constituants gazeux ou liquides d'un mélange à l'aide d'un dispositif constitué de plusieurs éléments présentés sur la figure V-5 et décrits dans ce qui suit. Cette séparation est basée sur la répartition sélective de chaque composé du mélange entre deux phases entrainant les composés à des vitesses différentes. L'une des phases est mobile (conduite par le gaz porteur) tandis que la seconde est fixe (elle est également appelée phase stationnaire). La séparation des molécules repose alors sur la différence d'affinité d'un composé à l'autre pour la phase mobile ou pour la phase stationnaire. Ainsi, plus un composé aura d'affinité pour la phase stationnaire, moins ce dernier sera entrainé par le gaz vecteur et donc plus il sera retenu sur la colonne. De cette manière, il est possible de définir la variable de partage comme étant un équilibre dynamique entre le composé situé dans la phase stationnaire et ce même composé situé dans la phase mobile.

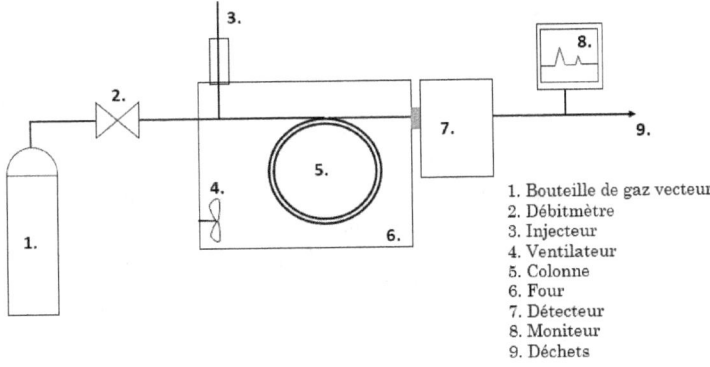

1. Bouteille de gaz vecteur
2. Débitmètre
3. Injecteur
4. Ventilateur
5. Colonne
6. Four
7. Détecteur
8. Moniteur
9. Déchets

Figure V-5. Schéma d'un dispositif de chromatographie.

Par ailleurs, plus la température est haute, plus l'équilibre de partage est déplacé vers la phase mobile et donc plus le composé sera entraîné par le gaz vecteur. C'est pourquoi si les composés d'un échantillon ont des coefficients de partage[1] différents et si tous les autres paramètres sont identiques (débit du gaz vecteur et température du four), la durée de parcours dans la colonne sera alors différente. De cette manière, il est alors possible de séparer les composés et de les faire sortir de la colonne les uns après les autres. La durée entre le moment d'injection et celui de sortie de colonne d'un composé A est appelée son « temps de rétention ». Généralement, les espèces sortent par ordre croissant de masse molaire pour une famille chimique donnée (halogénés, hydrocarbonés).

Il existe deux types de colonnes : les *colonnes remplies* et les *colonnes capillaires (voir figure V-6)*. Les colonnes remplies ont un diamètre de quelques millimètres et une longueur de l'ordre du mètre. Elles sont remplies de granulés de support inerte, généralement de la silice, dont la surface est imprégnée ou greffée avec la phase stationnaire. Néanmoins, ces colonnes sont moins utilisées que les colonnes de type capillaires dont le pouvoir de résolution est bien supérieur [17, 18].

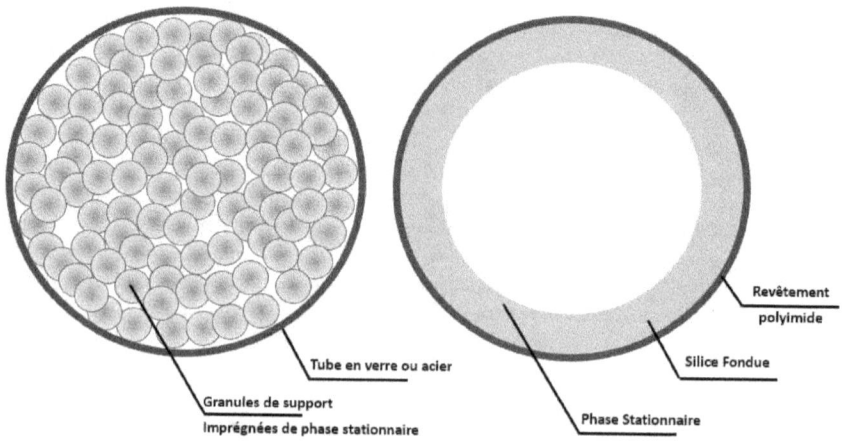

Figure V-6. Vue en coupe d'une colonne remplie (gauche) et d'une colonne capillaire (droite).

Les colonnes capillaires sont de simples tubes d'acier inoxydable, de verre ou bien de silice fondue (matériau inerte vis-à-vis de la phase stationnaire et des échantillons) avec des diamètres intérieurs compris entre 0,1 mm et 0,5 mm. Ces colonnes ont des longueurs de plusieurs dizaines de mètres, pouvant aller jusqu'à 100 m. Pour tenir dans l'appareil, la colonne est donc enroulée, avec des spirales de 10 cm à 30 cm de diamètre. La surface interne de ce tube est recouverte d'un film de 0,1 µm à 5 µm d'épaisseur constitué de la phase stationnaire. Ce film est mis en place par greffage ou simple déposition [18], le

---

[1] Le coefficient de partage est égal au rapport des concentrations dans la phase stationnaire et dans la phase mobile $K = \dfrac{C_{stat}}{C_{mob}}$

greffage étant généralement préféré pour des raisons de stabilité thermique. Afin de maximiser l'influence de l'équilibre de partage, la colonne est choisie de telle sorte que le temps de rétention des composés soit important. Une colonne capillaire de faible diamètre, longue, présentant une phase stationnaire épaisse et ayant des propriétés chimiques similaires aux molécules de l'échantillon permet typiquement d'obtenir de meilleures séparations.

La colonne est elle-même contenue dans un four possédant un ventilateur. Ce ventilateur permet d'assurer ainsi une bonne répartition de la température dans l'enceinte, dont la température et la vitesse de chauffe sont ajustables (typiquement entre 20°C et 350 °C) et programmables. Les températures utilisables en pratique dépendent des domaines de stabilité thermique de la colonne utilisée, et de ceux des composés analysés. Plus la température du four (et donc de la colonne) est élevée, plus les composés se déplacent rapidement dans la colonne, moins ils interagissent avec la phase stationnaire et donc moins les composés sont séparés. Plus la température du four est basse, meilleure est la séparation des composés mais plus longue est l'analyse. Le choix de la température est donc issu d'un compromis entre la durée souhaitée de l'analyse et le niveau de séparation désiré. Ainsi la définition d'un programme de chauffe adapté est nécessaire avant de réaliser une analyse chromatographique.

Dans ce travail, la chromatographie en phase gazeuse est couplée à un détecteur de type spectromètre de masse. Ce dernier permet d'obtenir des spectres de masse pour chaque composé séparé dans la colonne (voir figures V-7). Un spectre de masse est une représentation en deux dimensions de l'intensité relative du signal électrique recueilli pour chaque ion en fonction de leur rapport masse/charge, noté m/z. Le rapport m/z, un nombre sans dimension, est calculé en rapportant le nombre de masse m au nombre de charges élémentaires z d'un ion donné.

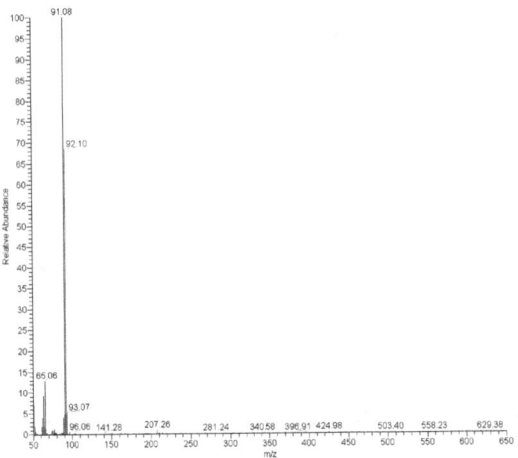

Figure V-7. Spectre d'une molécule de toluène détectée lors de la pyrolyse du carbone-phénolique.

Le processus de détection d'un spectromètre de masse est représenté sur la figure V-8. Ce dernier débute par la formation des ions en phase gazeuse. Cette dernière a lieu dans une chambre d'ionisation appelée « source d'ions ». Plusieurs méthodes d'ionisation existent. On distingue généralement les ionisations douces[1] (qui permettent d'obtenir la masse moléculaire des composés) et ionisations dures[2] (qui permets, en plus d'avoir un spectre fourni, d'obtenir des informations sur la structure des composés).

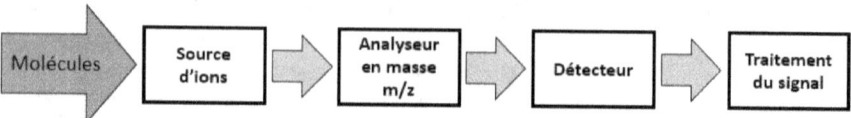

Figure V-8. Schéma de principe d'un spectromètre de masse

Dans ce travail, la méthode la plus ancienne et la plus courante est utilisée : l'ionisation (dure) par impact électronique. Dans cette méthode, les particules du produit A à identifier sont donc soumises au bombardement électronique émis par un filament et transformées en ions moléculaires selon la réaction suivante :

$$A + e^- \rightarrow A^+ + 2e^-$$

(V.1)

Les ions ainsi produits sont ensuite conduits vers l'analyseur spectromètre de masse. L'analyseur est un système permettant la séparation des ions produits en fonction de leur rapport m/z. Il existe différents types d'analyseurs, comme le quadripôle, le piège ionique (« ion trap » en anglais) ou encore l'analyseur à temps de vol (TOF[3]). Dans ce travail un analyseur de type quadripôle est utilisé. Ce dernier étant le plus compact, accessible et courant. L'analyseur quadripolaire (voir figure V-9) est constitué de quatre électrodes parallèles ayant une section hyperbolique ou cylindrique. Une fois séparé en fonction de leurs rapports m/z, les ions moléculaires viennent ensuite percuter le détecteur qui collecte le signal et l'amplifie afin qu'il puisse être traité informatiquement.

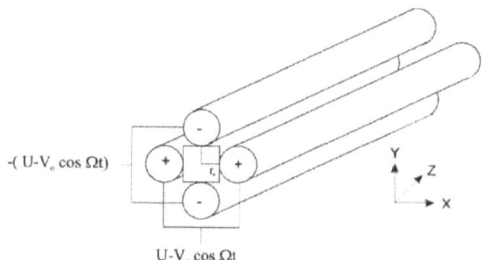

Figure V-9. Schéma d'un quadripôle permettant l'analyse en masse.

---

[1] Ionisation chimique ou ionisation par désorption laser
[2] Ionisation par impact électronique
[3] TOF: Time of Flight

Pour les mesures présentées dans la suite de ce chapitre, la séparation des espèces dans le chromatographe a été réalisée à l'aide d'un chromatographe en phase gazeuse Trace Ultra (Thermo) équipé d'une colonne capillaire SLB-5ms d'une longueur de 30 m, d'un diamètre interne de 0,25 mm et d'une épaisseur de film de 0,25 pm. Au cours du cycle, la température de la colonne a été programmée de 60 °C à 300°C avec une vitesse de chauffe de 5 °C.min⁻¹. Cette dernière est ensuite maintenue pendant 1 min à la température finale. Les spectres de masse sont ensuite obtenus avec une ionisation électronique à 70 eV et un analyseur de type quadripôle Thermo DSQ II. Un spectre de masse étant caractéristique d'une molécule, l'identification des produits de pyrolyse est donc basée sur la comparaison des spectres de masse obtenus avec la bibliothèque des spectres de masse du NIST.

V.2.2. Chromatogrammes et volatils identifiés

Les produits de pyrolyse observés sur les pyrogrammes obtenus lors de la dégradation du carbone-PEKK (voir figure V-10) et du carbone-phénolique (voir figure V-11) à trois températures différentes ont été identifiés par spectrométrie de masse. Afin de proposer un affichage plus précis, les pyrogrammes sont présentés sur un intervalle allant de 0 à 15 minutes. L'objectif de ce travail de thèse étant de comparer les deux matériaux composites, en considérant que le facteur de réponse d'un composé donné est toujours le même et ne change pas d'un échantillon à l'autre, l'évolution des produits de pyrolyse peut être comparée en calculant les abondances relatives dans les différents pyrogrammes. La quantification relative des produits de pyrolyse est alors réalisée en calculant le rapport de l'aire associé à chacun des pics du pyrogramme avec la somme des aires des différents pics obtenues pour un matériau donné [19] à une température donnée. L'abondance relative de chaque composé se calcule alors de la manière suivante :

$$P_i(\%) = \frac{A_i}{\sum_i A_i} \times 100$$

(V.2)

Avec P_i la quantité relative d'un compose i et A_i son aire calculée à partir du pyrogramme en utilisant le logiciel *Xcalibur*.

La quantité de gaz de pyrolyse produite au cours de la dégradation des composites est estimée en calculant le taux de gazéification. Cette quantité s'exprime de la manière suivante :

$$C = \frac{m_{init} - m_{final}}{m_{init}} \times 100$$

(V.3)

Où C est le taux de gazéification exprimé en %, m_{init} et m_{final} sont respectivement les masses initiale (matériau vierge) et finale (matériau dégradé) de l'échantillon. La valeur correspond alors au pourcentage de la masse initiale s'étant transformée en gaz au cours de la pyrolyse.

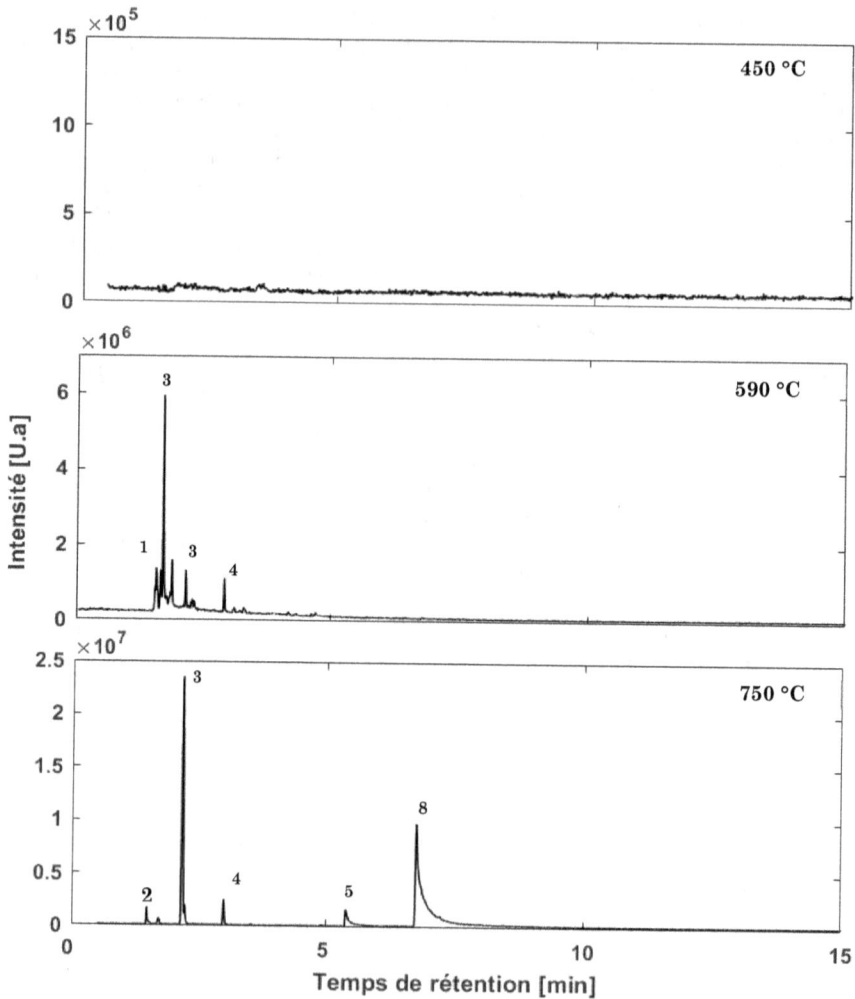

Figure V-10. Pyrogrammes obtenus pour le carbone-PEKK à trois températures.

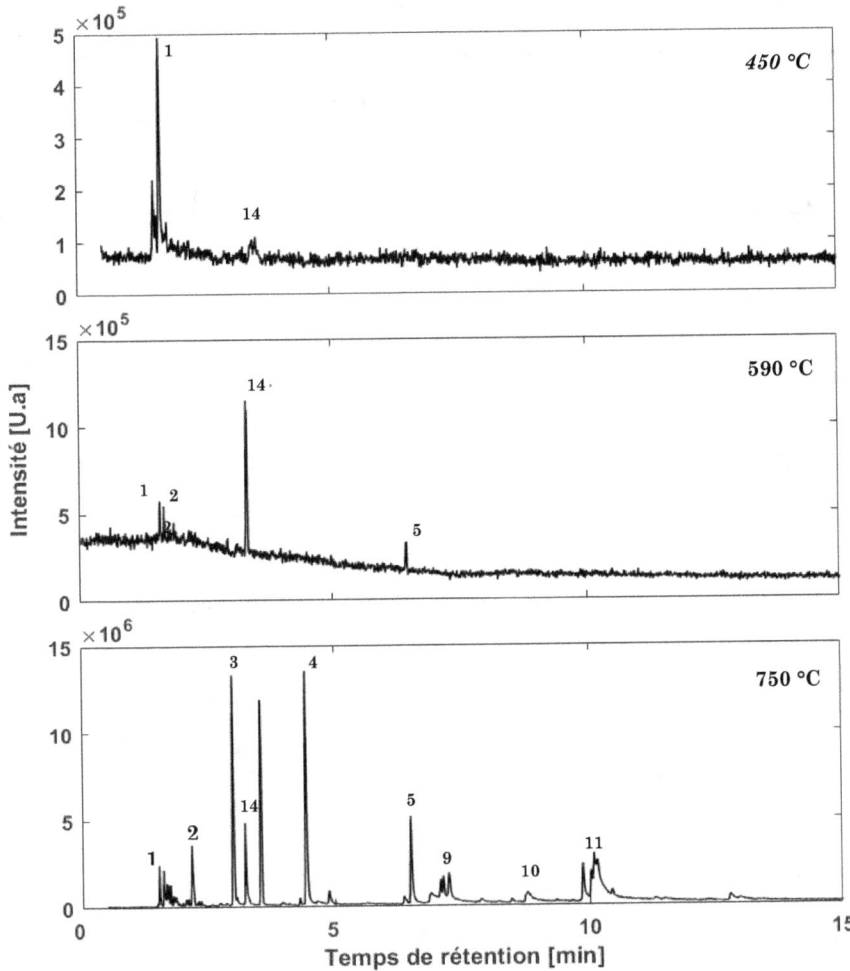

Figure V-11. Pyrogrammes obtenus pour le carbone-phénolique à trois températures.

L'ensemble des composés identifiés sur les différents pyrogrammes, sont regroupés en 4 catégories qui sont données sur le tableau V-1. La première catégorie, correspondant aux hydrocarbures, contient principalement des hydrocarbures aromatiques tels que le benzène, le toluène et le styrène. La deuxième catégorie correspond aux composés phénoliques que l'on peut trouver dans les deux matériaux composites pyrolysés. Les furanes, que l'on obtient uniquement pour le carbone-phénolique, et les cétones constituent respectivement la troisième et la quatrième famille.

Tableau V-1. Représentation topologique des composés identifiés lors de la pyrolyse des deux matériaux composites.

Composés identifies	Formule	Masse moléculaire	Formule topologique
Hydrocarbures			
Butène	C₄H₈	56	
Cyclopentadiène	C₅H₆	66	
Benzène	C₆H₆	78	
Toluène	C₇H₈	92	
Ethylbenzene	C₈H₁₀	106	
Xylène	C₈H₁₀	106	
Styrène	C₈H₈	104	
Trimethylbenzène	C₉H₁₂	120	

Methylstyrène	C_9H_{10}	118	
Indène	C_9H_8	116	
Trimethylstyrène	$C_{11}H_{14}$	146	

Composés phénolique

Phénol	C_6H_6O	94	
Crésol	C_7H_8O	108	
Xylénol	$C_8H_{10}O$	122	

Furanes

Benzofuran	C_8H_6O	118	
Methylbenzofurane	C_9H_8O	132	

Cétones

| Pentanone | C_5H_8O | 84 | |

p-benzoquinone	$C_6H_4O_2$	108	

D'après, la synthèse des différents composés identifiés dans les pyrogrammes des deux matériaux ainsi que leurs différentes formules topologiques, il est possible de remarquer que les composés émis lors de la pyrolyse des deux matériaux sont sensiblement similaires. Les composés majoritaires sont les hydrocarbures et en particulier les hydrocarbures aromatiques. La forte concentration en anneaux aromatiques des monomères de la résine PEKK et phénolique entraîne notamment l'apparition d'un composé tel que le phénol pour les deux matériaux. Les tableaux V-2 et V-3 présentent quant à eux la répartition des molécules identifiées pour les différents matériaux ainsi que les temps de rétention associés.

Tableau V-2. Composés détectés lors de la pyrolyse du carbone-PEKK.

Composés identifies	Formule	Temps de rétention minimum [min]	Temps de rétention maximum [min]	Numéro de pic
Hydrocarbures				
Butène	C_4H_8	1.52	1.68	1
Cyclopentadiène	C_5H_6	1.67	1.72	2
Benzène	C_6H_6	2.15	2.19	3
Toluène	C_7H_8	2.92	3.01	4
Styrène	C_8H_8	4.82	4.86	5
Methylstyrène	C_9H_{10}	7.15	7.19	6
Trimethylstyrène	$C_{11}H_{14}$	11.31	11.39	7
Composés phénolique				
Phénol	C_6H_6O	6.75	6.87	8
Cétones				
p-benzoquinone	$C_6H_4O_2$	5.38	5.42	10

Les pourcentages relatifs des produits de pyrolyse (associés à chaque catégorie obtenue à l'aide de la quantification relative de l'équation V.2) sont présentés sur la figure V-12 pour les trois différentes températures ainsi que les deux matériaux.

Tableau V-3. Composés détectés lors de la pyrolyse du carbone-Phénolique.

Composés identifies	Formule	Temps de rétention minimum [min]	Temps de rétention maximum [min]	Numéro de pic
Hydrocarbures				
Butène	C_4H_8	1.52	1.68	1
Benzène	C6H6	2.15	2.19	2
Toluène	C_7H_8	2.92	3.01	3
Ethylbenzène	C_8H_{10}	4.11	4.19	4
dimethylbenzène	C_8H_{10}	4.41	7.84	5
Trimethylbenzene	C_9H_{12}	5.48	6.48	6
Indène	C_9H_8	8.40	8.46	7
Trimethylstyrene	$C_{11}H_{14}$	11.31	11.39	8
Composés phénolique				
Phénol	C_6H_6O	6.75	6.87	9
Crésol	C_7H_8O	8.76	8.80	10
Xylénol	$C_8H_{10}O$	10.05	10.11	11
Furanes				
Benzofuran	C_8H_6O	7.20	7.24	12
Methylbenzofuran	C_9H_8O	9.83	10.10	13
Cétones				
Pentanone	C_5H_8O	3.19	3.23	14

En examinant plus précisément les composés volatils détectés lors de la pyrolyse du carbone-PEKK, il est possible de voir qu'aucun composé n'est détecté pour une température de 450 °C (voir figure V-10 et figure V-12). En effet, cette température est identifiée comme étant la température où des instabilités locales aux extrémités et au niveau des ramifications de la chaîne, ne pourraient que tout juste commencer à apparaître et ainsi conduire au début de la décomposition thermique de la résine PEKK [5, 14]. À 590 °C, une fois la dégradation thermique amorcée, trois hydrocarbures, représentant la totalité des volatils, sont principalement identifiés. Ces derniers sont le butane, le benzène et le toluène.

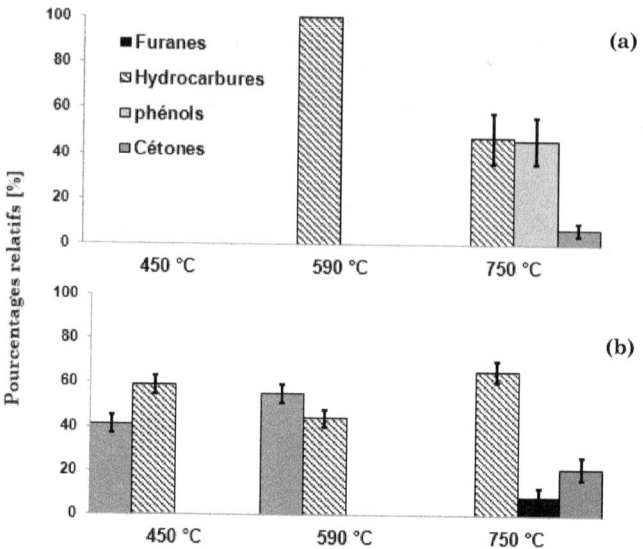

Figure V-12. Répartition des volatils issus de la pyrolyse du carbone-PEKK (a) et du carbone-phénolique (b)

Ces volatils pourraient être libérés par la rupture de la liaison la plus faible dans le monomère PEKK, qui correspond à la liaison éther comme cela est présenté par Patel *et al.* [15] sur la figure V-13 pour une résine similaire (contrairement au PEKK qui n'en contient qu'une, le PEEK, résine comportant deux liaisons éther).

À plus haute température (750 °C), la dégradation de la résine est pratiquement terminée, il est possible d'observer une importante libération de phénol représentant près de 46% des émissions (voir figure V-13), probablement associée au rupture de la liaison éther produisant dans le même temps un radical phénolique qui peut ensuite conduire à la création d'une molécule de phénol après la perte d'une molécule d'hydrogène [5]. De faibles quantités de composés aromatiques et de cétones comme le pentanone et le *p*-benzoquinone (7 %) sont également suspectées. Ces derniers sont issus de la rupture d'une cétone à cette température dans une zone où des liaisons réticulaires existent entre deux liaisons éthers [5].

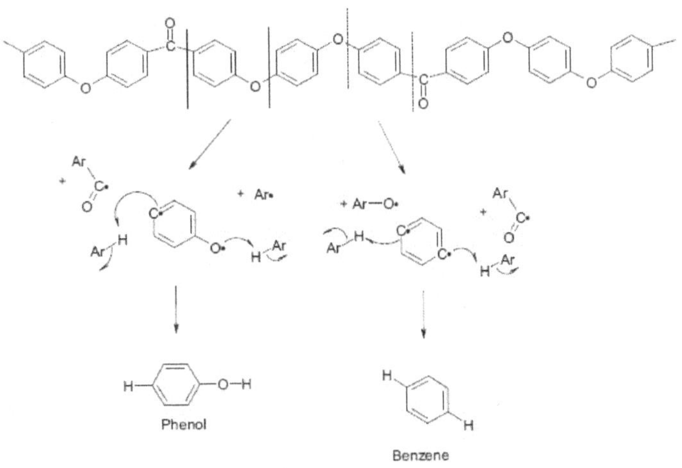

Figure V-13. Mécanismes de production du phénol et du benzène à partir d'une résine PEEK (d'après Patel *et al.* [5])

D'après les courbes de perte de masse, la décomposition du carbone-phénolique commence à environ 300 °C avec la déshydratation de la résine [6]. Puis à 450 °C, la courbe de perte de masse montre que la vitesse de réaction atteint son maximum à cette température, impliquant la libération en majorité de butène et de pentanone. Ce dernier pourrait être formé au cours d'une recombinaison entre des fragments issus de la pyrolyse de la résine et des formaldéhydes emprisonnés lors de la polymérisation de la résine. Une réaction inverse de condensation peut également entraîner la formation de formaldéhydes lors de la dégradation de la résine phénolique, en particulier autour de 400°C, comme cela est décrit par Lum *et al.* [20]. À 590 °C, le butène (39%) et le pentanone (55%) semblent être à nouveau les composés majoritaires des produits de pyrolyse. D'autres composés tel que benzène sont également détectés à cette température. Ce dernier est probablement formé par la scission d'une liaison benzyle terminale à cette température comme noté par Trick *et al.* [6]. Les pyrogrammes (voir figure V-11) mettent également en évidence, à cette température, la présence de toluène et de xylène dans des proportions mineures (<10%). Ce dernier pourrait provenir d'une scission de liaison benzyle terminale. Enfin, à 750 ° C, les principaux produits de pyrolyse semblent être le toluène (18%) et différents isomères du diméthylbenzène (22%). Le phénol et le crésol (20%) sont également détectés car ils sont les principaux constituants de la résine. Le mécanisme de formation de ces composés lors de la pyrolyse de la résine phénolique, visible sur la figure V-14, est présenté dans les travaux de Wang *et al.*[21] et de Jiang *et al.* [22].

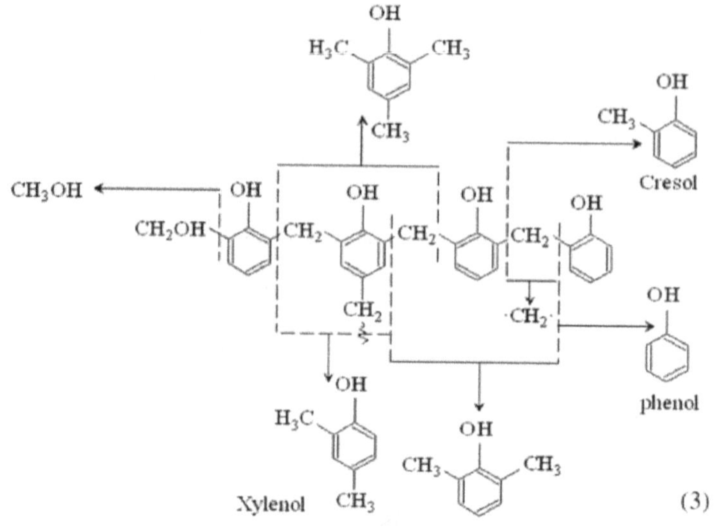

Figure V-14. Mécanismes de formation du phénol, crésol et xylénol (d'après [21, 22])

La figure V-15 présente les taux de conversion, calculés à partir de la mesure des masses initiales et finales des échantillons des deux matériaux pour les trois températures qui sont données dans le tableau V-4.

Tableau V-4. Masses initiales et finales des échantillons pyrolysés.

	Carbone-PEKK		Carbone Phénolique	
	$m_{initiale}$ [mg]	m_{finale} [mg]	$m_{initiale}$ [mg]	m_{finale} [mg]
450 °C	1,16	1,09	1,19	0,99
590 °C	1,43	1,27	1,31	1,04
750 °C	1,15	1,01	0,7	0,51

Ce taux de conversion correspond à la fraction, en masse, de volatils émis par chacun des deux matériaux pour les différentes températures de pyrolyse. Il est ainsi possible de remarquer que pour les trois températures, la fraction de volatils est plus importante pour le carbone phénolique que pour le carbone-PEKK. L'augmentation du taux de conversion avec l'augmentation de la température rend compte de l'augmentation de la masse des volatils produits par la dégradation des deux matériaux.

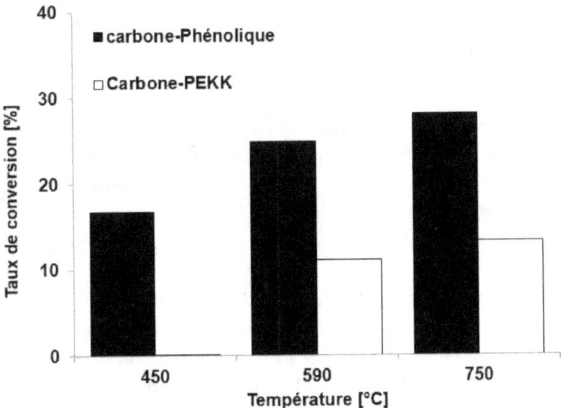

Figure V-15. Fraction des volatils émis par chaque matériau pour les trois températures de pyrolyse.

Ces résultats confirment donc ceux présentés dans le chapitre 1 de ce manuscrit. En effet, d'après Sorathia [2] les composites carbone-PEKK, n'émettent qu'une faible quantité de fumée et par conséquent une faible fraction de volatils, lors d'essais avec des échantillons de moyenne échelle (environ 10 cm x 10 cm), en comparaison avec des matériaux comme le carbone-phénolique. Un tel comportement permet ainsi de limiter grandement le risque de propagation d'un incendie. Il permet également de limiter les risques d'intoxication des personnes exposées aux fumées issues de la dégradation de ce type de matériaux, en particulier lorsque les incendies ont lieu dans un milieu confiné, comme par exemple la cabine ou le cockpit d'un avion.

V.3. Détermination de l'inflammabilité des matériaux

V.3.1. Méthode de calcul des limites inférieures d'inflammabilité

Plusieurs méthodes existent pour quantifier la limite inférieure d'inflammabilité (LII) de composés purs. Elles peuvent être divisées en quatre catégories différentes telles que les corrélations empiriques [23-25], les corrélations de température de flamme critique [26, 27], les méthodes de contribution de groupe fonctionnel [28] et les modèles de réseaux de neurones [29, 30]. Dans ce travail, la limite inférieure d'inflammabilité de chaque composé identifié a été évaluée pour les températures choisies en utilisant des corrélations empiriques, car en plus d'être pratiques à mettre en œuvre (elles ont seulement besoin de la formule du composé) et fournissent de bons résultats [31]. En particulier, l'analyse quantitative de la relation structure-propriété (en anglais : Quantitative Structure-Property Relationship ou l'acronyme QSPR), proposée par Gharagheizi [24], est capable de prédire la valeur de la LII pour une partie importante des composés rencontrés lors de la pyrolyse des matériaux composites. Cette méthode est basée sur l'utilisation de quatre descripteurs moléculaires [24]. Pour pouvoir définir la relation entre les quatre descripteurs ainsi que la valeur de la LII, un ensemble de données de 1056 composés purs a été utilisé. Parmi ces composés, 845 sont utilisés pour la phase d'apprentissage (i.e. détermination de la relation linéaire LII/descripteurs) et 211 pour la phase de test (i.e. validation de la corrélation linéaire). Pour plus de détails, concernant le choix des descripteurs ainsi que la méthode utilisée pour définir la relation linéaire multi variables, on se référera aux travaux de Gharagheizi [24].

Les relations QSPR, telles que celles utilisées pour déterminer la LII, sont de plus en plus utilisées de nos jours du fait de la croissance des moyens de calculs. Ces méthodes sont apparues au cours du 19ème siècle ; Crum-Brown et Fraser mettant en évidence l'existence de relations entre les activités physiologiques et les structures chimiques [32]. Plus tard, le développement des équations de Hammett [33] a permis de réaliser un progrès important permettant l'apparition de la méthodologie telle qu'elle est employée aujourd'hui grâce aux contributions de Hansch [34] et de Free et Wilson [35]. L'objectif de ces méthodes est de mettre en place une relation mathématique reliant de manière quantitative, comme leur nom l'indique, des propriétés moléculaires appelées descripteurs avec une valeur macroscopique observable. La figure V-16 présente un schéma de principe de la méthode QSPR.

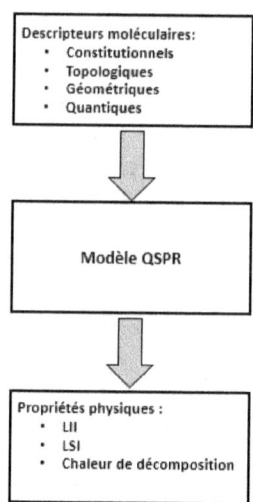

Figure V-16. Schéma de principe d'une analyse QSPR (d'après Fayet [32]).

Les descripteurs moléculaires sont la traduction sous la forme d'une série de grandeurs (principalement scalaires) d'une quantification des caractéristiques physico-chimiques et structurelles. Ainsi, depuis de nombreuses années, des travaux sont menés afin de développer des descripteurs capables de décrire de la manière la plus exhaustive possible les structures moléculaires. Plusieurs types de descripteurs existent, ils sont classés de la manière suivante :

i. Descripteurs constitutionnels

Ces descripteurs sont couramment utilisés du fait de leur simplicité. Ils correspondent par exemple aux caractéristiques suivantes :

- Nombres absolus et relatifs d'atomes ;
- Nombres absolus et relatifs de groupes fonctionnels ;
- Les nombres absolus et relatifs de liaisons ;
- Les nombres absolus et relatifs de cycles ;
- La masse moléculaire.

Cependant ils ne permettent pas de distinguer les isomères par exemple. Or, la position d'un substituant amène souvent à la modification de la valeur expérimentale d'une propriété physique macroscopique.

ii. Descripteurs topologiques

Les descripteurs topologiques sont des indices obtenus à partir d'une structure 2D de la molécule (une table des connectivités des atomes dans la molécule). Ils contiennent des informations sur la taille globale du système, sa forme globale et ses ramifications. Parmi les indices topologiques courants, il est possible de trouver l'indice de Randic (mesure de l'aire de la molécule accessible au solvant) [36], les indices de Kier-Hall [37] ou encore l'indice de Balaban [38]. Ce type de descripteurs permet de simplifier grandement la représentation de la connectivité chimique au sein de la molécule. Néanmoins, il est souvent difficile de relier ces descripteurs aux différents mécanismes.

iii. Descripteurs géométriques

Ces descripteurs sont évalués à partir des positions relatives des atomes d'une molécule dans l'espace, ainsi qu'à partir des rayons et masses atomiques. Ils nécessitent donc de connaître la structure 3D de la molécule. Parmi ces descripteurs, on retrouve le volume et la surface moléculaire, le moment d'inertie, ou les distances et angles entre les atomes dans la molécule.

iv. Descripteurs quantiques

Ces descripteurs visent à renseigner les informations apportées par la chimie quantique telles que les données énergétiques, orbitalaires ou vibrationnelles du système. Ainsi, ces descripteurs renseignent sur les énergies de dissociation, les propriétés électroniques (moment dipolaire, polarisabilité).

Tableau V-5. Descripteurs moléculaires utilisés pour le calcul de la limite inférieure d'inflammabilité.

Descripteur moléculaire	Type	Définitions
PW5	Descripteur topologique	Indice de Randic Path/walk 5
AAC	Indices d'information	Indice de composition atomique
SIC0	Indices d'information	Information de contenu structurel (Symétrie d'ordre zéro)
MlogP	Propriété moléculaire	Coefficient de partage octanol/eau de Moriguchi (log P)

Certains travaux de littérature [24, 31] ont démontré la capacité de la corrélation empirique de Gharagheizi [24] à fournir des limites inférieures d'inflammabilité prédictives. Sur la base des quatre descripteurs moléculaires (PW5, AAC, SIC0 et MLOGP) présentés dans le Tableau V-5, la méthode QSPR conduit donc à la définition d'une relation linéaire multi variable entre ces descripteurs et la LII pour une espèce donnée à la température ambiante. Ainsi d'après les travaux de Gharagheizi, pour une espèce i, la valeur de sa LII en pourcentage volumique dans le mélange composé/air à 20°C est calculée de la manière suivante :

$$LII_i \, [\%] = 0,76022 - 3,57754 \, PW5 - 1,47971 \, AAC$$
$$+8,57528 \, SIC0 - 0,01981 \, MLOGP$$
$$(V.4)$$

Ce modèle est défini en utilisant une régression linéaire multi-variable basée sur un algorithme génétique (GA-MLR) présentée par Leardi *et al.* [39]. En effet ce modèle est obtenu en cherchant la régression linéaire pouvant prédire la propriété désirée avec le plus faible nombre de variables et de la manière la plus précise possible. Le modèle ci-dessus présente une erreur absolue de 7,68% sur les 1056 composés testés et un coefficient de corrélation (R^2) de 0,9690 [24].

À partir des résultats des calculs précédents, il est alors possible d'estimer la dépendance en température de la LII. En effet, cette dernière tend à décroitre lorsque la température augmente étant donné que l'énergie nécessaire pour la propagation d'une flamme est inférieure [40] et ainsi :

$$\frac{LII_T}{LII_{298}} = 1 - \frac{T - 298}{T_{\lim} - 298}$$
$$(V.5)$$

Avec $T_{\lim}$ la température minimum permettant la propagation d'une flamme. Arnaldos *et al.* [13] ont ainsi défini au début des années 2000, en utilisant la température limite proposée par Zabetakis *et al.* [41], la relation suivante :

$$LII_T (\%) = LII_{(298K)} \left[1 - 7.8 \times 10^{-4} \left(T - 298 \right) \right]$$
$$(V.6)$$

V.3.2. Limites inférieures d'inflammabilité des gaz de pyrolyse

Le risque majeur en cas d'incendie lors de la manipulation de matériaux composites provient de l'inflammation des différents mélanges gazeux qui se diffusent dans les matériaux composites à la surface lors de leur pyrolyse. Cela pourrait contribuer à la croissance du feu ou même propager le feu sur la face opposée d'un matériau. Pour estimer le risque d'inflammabilité des mélanges gazeux obtenus à partir des composés détectés dans les gaz de pyrolyse, les limites inférieures d'inflammabilité (LII) sont calculées, à température ambiante, en utilisant la méthode de Gharagheizi [24] basée sur une étude QSPR. Leurs évolutions en fonction de la température sont ensuite données grâce à la corrélation proposée par Arnaldos [39] et donnée par l'équation V-6. Pour chaque espèce, les valeurs des différents descripteurs moléculaires ainsi que les limites inférieures d'inflammabilité pour différentes températures sont données dans le tableau V-6. Hormis pour le butène, les descripteurs moléculaires de chaque espèce suspectée sont disponibles en ligne sur le site Web du groupe de recherches du Milano Chemometrics et QSAR[1]. La limite inférieure d'inflammabilité à la température ambiante du butène est tirée de données issues de la littérature [42]. À la lecture du tableau V-6, il est possible de distinguer que le produit de pyrolyse le plus inflammable pour chaque température est le triméthylstyrène ($C_{11}H_{14}$) suivi du triméthylbenzène (C_9H_{11}) et de l'indène (C_9H_8). Ces trois molécules appartenant à la famille des hydrocarbonnées. Les produits de pyrolyse les moins inflammables pour les différentes températures étudiées sont les cétones comme le pentanone et le p-benzoquinone. Les phénols présentent également une LII parmi les plus élevées (donc moins inflammable). Les valeurs LII des composés hydrocarbonés, phénoliques et furaniques ne dépassent pas 2% et sont strictement inférieures à 1% au-dessus de 590 ° C.

---

[1] http://michem.disat.unimib.it/mole_db/

Tableau V-6. Valeurs des différents descripteurs moléculaires et des LII pour les différents composés identifiés.

Produit de pyrolyse	PW5	AAC	SIC0	MLOGP	LII (20°C)	LII (450°C)	LII (590°C)	LII (750°C)
Hydrocarbures								
Butène	-	-	-	-	1,60	1,04	0,86	0,66
Benzène	0,063	1	0,279	2,255	1,40	0,91	0,76	0,58
Toluène	0,062	0,997	0,255	2,608	1,20	0,78	0,65	0,50
Styrène	0,068	1	0,25	2,851	1,12	0,73	0,61	0,47
Methylstyrène	0,066	0,998	0,235	3,169	1,00	0,65	0,54	0,41
Indène	0,08	1	0,24	3,17	0,99	0,64	0,53	0,41
Trimethylstyrène	0,071	0,985	0,224	3,259	0,91	0,59	0,49	0,38
Ethylbenzène	0,068	0,991	0,238	2,942	1,03	0,67	0,56	0,43
Xylène	0,06	0,991	0,238	2,942	1,06	0,69	0,57	0,44
Trimethylbenzene	0,054	0,985	0,224	3,259	0,97	0,63	0,52	0,40
Phénols								
Phénol	0,062	1,314	0,355	1,506	1,61	1,04	0,87	0,67
Crésol	0,057	1,272	0,318	1,859	1,36	0,89	0,74	0,57
Xylénol	0,071	1,236	0,291	2,193	1,13	0,73	0,61	0,47
Furanes								
Methylbenzofuran	0,086	1,252	0,3	2,42	1,12	0,73	0,61	0,47
Benzofuran	0,078	1,273	0,326	1,834	1,36	0,88	0,73	0,56
Cétones								
p-Benzoquinone	0,08	1,459	0,407	0,411	1,80	1,17	0,97	0,75
Pentanone	0,02	1,26	0,33	0,67	1,64	1,06	0,89	0,68

Le tableau V-6 présente la tendance décroissante des limites inférieures d'inflammabilité des différentes molécules, avec l'augmentation de la température. Cette tendance entraîne donc une diminution de la limite inférieure d'inflammabilité des différents mélanges gazeux conduisant à une augmentation du risque d'inflammation des produits de pyrolyse. Ce comportement étant encore plus critique dans des configurations confinées où la température et la concentration des gaz inflammables augmentent rapidement lorsque l'échantillon est soumis au feu. Connu pour sa décomposition lente et son bon comportement thermique, et malgré une quantité plus importante de substances volatils (comme illustré sur la figure V-16) le carbone-phénolique présente un nombre important de composés ayant une faible valeur de LII à 750 °C tels que le toluène (LII de 0,50), le xylène (LII de 0,44) ou le trimethylbenzène (LII de 0,40). Enfin, le carbone-PEKK semble être le matériau le plus intéressant avec l'émission d'une quantité moins importante de substances volatils couplé à la présence majoritaire de composés ayant une limite inférieure d'inflammabilité modérée tels que le butène à 590 °C (LII de 0,86) et le phénol à 750°C (LII de 0,67).

Une quantification poussée des volatils en introduisant tous les étalons permettrait à la suite de ce travail de définir précisément la fraction volumique de chaque composé et ainsi de calculer la LII globale du mélange des différents composés émis lors de la pyrolyse d'un composite donné, en utilisant la loi proposée par Le Châtelier [43]. Néanmoins, ce type de quantification est complexe, au vu du nombre de composés différents à identifier

V.4. Classification des matériaux étudiés

La norme européenne (EN 13-501-1) fournit la classification de la réaction au feu pour tous les produits et matériaux de construction [44]. À la connaissance des auteurs, une telle classification n'existe pas dans l'industrie aéronautique puisqu'une large variété de matériaux est utilisée en fonction de différents besoins tels que les besoins mécaniques, les besoins thermiques et autres. Comme mentionné précédemment, les matériaux composites contribuent par leur propre décomposition (conduisant à des émissions de gaz inflammables) à la croissance du feu. Par conséquent, deux catégories de critères peuvent être définies, caractérisant à la fois la capacité du matériau à s'enflammer (c'est-à-dire l'inflammabilité) et sa capacité à brûler (c'est-à-dire la combustibilité) lorsqu'il est exposé au feu. Le critère de combustibilité est associé à la température de dégradation et à la perte de masse causé par la dégradation de la résine, tandis que le critère d'inflammabilité prend en compte la fraction des substances volatiles émises (déterminée à partir du taux de gazéification) et la limite inférieure d'inflammabilité du composé majoritaire à 750 ° C. Les données d'inflammabilité et de combustibilité des deux matériaux étudiés sont obtenues grâce aux mesures de TG et de Py-GC-MS décrites ci-dessus et sont fournies dans le tableau V-7.

Tableau V-7. Classification des deux matériaux étudiés.

	Combustibilité		Inflammabilité	
	Température de dégradation [°C]	Perte de masse [%]	Émissions de volatils [%]	LII [%]
Carbone-PEKK	**530**	19,6	**13**	**0,67**
Carbone-phénolique	240	**18,4**	28	0,44

D'après le tableau V-7, Le carbone-PEKK semble être le matériau le plus approprié pour diminuer le risque de propagation d'un incendie intervenant dans un aéronef. En effet, ce dernier présente la température de dégradation la plus élevée et la plus faible émission de gaz de pyrolyse ainsi que la limite inférieure d'inflammabilité la plus importante. De plus, le carbone-PEKK présente une perte de masse très proche à celle du carbone-phénolique. En effet, en plus d'un pourcentage élevé d'émissions de volatils, ce dernier présente la plus faible limite inférieure d'inflammabilité en comparaison avec le carbone-PEKK. Ces résultats traduisent donc ses faibles performances en termes d'inflammabilité avec des émissions importantes de produits de pyrolyse (environ 2 fois supérieures en masse à celles du carbone-PEKK). Cependant, ce matériau présente une combustibilité relativement intéressante, cette dernière étant caractérisée par une perte de masse légèrement plus faible que le carbone-PEKK et cela malgré une dégradation anticipée débutant aux alentours de 300°C [22]. Ce comportement met clairement en évidence la possible formation importante de char lors de la dégradation offrant une protection thermique intéressante [3] ainsi qu'un ralentissement de la perte d'intégrité structurelle et une conservation de ses propriétés mécaniques [45].

Cette classification n'est qu'une première étape dans le processus d'évaluation des performances des matériaux composites destinés à des applications aéronautiques et vise à être complétée par de nouvelles mesures, en particulier les données collectées à l'aide du brûleur NexGen de la plateforme feux VESTA. Il est alors possible d'imaginer de nouveaux paramètres tels que le temps de percement, la fraction de composite dégradé par la flamme.

V.5. Conclusion et perspectives

Les émissions gazeuses de deux matériaux composites à base de carbone ont été évaluées ainsi que leurs limites inférieures d'inflammabilité pour trois températures de pyrolyse différentes. Les volatils identifiés dans les produits de pyrolyse des deux composites ont démontré des similitudes, avec des composés identifiés similaires. Néanmoins, la quantité de volatils émis par la pyrolyse est différente pour ces deux matériaux. Ce travail visait également à améliorer la connaissance du comportement de dégradation des matériaux considérés afin de proposer une classification au feu basée sur leur combustibilité et leur inflammabilité. La combustibilité est évaluée grâce à la température de dégradation et à la perte de masse alors que l'inflammabilité prend en compte les gaz de pyrolyse à fort potentiel d'allumage et leurs limites inférieures d'inflammabilité. La classification des deux matériaux étudiés démontre que le carbone-PEKK présente les meilleures performances au feu. En effet, ce composite est caractérisé par une température de dégradation élevée et une faible perte de masse. De plus, il émet la plus faible quantité de produits de pyrolyse couplée à une valeur de LII plus élevée.

Afin de fournir une valeur plus précise du risque d'inflammation dans les zones confinées, les prochains travaux sur ce type de matériaux devront donc s'orienter vers la quantification des volatils à l'aide de méthodes de quantification classiques utilisées lors des analyses GC-MS. Ces quantifications permettraient d'une part de calculer la fraction volumique de chaque composé et ainsi de calculer précisément la valeur de la LII. D'autre part, elles permettraient de connaître les quantités de volatils libérées lors de la pyrolyse des composites et ainsi d'estimer les concentrations limites dans les zones confinées.

Par la suite, il sera possible de confronter ces mesures à petite échelle à des mesures réalisées sur des prélèvements réalisés lors de tests au feu à grande échelle avec le brûleur NexGen de la plateforme feux VESTA. Ces essais ont notamment pour but d'étudier l'effet d'une flamme normalisée sur la classification des matériaux proposés. De la même manière, il sera possible de compléter la classification proposée dans ce chapitre en prenant en compte des paramètres tels que le temps de percement, le temps pour perdre la moitié de la masse d'un échantillon etc.

Bibliographie

[1] A. P. Mouritz, Z. Mathys et A. G. Gibson, Heat release of polymer composites in fire, *Composites Part A: applied science and manufacturing*, vol. 37, pp. 1040-1054, 2006.

[2] U. Sorathia, C. M. Rollhauser et W. A. Hughes, Improved fire safety of composites for naval applications, *Fire and Materials*, vol. 16 (3), pp. 119-125, 1992.

[3] A. P. Mouritz et A. Gibson , Fire Properties of polymer composite materials, Springer, 2007.

[4] L. Perng, C. Tsai et Y. Ling, Mechanism and kinetic modelling of PEEK pyrolysis by TG/MS, *Polymer*, vol. 40(26), pp. 7321-7329, 1999.

[5] P. Patel, T. Hull, R. McCabe, D. Flath, J. Grasmeder et M. Percy, Mechanism of thermal decomposition of poly (ether ether ketone)(PEEK) from a review of decomposition studies, *Polymer degradation and stability*, vol. 95(5), pp. 709-718, 2010.

[6] K. Trick et T. Saliba, Mechanism of the pyrolysis of phenolic resin in a carbon/phenolic composite, *Carbon*, vol. 33(11), pp. 1509-1515, 1995.

[7] P. Evangelopoulos, E. Kantarelis et W. Yang, Experimental investigation of the influence of reaction atmosphere on the pyrolysis of printed circuit boards, *Applied Energy*, vol. 204, pp. 1065-1073, 2017.

[8] C. Beyler et M. Hirschler, Thermal decomposition of polymers, chez *SFPE handbook of fire protection engineering*, 2002, pp. 111-131.

[9] A. Albertsson et M. Eklund, Influence of molecular structure on the degradation mechanism of degradable polymers: In vitro degradation of poly (trimethylene carbonate), poly (trimethylene carbonate-co-caprolactone), and poly (adipic anhydride), *Journal of applied polymer science*, vol. 57(1), pp. 87-103, 1995.

[10] P. Sànchez-Jiménez, L. Pérez-Maqueda, A. Perejon et J. Criado, A new model for the kinetic analysis of thermal degradation of polymers driven by random scission, *Polymer degradation and stability*, vol. 95 (5), pp. 733-739, 2010.

[11] L. Torre, J. Kenny et A. Maffezzoli, Degradation behaviour of a composite material for thermal protection systems Part I–Experimental characterization, *Journal of materials science*, vol. 33(12), pp. 3137-3143, 1998.

[12] B. Magnognou, Etudes numériques et expérimentales sur le risque d'inflammation des gaz imbrûlés au cours d'un incendie en milieu sous-ventilé, Poitiers: ISAE-ENSMA, 2016.

[13] J. Arnaldos, J. Casal et E. Planas-Cuchi, Prediction of flammability limits at reduced pressures, *Chemical Engineering Science*, vol. 56(12), pp. 3829-3843, 2001.

[14] P. Tadini, N. Grange, K. Chetehouna, N. Gascoin, S. Senave et I. Reynaud, Thermal degradation aalysis of innovative PEKK-based Carbon composites for high temperature aeronautical components, *Aerospace Science and technology,* vol. 65, pp. 106-116, 2017.

[15] L. Ettre et K. Sakodynskii, M.S. Tswett and the discovery of chromatography II : Completion of the development of Chromatography (1903-1910), *Chromatographia,* vol. 35, pp. 329-338, 1992.

[16] J. Perry, Introduction to analytical gas chromatography: history, principles, and practice, Dekker, 1981.

[17] M. Lee et B. Wright, Capillary column gas chromatography of polycyclic aromatic compounds: A Review, *Journal of chromatographic Science,* vol. 18, pp. 345-358, 1980.

[18] J. Tranchant, Chromatographie en phase gazeuse, *Techniques de l'ingenieur,* vol. 3, 1996.

[19] F. El Ouagoudi, A. Meddich, L. Lemée, A. Amblès et M. Hafidi, Assessment of Compost-Derived Humic Acids Structure from Ligno-Cellulose Waste by TMAH-Thermochemolysis, *Waste and Biomass Valorization,* pp. 1-12, 2018.

[20] R. Lum, C. Wilkins, M. Robbins, A. Lyons et R. Jones, Thermal analysis of graphite and carbon-phenolic composites by pyrolysis-mass spectrometry, *Carbon,* vol. 21(2), pp. 111-116, 1983.

[21] J. Wang, H. Jiang et N. Jiang, Study on the pyrolysis of phenol-formaldehyde (PF) resin and modified PF resin, *Thermochimica acta,* vol. 496, pp. 136-142, 2009.

[22] H. Jiang, J. Wang, S. Wu, Z. Yuan, Z. Hu, R. Wu et Q. Liu, The pyrolysis mechanism of phenol formaldehyde resin, *Polymer degradation and stability,* vol. 97, pp. 1527-1533, 2012.

[23] L. Catoire et V. Naudet, Estimation of temperature-dependant lower flammability limit of pure organic compounds in air at atmospheric pressure, *Process safety progress,* vol. 24(2), pp. 130-137, 2005.

[24] F. Gharagheizi, Quantitative structure-property relationship for prediction of the lower flammability limit of pure compounds, *Energy and Fuels,* vol. 22(5), pp. 3037-3039, 2008.

[25] T. Suzuki, Empirical relationship between lower flammability limits and standard enthalpies of combustion of organic compounds, *Fire and materials,* vol. 18(5), pp. 333-336, 1994.

[26] M. Vidal, W. Wong, W. Rogers et M. Mannan, Evaluation of lower flammability limits of fuel-air-diluant mixtures using calculated adiabatic flame temperatures, *Journal of hazardous materials,* vol. 130(1), pp. 21-27, 2006.

[27] F. Zhao, W. Rogers et M. Mannan, Calculated flame temperature (CFT) modeling of fuel mixture lower flammability limits, *Journal of hazardous materials,* vol. 174, pp. 416-423, 2010.

[28] M. High et R. Danner, Prediction of upper flammability limit by a group contribution method, *Industrial & engineering chemistry research,* vol. 26(7), pp. 1395-1399, 1987.

[29] F. Gharagheizi, New neural network group contribution model for estimation of lower flammability limit temperature of pure compounds, *Industrial & Engineering chemistry Research,* vol. 48(15), pp. 7406-7416, 2009.

[30] T. Suzuki et M. Ishida, Neural network techniques applied to predict flammability limits of organic compounds, *Fire and materials,* vol. 19(4), pp. 179-189, 1995.

[31] K. Chetehouna, L. Courty, J. Garo, D. Viegas et C. Fernandez-Pello, Flammability limits of biogenic volatile organic compounds emitted by fire-heated vegetation (Rosmarinus Officinalis) and their potential link with accelerating forest firs in canyons: a Froude-scaling approach, *Journal of fire sciences,* vol. 32(4), pp. 316-327, 2014.

[32] G. Fayet, Developpement de modèles QSPR pour la prédiction des propriétés d'explosibilité des composés nitroaromatiques, PAris: Université Pierre et Marie Curie, 2010.

[33] L. Hamett, The effect of structure upon the reactions of organic compounds. Benzene derivative, *Journal of american chemical society,* vol. 59(1), pp. 96-103, 1937.

[34] C. Hansch et T. Fujita, *Journal of american chemical society,* vol. 86, pp. 1616-1626, 1964.

[35] S. Free et J. Wilson, *Journal of medical chemistry,* vol. 7, pp. 395-399, 1964.

[36] X. Li et Y. Shi, A survey on the randic index, *Communication in mathematical and in computer chemistry,* vol. 59 (1), pp. 127-156, 2008.

[37] L. Kier et L. Hall, Molecular connectivity in structure-activity analysis, New York: Wiley & Sons, 1986.

[38] A. Balaban, Highly discriminating distance-based topological index, *Chemical physics letters,* vol. 89(5), pp. 399-404, 1982.

[39] R. Leardi, R. Boggia et M. Terrile, Leardi, R., Boggia, R., & Terrile, M. (1992). Genetic algorithms as a strategy for feature selection, *Journal of chemometrics,* vol. 6(5), pp. 267-281, 1992.

[40] D. Drysdale, An introduction to fire dynamics, John Wiley & Sons, 2011.

[41] M. Zabetakis, Flammability characteristics of combustible gases and vapors, Bureau of Mines, US., 1965.

[42] H. Coward et G. Jones, Limits of flammability of gases and vapors (No. BM-BULL-503), Bureau of Mines, Washington DC., 1952.

[43] H. Le Chatelier et O. Boudouard, Sur les limites d'inflammabilité de loxyde de carbone, *Comptes Rendus des Séances de l'Académie des Sciences,* vol. 126, pp. 1344-1349, 1898.

[44] EN 13-501-1 : Fire classification of construction products and building elements, 2010.

[45] B. Vieille, C. Lefebvre et A. Coppalle, Post fire behavior of carbon fibers Polyphenylene Sulfide- and epoxy-based laminates for aeronautical applications: A comparative study, *Materials & Design,* vol. 63, pp. 56-68, 2014.

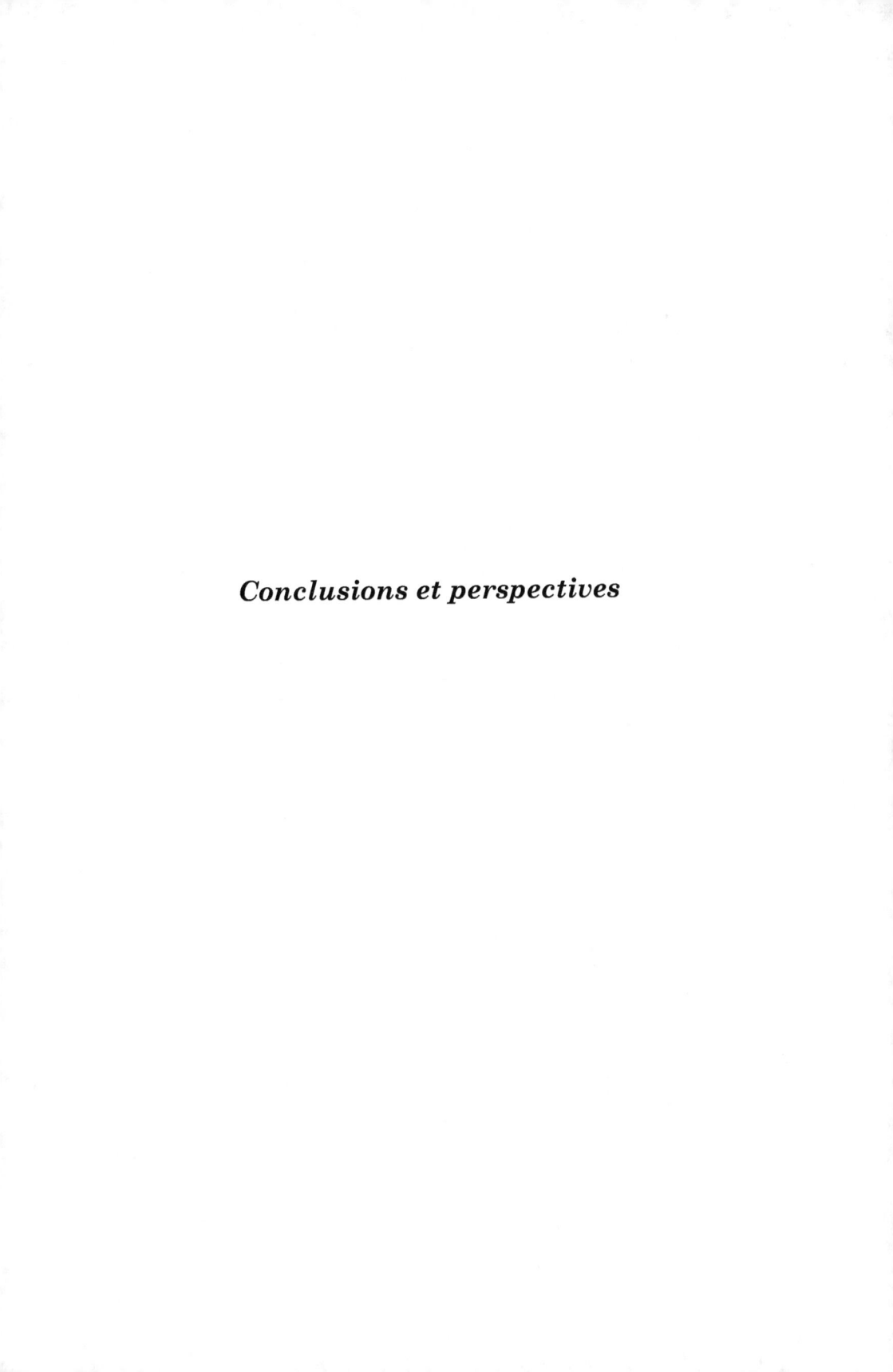

Conclusions et perspectives

La dégradation thermique des matériaux composites à base de fibres de carbone (lorsqu'ils sont soumis à une agression thermique ou à un incendie) implique l'apparition simultanée d'un ensemble de phénomènes chimiques, thermiques ou mécaniques conduisant à un comportement incompatible avec les niveaux de sécurité imposés par les réglementations aéronautiques. En effet, dans ce secteur, les normes et règlementations sont draconiennes afin d'assurer la sécurité des passagers transportés dans les aéronefs.

Les contraintes importantes de choix de matériaux et de conceptions impliquées par ces normes et règlementations nécessitent l'étude de la dégradation des matériaux composites ; ce qui a motivé les travaux présentés dans ce manuscrit. Les objectifs scientifiques visaient à comprendre et évaluer les différents phénomènes thermiques et chimiques impliqués dans la pyrolyse et la dégradation des composites de l'échelle de la microstructure jusqu'à celle des pièces complètes. À travers la compréhension phénoménologique de la dégradation thermique et son impact sur les propriétés thermophysiques et cinétiques, il est ensuite possible de modéliser et simuler numériquement le comportement au feu des matériaux composites. Cette simulation numérique permet alors de fournir des outils et données pour prédire le comportement des nouveaux matériaux et pièces en composite au cours de la phase de développement. Les objectifs de travail se résument en trois points :

i. Caractériser les propriétés thermophysiques et cinétiques pour fournir les paramètres d'entrée nécessaires à la modélisation de la dégradation des composites à base de fibres de carbone.

ii. Évaluer expérimentalement la tenue au feu et la dégradation des matériaux composites à moyenne et grande échelle dans des conditions proches de celles demandées par les normes de certification aéronautiques (à l'aide d'un cône calorimètre et d'un brûleur NexGen).

iii. Valider les simulations numériques en utilisant les résultats expérimentaux obtenus à moyenne et grande échelle.

Dans le cadre de cette thèse, deux matériaux composites à base de fibres de carbone ont été comparés. Le premier est un carbone-phénolique, thermodurcissable, qui trouve de multiples applications dans l'industrie, notamment pour la protection thermique dans l'aérospatial. Le second matériau est un composite thermoplastique, le polyéther-Kétone-Kétone (PEKK) développé récemment pour l'industrie aéronautique dans les structures extérieures et les intérieurs de cabine.

Le premier chapitre a permis d'introduire le contexte de l'étude en présentant dans un premier temps les principes de la certification aéronautique et plus particulièrement de la certification au feu : cette dernière étant particulièrement sensible dans le cas des matériaux composites. Dans ce chapitre, les phénomènes d'interaction entre la flamme et la paroi rencontrés au cours de l'agression thermique sont introduits. Les mécanismes de dégradation thermique des matériaux composites ainsi que leurs possibles impacts sur les incendies sont présentés. Enfin, les enjeux ainsi que les difficultés inhérentes à la modélisation de la dégradation des matériaux et en particulier des composites, sont identifiées.

Le deuxième chapitre présente l'étude de la cinétique de dégradation et la détermination des propriétés thermophysiques des deux matériaux composites étudiés. Les résultats ont mis en avant les difficultés rencontrées pour comprendre et caractériser le comportement des matériaux composites à haute température. Cependant, les mesures thermogravimétriques ont permis l'obtention des triplets cinétiques complets sous atmosphère inerte et oxydante pouvant être utilisés dans les simulations numériques. Dans le même temps, les caractérisations ont permis de définir les propriétés des différents constituants utilisés pour la modélisation de la pyrolyse (résine, char et fibre). Les résultats obtenus étant ensuite utilisés pour la modélisation de la pyrolyse des composites.

Le troisième chapitre, quant à lui, traite de la comparaison entre les simulations numériques de la pyrolyse des deux matériaux étudiés et les mesures réalisées à l'aide d'un cône calorimètre pour un flux thermique de 100 kW.m^{-2} (proche des flux exigés par les normes de certification). En utilisant une analyse de sensibilité locale et normalisée, l'influence de différents paramètres (thermophysiques et cinétiques) pour chaque composant a été évaluée par les différentes simulations numériques. Ce comportement thermique à moyenne échelle peut, par la suite, être comparé à celui d'échantillons à grande échelle.

Le chapitre quatre décrit le banc d'essai utilisé pour l'évaluation de la tenue au feu à grande échelle des deux matériaux composites ainsi que l'instrumentation utilisée pour l'évaluation de la dégradation des échantillons soumis à une flamme. Les résultats expérimentaux ainsi que les résultats numériques de deux cas test ayant pour but de mettre en place des simulations numériques à grande échelle sont présentés. Ensuite, les effets de l'agression thermique d'une flamme de kérosène sur les composites carbone-PEKK et carbone-phénolique sont ainsi exposés.

Dans le chapitre cinq, les émissions gazeuses de deux matériaux composites à base de carbone ont été évaluées ainsi que les limites inférieures d'inflammabilité des différents composés pour trois températures de pyrolyse différentes. À partir des résultats obtenus et afin d'améliorer la connaissance sur le comportement des matériaux considérés, une classification au feu basée sur leur combustibilité et leur inflammabilité est également proposée.

Les résultats principaux obtenus suite aux différents travaux présentés dans ces chapitres peuvent être regroupés dans trois thématiques principales : la caractérisation des matériaux, la réaction au feu à moyenne et grande échelle et finalement les simulations numériques. Les caractérisations à l'échelle de la microstructure des deux matériaux étudiés ont permis d'obtenir les résultats suivants :

❖ Le carbone-PEKK a démontré une résistance importante à haute température, à la fois sous atmosphère inerte et oxydante, avec une dégradation thermique débutant autour de 500 °C tandis que le carbone-phénolique est caractérisé par une dégradation thermique débutant pour de plus faibles températures, entre 200°C et 250 °C ;

❖ Sous atmosphère inerte, la dégradation thermique du carbone-PEKK semble être entraînée par une seule réaction globale correspondant à la dégradation de la résine tandis que sous atmosphère oxydante, le processus cinétique complexe des deux matériaux a rendu difficile la séparation de ce dernier en un enchainement de plusieurs réactions simples ;

❖ L'évolution de la masse volumique, avec la température obtenue pour le carbone-PEKK, confirme sa stabilité thermique élevée en comparaison avec le carbone-phénolique ;

❖ Les résultats de l'analyse DSC ont confirmé ceux obtenus avec la mesure de l'évolution de la masse volumique et de la perte de masse (qui ont mis en avant l'importance de la réaction de dégradation de la résine). Ces mesures ont également démontré l'importance de la réaction de fusion de la résine PEKK, avec une large réaction endothermique entre 300 et 400 °C ;

❖ La mesure de la chaleur spécifique a démontré que le carbone-phénolique présente de bonnes performances dans la plage de température située entre 200 et 400 °C où la formation de résidus charbonneux (issue de la dégradation de la résine) fournit une chaleur spécifique supérieure, en comparaison avec le carbone-PEKK ;

❖ Le carbone-phénolique présente une conductivité thermique plus élevée que le carbone-PEKK entre la température ambiante et 450 °C, avant de diminuer rapidement après 300 °C jusqu'à des valeurs de l'ordre de $0,2$ $W.m^{-1}.K^{-1}$. La conductivité thermique du carbone-PEKK présente quant à elle une faible variation, avec une valeur restant confinée entre $0,44$ et $0,71$ $W.m^{-1}.K^{-1}$;

❖ Les émissions de volatils mesurées pour les deux composites ont démontré d'importantes similitudes sur les composés identifiés. Néanmoins, il a été démontré que le carbone-PEKK émettait une quantité plus faible de volatils que le carbone-phénolique ;

Du point de vue de la réaction au feu à moyenne et à grande échelle, les résultats suivants ont été obtenus :

❖ Les essais au cône calorimètre ont mis en avant le faible taux de dégagement de chaleur maximal du carbone-PEKK en comparaison avec celui du carbone-phénolique (environ 110 $kW.m^{-2}$ contre environ 580 $kW.m^{-2}$). Par ailleurs, le pic de dégagement de chaleur du carbone-PEKK s'étend sur environ 120 s tandis que celui du carbone-phénolique est plus bref (environ 60 s) ;

❖ La température de la face arrière de l'échantillon de carbone-PEKK a mis en avant l'importance des phénomènes observés à petite échelle. En effet, la réaction endothermique de fusion de la résine PEKK observée sur les courbes de DSC a engendré une consommation importante d'énergie, réduisant sensiblement la montée en température et par conséquent la température maximale atteinte par la face arrière de l'échantillon ;

❖ L'étude expérimentale du comportement au feu des deux matériaux composites à grande échelle a permis de mettre en avant une nouvelle fois la meilleure stabilité thermique du carbone-PEKK : sa perte de masse est moins importante que celle du carbone-phénolique, et la face exposée à la flamme est moins dégradée. Son intégrité structurelle est également conservée à la fin de l'essai, la résine thermoplastique ayant recristallisée, une fois le matériau refroidi.

❖ L'évolution macroscopique de la température entre les deux matériaux est sensiblement similaire. Avec une première phase de 200 s environ où celle-ci augmente, entre 200 s et 900 s elle reste stable. De plus, les températures maximales mesurées lors des essais à grande échelle se trouvent proches pour les deux matériaux (comprises entre 500°C et 550 °C) ;

Enfin, les simulations numériques de la pyrolyse des deux composites ont mené aux conclusions suivantes :

❖ Un bon accord a été obtenu entre les simulations numériques de la pyrolyse des deux matériaux (réalisée à l'aide du code de calcul FireFOAM) et les résultats expérimentaux. Ceci a permis de valider le modèle de pyrolyse ainsi que la méthode employée pour déterminer les paramètres d'entrée (thermophysiques et cinétiques), à partir des caractérisations réalisées à petite échelle. Ces paramètres ont été utilisés ensuite comme paramètres d'entrée dans les simulations numériques ;

❖ L'analyse de sensibilité locale, réalisée sur le modèle de pyrolyse, a mis en avant la sensibilité importante de la perte de masse aux différents paramètres, en comparaison avec la température de la face arrière. Ce résultat justifiant l'importance de la mesure expérimentale de la perte de masse, afin de l'utiliser pour valider les modélisations de la dégradation thermique ;

À partir de l'analyse de ces différents résultats, ce travail de thèse ouvre de nombreuses perspectives de recherche, à la fois pour les caractérisations des matériaux et pour l'étude expérimentale et numérique de leur dégradation. Concernant les caractérisations à petite échelle, les perspectives suivantes sont envisagées :

❖ Les méthodes employées pour caractériser les matériaux doivent maintenant pouvoir être étendues à d'autres matériaux composites. Ainsi, il sera possible de construire une base de données précise, permettant de classer en amont les matériaux en fonction de leurs futures utilisations. Ces caractérisations pourraient également être complétées par l'évaluation de nouvelles propriétés physiques, pouvant avoir un rôle important dans la dégradation thermique des matériaux composites. Par exemple, la mesure de l'évolution de l'émissivité thermique en fonction du niveau de dégradation du matériau serait utile pour calculer les pertes thermiques des échantillons en face avant, ainsi qu'en face arrière. L'évolution de la perméabilité des composites, issue de la dégradation de la résine ainsi que de l'oxydation des fibres de carbone en fonction de la température, donnerait des indications sur le déplacement des volatils produits par la dégradation dans les matériaux.

❖ Du fait de la grande sensibilité des instruments utilisés pour les caractérisations à l'échelle de la microstructure et de la forte hétérogénéité des composites, une approche complémentaire du travail présenté dans cette thèse serait envisageable. Elle consisterait en la caractérisation, outre le matériau composite lui-même, de la résine et des fibres séparément. Les valeurs obtenues pourraient ensuite être utilisées pour développer un modèle d'homogénéisation du composite.

❖ L'influence des procédés de fabrication ainsi que des fractions volumiques de fibre et de résine n'a pas été abordée au cours de ce travail de thèse. Les données récoltées permettraient alors l'optimisation des performances au feu dès la fabrication des matériaux. L'influence du nombre de plis de carbone ainsi que du type de fibre (*e.g.* unidirectionnel, tissés) sur la dégradation et la tenue au feu pourrait également être envisagée du fait de leur importance sur la tenue mécanique des structures composites. De la même manière, l'influence des défauts de fabrication rencontrés sur le comportement au feu global des matériaux, pourrait être évaluée.

❖ La complexité du processus de dégradation sous atmosphère oxydante, démontrée par les mesures thermogravimétriques, suggère d'améliorer la représentation du processus cinétique. Pour cela, l'utilisation de méthodes numériques plus adaptées aux réactions multi-étapes telles que les approches dites « model-free » ou « model-fitting » est envisagée. Elle permet une meilleure description de la cinétique de dégradation des composites étudiés.

❖ En plus de la quantification précise des produits de pyrolyse obtenus à l'aide du dispositif de pyrolyse flash, une caractérisation plus poussée des volatils est envisagée. Cette quantification permettrait également de calculer la température d'auto-inflammation (TAI) ou l'énergie minimale d'inflammation (EMI), afin de déterminer plus finement les risques d'inflammation dans les configurations confinées où les composites sont utilisés.

Le brûleur NexGen de la plateforme expérimentale Feux VESTA de l'INSA Centre Val de Loire permet d'envisager plusieurs perspectives pour l'étude expérimentale de la dégradation des matériaux composites à grande échelle. En effet, l'instrumentation de ce brûleur est un axe important de développement au cours des années à venir. La poursuite de la mise en place d'une métrologie fine autour du banc d'essai et en parallèle de nouvelles méthodes d'analyse améliorerait la compréhension des phénomènes de dégradation. L'objectif est de caractériser plus précisément l'agression thermique (la flamme) et son impact sur les matériaux. Les perspectives associées à l'étude de la dégradation des composites à grande échelle sont donc les suivantes :

❖ Les conditions environnantes de stockage ou bien d'essai (*e.g.* humidité, température) peuvent provoquer une dégradation, une oxydation ou une modification de la surface voir de la structure interne du matériau. Par conséquent, les propriétés thermophysiques et cinétiques peuvent être modifiées, tout comme la tenue au feu. L'étude expérimentale du comportement au feu de ce type d'échantillons permettrait d'évaluer précisément l'impact de ces variables.

❖ Une étude paramétrique du niveau de dégradation du matériau en fonction de la richesse de la flamme, pour les deux composites étudiés. Ces résultats permettraient d'évaluer l'impact de l'évolution de la température issue de la modification de la richesse de la flamme sur la dégradation thermique des composites. Dans le même temps, l'influence du dépôt de suies issue de la flamme de kérosène riche pourrait être étudié.

❖ Pour caractériser l'agression thermique, la mesure des champs de températures et de vitesses moyennes et instantanées (à l'aide de la méthode PIV par exemple) pourrait être envisagée. Ce type de mesure permettrait de fournir des données supplémentaires afin de valider les simulations numériques de la flamme mais également de l'interaction flamme-paroi. Les informations de vitesse moyenne pourraient également être utilisées pour calculer le coefficient d'échange convectif et ainsi estimer les flux de chaleur entre la flamme et la paroi de l'échantillon.

❖ La mesure de la température de la face avant des échantillons de composite : c'est un élément clé de la caractérisation et de la compréhension des phénomènes de dégradation des matériaux composites exposés à la flamme. Plusieurs tests ont été réalisés au cours de cette thèse afin d'effectuer ce type de mesure. Cependant, la forte émissivité de la flamme couplée à une forte incertitude concernant l'émissivité de la surface de l'échantillon fortement dégradé, rendent cette mesure compliquée. Néanmoins, plusieurs méthodes ont été proposées récemment dans la littérature pour évaluer la température de surface de composites soumis à un flux thermique.

❖ Comme pour les mesures au cône calorimètre, l'échantillonnage de l'ensemble des gaz (produits par la dégradation des composites dans la hotte présente au-dessus du brûleur NexGen) permettrait de mesurer le taux de dégagement de chaleur issu de la dégradation, en utilisant la méthode de calcul par déplétion d'oxygène. Collecter ce type de données à grande échelle permettrait ainsi de caractériser plus en détail la réaction au feu des échantillons à grande échelle, mais également d'améliorer la compréhension de l'effet d'échelle sur la dégradation des matériaux.

❖ Le développement d'une métrologie fine permettant de relier le niveau de la dégradation des composites au comportement de la flamme (champs radial et axial de la température et la vitesse des gaz dans la flamme, fréquence de pulsation, etc.) se poursuit. Dans un futur proche, le banc d'essai sera équipé des systèmes de prélèvements gazeux, de mesures des flux de chaleur (totaux et radiatifs) et de la vitesse des gaz dans la flamme.

❖ La mesure de l'évolution morphologique du matériau au cours de sa dégradation est également un point important qu'il sera nécessaire d'aborder dans le futur. En effet, la caractérisation du gonflement, observé sur la face arrière des échantillons, donnerait des indications quant au possible niveau de délaminage du matériau et par conséquent sa tenue structurelle. Sur la face avant, l'estimation de la vitesse de consommation des plis permettrait dans le même temps de calculer la durée d'exposition conduisant à un percement de l'échantillon.

Enfin, concernant les simulations numériques de la dégradation thermique des matériaux composites, et sur la base des travaux débutés dans cette thèse, les perspectives suivantes sont envisagées :

❖ La prise en compte de phénomènes supplémentaires dans le modèle de pyrolyse tels que la diffusion des volatils, la perméabilité ou encore l'ablation permettrait d'évaluer l'impact de ces phénomènes sur la dégradation des matériaux et rendre les simulations numériques plus prédictives.

❖ Suite à l'étude de sensibilité locale réalisée dans ce travail de thèse, la mise en place d'une d'étude de sensibilité globale, tel que les méthodes Sobol, FAST/FAST étendu, ANOVA, sur les paramètres d'entrée les plus influents du modèle de pyrolyse, devrait permettre de comprendre l'interaction entre ces différents paramètres et améliorer la compréhension des phénomènes couplés dans la dégradation thermique.

❖ Les résultats obtenus sur des échantillons de grande échelle doivent être utilisés et comparés aux simulations numériques pour valider de ce fait le modèle numérique et l'étendre à des géométries plus complexes. Ces simulations pourraient alors être utilisées pour tenter de modéliser les phénomènes plus complexes comme l'auto-inflammation, dans les zones confinées, des pièces exposées à la flamme.

*Liste des travaux et des publications selon la
classification du HCERES*

La liste de mes publications et de ma production scientifique est présentée selon la classification du HCERES. Cette liste compte 4 ACL, 2 ACTI, 1 ACTN, 1 ACLN, 2 COM et 1 AFF

Articles dans des revues internationales ou nationales avec comité de lecture répertoriées dans les bases de données internationales (ACL)

ACL 1. Chetehouna, K., Grange, N., Gascoin, N., Coppalle, A., Reynaud, I., & Senave, S. (2018). Release and flammability evaluation of Pyrolysis Gases from carbon-based composite materials undergoing fire conditions. Journal of Analytical and Applied Pyrolysis, In Press.

ACL 2. Grange, N., Chetehouna, K., Gascoin, N., Coppalle, A., Reynaud, I., & Senave, S. (2018). One-dimensional pyrolysis of carbon based composite materials using FireFOAM. Fire Safety Journal, 97, 66-75.

ACL 3. Grange, N., Tadini, P., Chetehouna, K., Gascoin, N., Reynaud, I., & Senave, S. (2018). Determination of thermophysical properties for carbon-reinforced polymer-based composites up to 1000° C. Thermochimica Acta, 659, 157-165.

ACL 4. Tadini, P., Grange, N., Chetehouna, K., Gascoin, N., Senave, S., & Reynaud, I. (2017). Thermal degradation analysis of innovative PEKK-based carbon composites for high-temperature aeronautical components. Aerospace Science and Technology, 65, 106-116.

ACL 5. Grange, N., Chetehouna, K., Gascoin, N., & Senave, S. (2016). Numerical investigation of the heat transfer in an aeronautical composite material under fire stress. Fire safety journal, 80, 56-63.

Articles dans des revues internationales ou nationales avec comité de lecture répertoriées dans les bases de données internationales (ACLN)

ACLN 1. N. Grange, P. Tadini, K. Chetehouna, N. Gascoin, G. Bouchez, S. Senave, I. Reynaud (2017) Experimental determination of fire degradation kinetic for an aeronautical polymer composite material, International Journal of structural integrity, Vol. 9, pp. 1-19,

Communications avec actes dans un congrès international (C-ACTI)

C-ACTI 1. Grange, N., Tadini, P., Chetehouna, K., Gascoin, N., Bouchez, G., Reynaud, I. Experimental determination of fire degradation kinetic for aeronautical polymer composite materials, *6th EASN International conference on innovation in European Aeronautics Research*,18-21 October 2016, *Porto, Portugal.*

C-ACTI 2. Grange, N., Chetehouna, K., Gascoin, N., & Senave, S. (2015). Numerical Study of the Thermal Behaviour of a Thermo-Structural Aeronautical Composite under Fire Stress. *2nd European Symposium of Fire Safety Science*, 2015, June 16-18, *Nicosia, Cyprus.*

Communications avec actes dans un congrès international (C-ACTN)

C-ACTN 1. Grange, N., Chetehouna, K., Gascoin, N., lemée, L., Senave, S., Reynaud, I. Risques d'inflammation de structures composites destinés à des applications aéronautiques : Émission de volatils et classification des matériaux, Envirorisk 3eme édition, Bourges, France, 12-13 Juin 2018.

Communications orales sans actes dans un congrès international ou national (C-COM)

C-COM 1. N. Grange, K. Chetehouna, N. Gascoin, A. Coppalle, S. Senave, I. Reynaud Modélisation numérique de la pyrolyse de matériaux composites destinés à des applications aéronautiques, 24e Journées du Groupement de Recherche Feux, Balma, France 12-13 octobre 2017

C-COM 2. Grange, N., Chetehouna, K., Gascoin, N., Coppalle, A., Reynaud, I. Numerical study of a NexGen Burner diffusion flame, *8th FM Global Open Source CFD Fire Modeling Workshop, Norwood, USA, 19-20 May 2016.*

Communications par affiche dans un congrès international ou national (C-AFF)

C-AFF 1. N. Grange, K. Chetehouna, N. Gascoin, A. Coppalle, S. Senave, I. Reynaud, Modélisation numérique de la pyrolyse de matériaux composites à base de fibres de carbone, *23e Journées du Groupement de Recherche Feux*, Verneuil-en-Halatte, France 09-10 mars 2017

Index

Notes :

Notes :

Notes :

Notes :

Notes :

Notes :

Notes :

Notes :